現代人の物理 1

光と磁気

[改訂版]

佐藤勝昭 著

朝倉書店

改訂版のはしがき

「光と磁気」の初版が出版されてから13年の歳月が経過した．この間の急速な情報技術革命の進行は，扱われる情報量の飛躍的増大をもたらした．初版刊行当時，発売されたばかりだった光磁気(MO)ディスクは，第2，第3，第4世代と進化を重ね，現在ではリムーバブル書き換え型記録媒体の主役の地位を確固たるものとしている．また，光磁気記録技術をベースにしたオーディオ用ミニディスク(MD)は，カセットを駆逐する勢いで普及した．また，光ファイバー通信の飛躍的な進展は，光磁気アイソレーターの需要を大幅に増加させた．磁気光学効果はまさに情報技術を下から支える基礎の一つとなっている．

初版の出版以来，数々の励ましのことばに加えて，多くの読者からさまざまなご意見をいただいた．特に，磁気光学の量子論による説明が難解である，あるいは，式の誘導がフォローできないなど多くのコメントをいただいた．第2版では，これらの貴重なご指摘にできる限りお答えするように改訂した．

この13年の間に，計算科学の進展により，第1原理計算に基づき多くの物質の磁気光学スペクトルが計算され，実験結果を驚くべき正確さで再現した．これらのうちで特に著しい進展がみられたものに絞って加筆した．同様に大きな進展のあった光磁気記録技術，光アイソレーター技術などの応用技術についても最近の流れについて加筆した．

さらに，実験面では，磁性体作製技術の飛躍的進展により，超薄膜，多層膜，人工格子，ナノ構造などが作製され，メゾスコピック系に特徴的な磁気光学効果が報告された．また，初版当時，ほとんど研究の進んでいなかった近接場磁気光学効果，非線形磁気光学効果，X線磁気光学顕微鏡など多くの新しい実験が行われた．これらについては，章を追加して紹介し，今後の展望を述べた．

本書が初版同様，これから磁気光学をはじめようとしておられる方，基礎に立ち返って磁気光学を学びたい方など，光と磁気のかかわりに関心をおもちの多くの読者のお役に立てることを祈っている．

2001年9月

著　者

はしがき

　今日，科学技術はそれぞれの領域での専門化が進み，同じ物理学のなかでも少し分野が異なると全くことばが通じなくなってきている．一例として磁性の分野と光物性の分野をとりあげてみると，磁性においても光物性においても数多くのすぐれた教科書，参考書が出版されているけれども，磁性体を扱っている人が光の書物を読もうとすると，敷居が高くてなかなか入り込めないし，逆に，光を扱っている人にとっては，磁性の教科書はむずかしくてわかりにくいものの代名詞にさえなっているのが現状である．近年になって，光磁気ディスクや光アイソレーターのような光と磁気の境界領域の物理現象を応用したデバイスの研究が盛んになるにいたって，どちらか一つの分野に固定されない広い視野が要求されるようになってきたのであるが，いざ光と磁気のかかわりを勉強しようとすると，なかなか手ごろな参考書がないのである．このような状況は光と磁気の間に限ったことではなく境界領域一般に起きていることである．このたび朝倉書店から刊行されるシリーズ「現代人の物理」は理学と工学，理論と実験など境界領域の間を埋めることを目的としており，まことに時宜を得た企画であると思う．このシリーズの編集委員の一人として，筆者は光と磁気の境界領域の問題を1テーマとして提案し，こんな本が欲しい，こんな風にすべきだと議論しているうちに結局提案者自ら執筆することになったのが本書誕生の経緯である．

　この本は決して専門家のみを対象として書いたものではない．この本が対象とする読者は，光と磁気のかかわりについていろいろな「なぜ？」をもっておられる方々である．たとえば，最近磁気光学ということばをよく耳にするがいったい何のことか，磁気光学効果は物質のどこからくるのか，磁気光学効果はどうやって測るのか，磁気光学効果を用いると物質の何がわかるのか，光磁気デバイスの原理と仕組みはどうなっているのか，磁気光学効果を大きくするにはどうすればよいのか，などである．この本は磁気光学の入門書であると同時に基礎から応用までを解説する専門書でもある．

　光と磁気のかかわりにはいろいろな現象があるが，この本では，ファラデー効果，カー効果として知られる(狭義の)磁気光学効果に重点を置いている．磁気光学効果は，物質の電子構造に由来するミクロな起源をもち，ちょうど半導体の

電気的，光学的性質がバンド構造から予測可能であるのと同じように，電子構造がわかれば原理的には計算することのできる量であることを，磁性や光物性の分野以外(たとえば半導体工学)の方々にも，定性的になりともご理解いただきたいとの願いをこめて，基礎にウェートを置いて書いたつもりである．

　読者の理解を助けるために，各章のはじめに，その章で何を学ぶかについてのはしがきをつけ，各節のおわりには，その節で学んだことのポイントを掲げた．また，なるべく数式によらず物理的イメージをつかんでいただけるように心がけたが，数式を用いた方が理解を助ける部分については，数式で説明した．そのかわり用いた式は原則として読者が追試できるように問題などの形で補った．

　本書の刊行にあたり，たいそうお世話になった朝倉書店編集部の方々に深く感謝する．

　1988年3月

　　　　　　　　　　　　　　　　　　　　　　　　　　　　著　　　者

目 次

1. 光 と 磁 気 ·· 1

2. 磁気光学効果とは何か ·· 5
  2.1 光 の 偏 り ·· 5
  2.2 旋光性と円二色性 ·· 7
  2.3 ガラスのファラデー効果 ·· 9
  2.4 強磁性体のファラデー効果 ·· 11
  2.5 磁気カー効果 ·· 13
  2.6 磁気光学スペクトル ·· 15
  2.7 その他の磁気光学効果 ·· 18
  2.8 光磁気効果 ·· 20
    2.8.1 光誘起磁気効果 ·· 20
    2.8.2 光誘起磁化 ·· 20
    2.8.3 光誘起スピン再配列 ·· 21
    2.8.4 熱磁気効果 ·· 21

3. 光と磁気の現象論 ·· 24
  3.1 円偏光と磁気光学効果 ·· 24
  3.2 光と物質のむすびつき―誘電率と伝導率― ······································ 26
  3.3 光の伝搬とマクスウェルの方程式 ·· 30
    3.3.1 マックスウェルの方程式と固有値問題 ····································· 30
    3.3.2 ファラデー配置の場合 ·· 32
    3.3.3 フォークト配置の場合 ·· 33
    3.3.4 誘電率テンソルと導電率テンソルの関係 ··································· 34
  3.4 ファラデー効果の現象論 ·· 35
    3.4.1 左右円偏光に対する光学定数の差と誘電率テンソルの成分の関係
      ·· 35
    3.4.2 ファラデー効果と誘電率テンソル ·· 36

3.5 反射と光学定数 ………………………………………………… 41
3.5.1 波数ベクトルの境界条件 ……………………………… 41
3.5.2 斜め入射の反射の公式 ………………………………… 42
3.5.3 垂直入射の反射の公式 ………………………………… 44
3.5.4 クラマース-クローニヒの関係式 ……………………… 45
3.6 磁気カー効果の現象論 ………………………………………… 47
3.6.1 垂直入射極カー効果 …………………………………… 47
3.6.2 極カー回転に対するクラマース-クローニヒの関係 … 49
3.6.3 斜め入射の極カー効果 ………………………………… 49
3.6.4 縦カー効果 ……………………………………………… 50
3.6.5 横カー効果 ……………………………………………… 50
3.7 コットン-ムートン効果 ………………………………………… 51
問 題 ………………………………………………………………… 54

4. 光と磁気の電子論 ………………………………………………… 61
4.1 誘電率と分極 …………………………………………………… 61
4.2 誘電率の古典電子論と磁気光学効果 ………………………… 62
4.3 誘電率の量子論 ………………………………………………… 67
4.3.1 時間を含む摂動論 ……………………………………… 68
4.3.2 誘電率の導出 …………………………………………… 69
4.3.3 久保公式からの誘電率の分散式の導出 ……………… 71
4.3.4 誘電率の分散式の物理的解釈 ………………………… 72
4.3.5 バンド電子系の磁気光学効果 ………………………… 75
4.4 磁気光学スペクトルの形(1)—絶縁性磁性体の場合— ……… 77
4.5 磁気光学スペクトルの形(2)—金属磁性体の場合— ………… 81
4.6 遷移金属の自由電子と磁気光学効果 ………………………… 83
問 題 ………………………………………………………………… 86

5. 磁気光学効果の測定法とその解析 ……………………………… 90
5.1 測定の原理 ……………………………………………………… 90
5.1.1 直交偏光子法 …………………………………………… 90
5.1.2 回転偏光子法 …………………………………………… 91
5.1.3 振動偏光子法 …………………………………………… 92

  5.1.4　ファラデーセル法 ………………………………………… 92
  5.1.5　楕円率の測定法 …………………………………………… 94
  5.1.6　光学遅延変調法(円偏光変調法) ………………………… 95
  5.1.7　絶対値の校正について …………………………………… 99
 5.2　スペクトルの測定法 ………………………………………………… 99
  5.2.1　光　源 ……………………………………………………… 100
  5.2.2　偏光子 ……………………………………………………… 101
  5.2.3　分光器 ……………………………………………………… 103
  5.2.4　集光系 ……………………………………………………… 105
  5.2.5　$\lambda/4$板 ………………………………………………………… 105
  5.2.6　光検出器 …………………………………………………… 106
  5.2.7　電磁石と冷却装置 ………………………………………… 108
  5.2.8　光学素子の配置 …………………………………………… 109
  5.2.9　電気信号の処理 …………………………………………… 110
 5.3　磁気光学スペクトルから誘電率テンソルの非対角成分を求める方法
  …………………………………………………………………………… 111
 5.4　コットン-ムートン効果の測定 …………………………………… 113

6. 磁気光学スペクトルと電子構造 ………………………………………… 116
 6.1　局在電子系の電子状態と光学遷移 ………………………………… 116
  6.1.1　鉄ガーネット ……………………………………………… 119
  6.1.2　ビスマス添加希土類鉄ガーネット ……………………… 120
  6.1.3　Co置換磁性ガーネットの磁気光学効果 ……………… 123
 6.2　局在系とバンド系の中間の系：遷移元素カルコゲナイドとニクタイド
  …………………………………………………………………………… 125
  6.2.1　遷移元素カルコゲナイド ………………………………… 125
  6.2.2　希薄磁性半導体の磁気光学効果 ………………………… 132
  6.2.3　遷移元素ニクタイド ……………………………………… 133
  6.2.4　希土類カルコゲナイド …………………………………… 139
  6.2.5　希土類ニクタイド ………………………………………… 144
  6.2.6　ウラニウム化合物 ………………………………………… 144
 6.3　金属および合金の磁気光学効果 …………………………………… 146
  6.3.1　鉄・コバルト・ニッケル ………………………………… 146

6.3.2　ガドリニウム ……………………………………………… 149
　　6.3.3　希土類遷移金属のアモルファス合金 ……………………… 149
　　6.3.4　遷移金属と貴金属の合金 …………………………………… 151

7. 光磁気デバイス …………………………………………………… 156
7.1　光磁気ディスク ……………………………………………… 156
　　7.1.1　光ディスク概説 ……………………………………………… 156
　　7.1.2　光磁気記録の歴史 …………………………………………… 157
　　7.1.3　記録および再生の原理 ……………………………………… 159
　　7.1.4　光磁気記録媒体材料 ………………………………………… 161
　　7.1.5　記録のメカニズム …………………………………………… 168
　　7.1.6　光学系とサーボメカニズム ………………………………… 170
　　7.1.7　交換結合多層膜の応用 ……………………………………… 171
　　7.1.8　光磁気記録の展望 …………………………………………… 176
7.2　光アイソレーター …………………………………………… 176
　　7.2.1　光回路素子研究の経緯 ……………………………………… 176
　　7.2.2　光通信技術と光相反回路素子 ……………………………… 177
　　7.2.3　光アイソレーター・サーキュレーターの原理と構成 …… 179
　　7.2.4　アイソレーター・サーキュレーター材料 ………………… 181
　　7.2.5　光導波路型アイソレーター ………………………………… 184
7.3　電流磁界センサー …………………………………………… 187
7.4　磁気光学効果のその他の応用 ……………………………… 188

8. 磁気光学研究の新しい展開 ……………………………………… 192
8.1　メゾスコピック系の磁気光学効果 ………………………… 192
　　8.1.1　Fe/Cu組成変調多層構造膜の磁気光学スペクトル ……… 192
　　8.1.2　磁性超薄膜の磁気光学効果 ………………………………… 194
　　8.1.3　金属人工規則合金の磁気光学効果 ………………………… 196
　　8.1.4　Pt/Co，Pd/Co人工格子 …………………………………… 197
8.2　近接場磁気光学効果 ………………………………………… 201
8.3　非線形磁気光学効果 ………………………………………… 204
　　8.3.1　非線形磁気光学効果の基礎 ………………………………… 204
　　8.3.2　磁化がある場合の非線形感受率テンソル ………………… 208

8.3.3　非線形磁気光学効果の実験的検証 ……………………… 209
　　8.4　X線吸収端のMCDとX線顕微鏡 …………………………… 219

9. さらなる発展をめざして ……………………………………… 219

付　録 ……………………………………………………………………… 223
　A　磁性体の分類 ………………………………………………… 223
　B　技術的磁化 …………………………………………………… 228
　C　誘電率の式の久保公式からの導出 ………………………… 229

索　引 ……………………………………………………………………… 233

1. 光 と 磁 気

　光は真空中では磁気(静磁界)によって影響を受けないことはよく知られている．しかし，物質中を伝わる光や，物質の表面で反射された光は磁気(正確には物質中の磁化)の影響を受ける．また，光がもつエネルギーが物質に吸収されることによって，何らかの物理過程を通じて，物質の磁気に影響を与える．このように，光と磁気は物質を介して結びついている．物質のもつ「光と磁気を結びつける作用」のうち，磁気が光に何らかの効果を及ぼす作用を広い意味での「磁気光学効果」といい，光が磁気に及ぼす作用を「光磁気効果」という．本書では，磁気が光に及ぼす効果のうち，物質の磁気的性質が光の偏り(偏光)に及ぼす性質であるファラデー効果，カー効果など狭い意味での「磁気光学効果」を中心に記述する．
　最近，磁気光学効果に対する関心が高まっている．いうまでもなく磁気光学効果を利用したデバイスが実用化され，市場に現れるようになったことがその原因である．例えば，光磁気ディスク，光通信用アイソレーター，電流センサーなどがそれである．このような応用例については第7章で述べる．ここでは一例として光磁気ディスクをとりあげてみる．光磁気ディスクというのは，ディスク基板につけた磁性体の薄膜にレーザー光をあてて温度を上昇し温度の上がった部分のみの磁化の向きを変化させて記録する磁気記録方式である．このディスクの再生に磁気光学効果が用いられる．すなわち，レーザー光の偏光方向が磁気光学効果(カー効果)のために磁化の向きに応じて回転することを利用する．このように，光磁気ディスクでは記録・再生にレーザー光を用いるため光の波長以下の微小な領域に磁気記録できるうえ消去もできるので，リムーバブルな大容量高密度の記憶装置として実用化が進んだ．今ではオーディオ用ミニディスク(MD)として日常生活にすっかり定着している．
　しかし，このように磁気光学効果が実用化するまでには長い歴史の道程があった．磁気光学効果の発見は19世紀にまでさかのぼることができる．イギリスの科学者Faraday(1791〜1867)が，1845年に磁界をかけた鉛ガラスを透過した光

の偏光面(第2章で説明)が回転する効果(いわゆる磁気旋光性)を発見したのが最初であった[1]. また, 1876年にはイギリスの科学者Kerr (1824～1907)が磁性体によって反射された光にも同じような偏光面の旋回があることを報告している[2]. 1898年にはドイツのVoigt (1850～1919)により磁気複屈折効果が発見されて[3], 19世紀末までに主な磁気光学効果はすべて発見された.

その後種々の物質における磁気光学効果のデータが蓄積され現象論的な説明がなされてきた. しかし, 固体のファラデー効果の量子論的な取り扱いは1950年代の半ばまで待たねばならなかった[4].

磁気光学効果を記録や光通信に応用する試みは, 昨日今日に始まったのではない. これは1950年代当初から行われていた磁区の光学的観察[5]に端を発し, 次第にメモリーの分野に広がっていった. 1957年Williamsらは, MnBi薄膜に熱ペンで記録した磁区を磁気光学効果で観測することに成功した[6]. 1962年に発行されたアメリカのJournal of Applied Physicsにはすでに「コンピューターメモリーのための磁気光学的再生法」という論文が載っている[7].

1960年代後半にはマンガンとビスマスの化合物MnBiの薄膜を媒体とした光磁気記録が盛んに研究され, 1971年にはハネウェル社から光磁気ディスクが発表されたが[8], 実用化にはいたらなかった. また, 同じころ透明な酸化物磁性体を利用した光回路も提案されている[9]. しかし, 当時の技術的状況からみて時期尚早だったといえよう.

光磁気記録が急速に注目されるようになったのは, 1970年代の後半から1980年代にかけてのコンピューターの発展により大容量の記録への要請が強まったことに一因がある. また, それを可能にするだけの材料技術と周辺技術の進歩も大きい要因であろう. 材料技術の面では, 1973年IBM社および大阪大学でなされたアモルファス(非晶質)希土類遷移元素合金薄膜の発見は光磁気記録の開発に大きなブレークスルーをもたらした[10,11]. また, 半導体レーザーの出現, 高感度低雑音光検出器の発達も見逃せない. 民生用光ディスク(コンパクトディスクなど)の普及はサーボ技術などの周辺技術に飛躍的な発展をもたらした.

一方, 光ファイバー通信を中心とした光エレクトロニクスの発展は, 磁気光学アイソレーターへの要請を強めた[12]. このように, 今日の磁気光学効果に関する基礎的な研究とそれの応用への発展は長年にわたる積み重ねの上に, 最近の光エレクトロニクス関連の技術の進歩が加わってはじめて可能になったもので, まさに「時代の要請」といえるであろう.

磁気光学効果を使いこなし, さらに, 一歩進めるにはこの効果が物質のどのよ

うな性質から生じているかを理解する必要がある．半導体の今日の隆盛が半導体の電子論的な解明がなされ材料設計が可能になったことにあることは，万人が認めるところであろう．同様に磁気光学効果についても電子論的に理解することが重要である．したがって，本書では磁気光学効果の基礎的な取り扱いに重点をおき，特に磁気光学効果の波長依存性（スペクトル）が物質のどのような電子構造から起因しているのかという物理的なイメージをつかんでいただけるように工夫したつもりである．

第2章では磁気光学効果とはどのような効果であるかという定性的な説明を具体例を交えながら述べる．第3章では電磁気学の立場から物質を連続媒体として扱い，磁気光学効果を説明する．次いで，第4章ではミクロな電子論の立場から磁気光学効果が物質の電子構造とどのように関わっているかについて考察する．第5章では磁気光学効果の測定法について，その原理と実験装置の構成，実験データの解析の方法を述べる．第6章では種々の磁性体について磁気光学効果と電子構造の関わりについての実例を示す．第7章には磁気光学効果のいくつかの応用例について基礎的な問題との関連を述べる．第8章では，初版以後に著しい進展のあった磁気光学に関するトピックスをとりあげる[13]．第9章では磁気光学効果の今後の展望について述べる．

本書では，なるべく物理的イメージがつかめるよう，数式を使わず文章と図による定性的な表現を心がけたつもりであるが，第3章，第4章では定量的な取り扱いがどうしても必要であるため，数式を使わざるをえなかった．ほとんどの式は読者がフォローできるように問題などの形で補ったが，一部複素関数論の知識が必要なものについてはアプリオリに結果の式を与えたことをお断りする．忙しい読者は各節の終わりに付けた「まとめ」だけを読めば流れが一応理解いただけるように工夫したつもりである．また，応用については，最新の成果のみを紹介することはせず，研究開発がどのような基礎的な成果の上にどのような技術的ブレークスルーによって進められたかに重点をおいて記述した．

本書が「光と磁気」のかかわりに関心をお持ちの読者に多少なりともお役に立てば幸いである．

参 考 文 献

1) M. Faraday : Phil. Trans. Roy. Soc. **136** (1846) 1. (Faradayの日記 (G. Bell & Sons, Ltd., London, 1932) の1845年のところに記述がある)
2) J. Kerr : Rept. Brit. Assoc. Adv. Sci. (1876) 40. ; J. Kerr : Phil. Mag. **3** (1877) 321.

3) W. Voigt : Nachricht Gesellschaft Wiss. Gottingen II. Math. -Phys. Kl. **4** (1898) 355.
4) P. N. Argyres : Phys. Rev. **97** (1955) 334.
5) H. J. Williams, F. S. Foster and E. A. Wood : Phys. Rev. **82** (1951) 119.
6) H. J. Williams, R. C. Sherwood, F. G. Foster and E. M. Kelley : J. Appl. Phys. **28** (1957) 1181.
7) R. L. Conger and J. L. Tomlinson : J. Appl. Phys. Suppl. **33** (1962) 1059.
8) R. L. Aagard, F. M. Schmidt, W. Walters and D. Chen : IEEE Trans. Mag. **MAG-7** (1973) 337.
9) J. F. Dillon Jr. : J. Appl. Phys. **39** (1968) 922.
10) P. Chaudhari, J. J. Cuomo and R. J. Gambino : Appl. Phys. Lett. **23** (1973) 337.
11) 白川友紀, 桜井良文：日本応用磁気学会学術講演会論文集 22 pA-11 (1973).
12) 玉城孝彦, 対馬国郎：日本応用磁気学会誌 **8** (1984) 125.
13) 佐藤勝昭：日本応用磁気学会誌 **23** (1999) 913, 1793, 1907, 2009, 2124, **24** (2000) 79. (連載講座「磁気光学の基礎」として, 6回に分けて解説した)

2. 磁気光学効果とは何か

前章で,物質の磁気的性質が光の偏りに及ぼす効果が磁気光学効果であると述べた.第2章では光の偏りとは何かというところから出発して,磁気光学効果とはどんな現象かについて定性的な理解を得ることを目的とする.また,さまざまな磁気光学効果について具体例を交えながら説明する.

2.1 光 の 偏 り

光は電磁波である.電磁波というのは電界と磁界の振動が伝搬する現象である.よく知られているように真空中を平面波として伝わる電磁波は光速 c で伝搬し,電界と磁界の振動方向は互いに垂直でかつ進行方向に垂直な平面内にある.通常,電界ベクトルは E,磁界ベクトルは H で表現される(図2.1).

光の進行方向と磁界 H を含む面を光の偏りの面あるいは偏光面(電波工学では偏波面)と呼ぶ.電界 E を含む面のことは振動面と呼んでいる.偏光面の方向がそろっている場合を「偏光」と呼ぶ.これに対し,白熱電球などから放射される光の振動方向は任意の方向に一様に分布しており,時間的にみると不規則に揺らいでいる.このような光を自然光と呼ぶ.これに対し,振動方向の分布が一様でなく特定方向に振動する光の強度がそれ以外の方向に振動する光より強いも

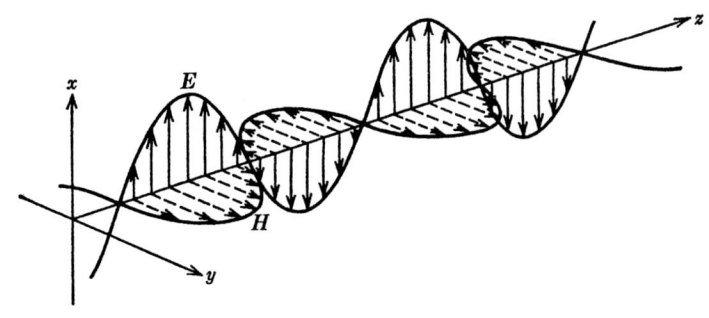

図2.1 電磁波の電界ベクトル(E)と磁界ベクトル(H)

のを部分偏光といっている(部分偏光も振動方向は刻々にみれば不規則に変化している).自然光が物体で反射されるとき部分偏光になる場合が多いので,偏光サングラスが役に立つ.ちなみに,反射の際に偏光することを最初に見つけたのは Malus (1775〜1812) で,窓ガラスで反射された夕日を方解石を通して眺めているときのことであった(1808年)という(この逸話は Born, Wolf の教科書[1]に載っている).

偏光面が一つの平面に限られたような偏光を直線偏光と呼ぶ.直線偏光を取り出すための素子を直線偏光子という.直線偏光子にはいろいろな種類がある.それらについては 5.2.2 項を参照されたい.レーザー光は偏光子を用いなくてもそれ自身で直線偏光になっているものが多い.

ある位置でみた電界(または磁界)ベクトルが時間とともに回転するような偏光を一般に楕円偏光という.光の進行方向に垂直な平面上に電界ベクトルの先端を投影したときその軌跡が円になるものを円偏光という.円偏光には右(まわり)円偏光と左(まわり)円偏光がある.どちらが右でどちらが左かは著者により異なっている.すなわち,光の進行方向に進む右ねじの回る向きに電界ベクトルが回転する場合を右円偏光と定義するもの[1]と,光源に向き合っている観測者からみて電界ベクトルの回転の向きが右まわりのものを右円偏光とするものとである.この本では磁気光学効果の物理学的な基礎を確立した Benett と Stern[2] の記述法に従って,前者つまり「(光源を背にして)波の法線方向を向いている静止した観測者にとって時間とともに時計方向に回転する」円偏光を右円偏光と定義する(図 2.2)(この場合には時間を止めて振動ベクトルの軌跡をみると左ねじになっていることに注意).IEEE(アメリカ電気電子工学会)もこの立場に立って

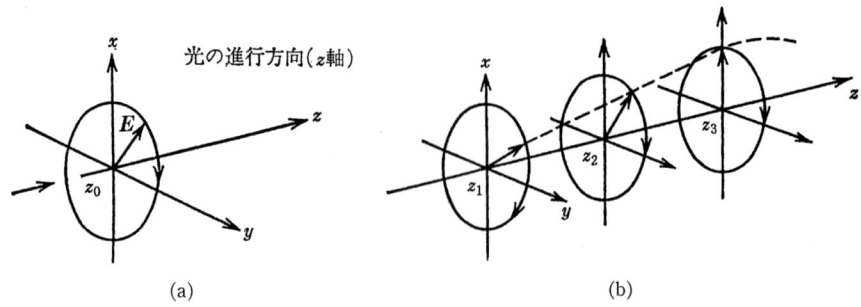

図 2.2 本書での定義による右円偏光
(a) ある位置で光源を背にして見ると電界ベクトルが時間とともに右まわりに回転.
(b) 時間を止めて電界ベクトルの軌跡をみると進行方向に左まわりになっている.

いる[3]．文献では両方の表記法がみられるから，特に比較をする場合など，どちらの表記に従っているかを見極めなければならない．

● **2.1節のまとめ**
偏光面………電磁波の進行方向と磁界を含む面
振動面………電磁波の進行方向と電界を含む面
自然光………振動方向が一様かつランダムに分布
部分偏光……振動方向が特定の方向に強く分布
直線偏光……偏光面が一つの平面に限られる
円偏光………振動ベクトルが時間とともに回転
　右円偏光……光源を背にした観測者からみて右ねじを進める向き
　左円偏光……光源を背にした観測者からみて左ねじを進める向き

2.2 旋光性と円二色性

物体に直線偏光を入射したとき透過してきた光の偏光面がもとの偏光面の方向から回転していたとすると，この物体は旋光性をもつという．このような物質としては，ブドウ糖，ショ糖，酒石酸などがある（図2.3）．これらの物質にはらせん構造があって，これが旋光性の原因になる（右旋性，左旋性の定義についても著者によってさまざまであるが，この本では右ねじを進めるような回転方向を右まわりとしたときを正とする定義に従う回転角をθで，光原に向き合った観測者からみて右まわりを正とする角をϕで表すことにする．右旋ブドウ糖などは後の定義に従って命名されている．理科年表・化学便覧などもそうなっている．他の書物を読まれるときにはどちらで定義してあるかに気をつけてほしい）．

物質の旋光性をはじめて見つけたのは，フランスのArago（1786～1853）で，

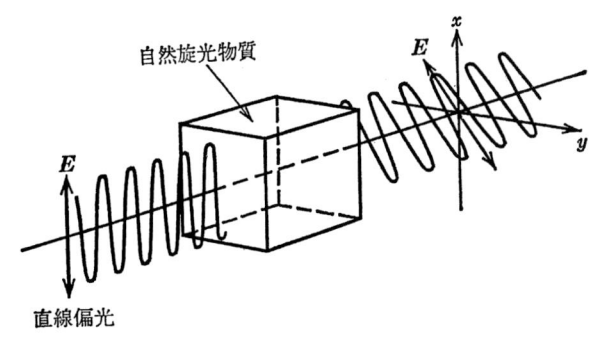

図2.3　ブドウ糖などの自然旋光性
右旋ブドウ糖では上図のように反時計方向に偏光ベクトルが回転する．

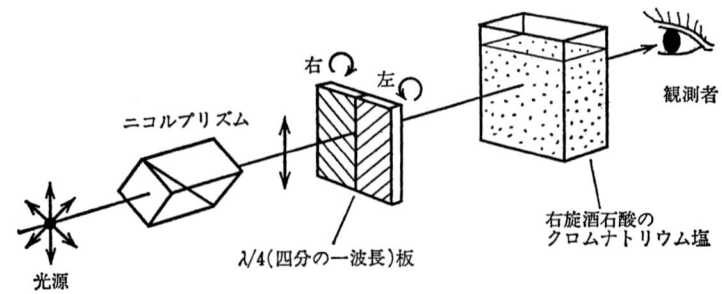

図2.4 円二色性の観測法 (Cottonによる)

1811年に，水晶においてこの効果を発見した．Aragoは天文学者としても有名で，子午線の精密な測量をBiot (1774～1862) とともに行い，スペインでスパイと間違われて逮捕されるなど波瀾に満ちた一生を送った人である．Aragoの発見はBiotに引きつがれ，旋光角が試料の長さに比例することや，旋光角が波長の2乗に反比例すること（旋光分散）などが発見された．

一方，酒石酸の水溶液などでは右円偏光と左円偏光とに対して吸光度が違うという現象がある．これを円二色性という．この効果を発見したのはCottonというフランス人で1869年のことである．彼は図2.4のような装置をつくって眺めると左と右の円偏光に対して明るさが違うことを発見した．後で説明するが(3.1節)，円二色性がある物質に直線偏光を入射すると透過光は楕円偏光になる．

旋光性と円二色性をあわせて光学活性と呼んでいる．一般にこれらの2つの性質は同時に存在する．円二色性の存在のもとでは，旋光性は楕円偏光の主軸の回転によって定義される（旋光性と円二色性は互いに独立ではなく，クラマース-クローニヒの関係で結びついている．この点については3.5.4項で改めてふれる）．ブドウ糖や酒石酸の光学活性は，物質に磁界や電界をかけなくてもみられるので自然活性と称している．

これに対して，電界または電気分極の存在によって生じる光学活性を電気光学効果(EO効果)，磁界または磁化の存在によって生じるものを磁気光学効果(MO効果)，応力または歪みによるものを光弾性またはピエゾ光学効果と呼ぶ．

●2.2節のまとめ
光学活性………旋光性と円二色性の総称

旋光性………直線偏光の偏光面の回転
円二色性……右円偏光と左円偏光の吸光度の違い
自然活性……………物質本来の異方性による光学活性
磁気光学効果………磁界または磁化の存在による光学活性
電気光学効果………電界または電気分極の存在による光学活性
ピエゾ光学効果……応力または歪みの存在による光学活性

2.3 ガラスのファラデー効果

　ガラス棒にコイルを巻き電流を通すと，ガラス棒の長手方向に磁界ができる．このときガラス棒に直線偏光を通すと，磁界の強さとともに偏光面が回転する．この磁気旋光効果を，発見者 Faraday に因んでファラデー効果という．

　この場合のように光の進行方向と磁界とが同一直線上にあるときをファラデー配置といい，進行方向と磁界の向きが直交するような場合をフォークト配置という(図2.5)．

　磁気旋光角 θ_F をファラデー回転角という．磁界の小さいとき，ガラスのファラデー効果は試料の厚さ l，磁界の強さ H に比例するので，

$$\theta_F = VlH$$

と表される*．上式で V はヴェルデ定数と呼ばれ，物質固有の比例係数である．一部の物質のヴェルデ定数は理科年表に載っている．例えば，クラウンガラスの V はナトリウムのD線の波長（オレンジ色．589.1 nm）において 2.4×10^{-2} min/A（CGS単位系では 0.019 min/Oe·cm）と記されている．これは，1mのガ

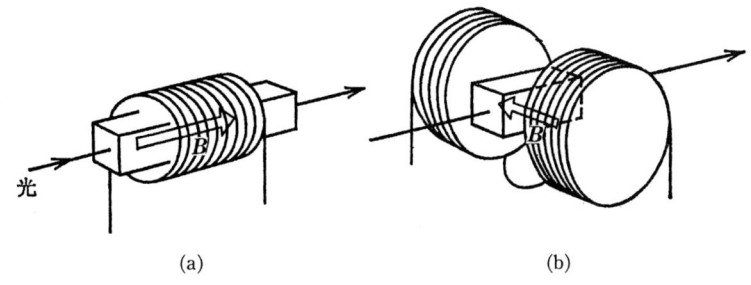

(a)　　　　　　　　(b)

図2.5　ファラデー配置(a)とフォークト配置(b)

---

　* ここでは，ガラス棒を例にとったが，θ_F が H に比例するのは上述のクラウンガラスのように反磁性体の場合のみである．このほか，ガラスにはネオジミウムガラスのような常磁性体もある．常磁性ガラスで θ_F が磁界 H に比例するのは温度が高く H の小さいときだけで，H が大きいとき，または極低温ではランジバン関数に従って飽和する傾向を示す．なお，磁性体の分類については付録Aを参考にしていただきたい．

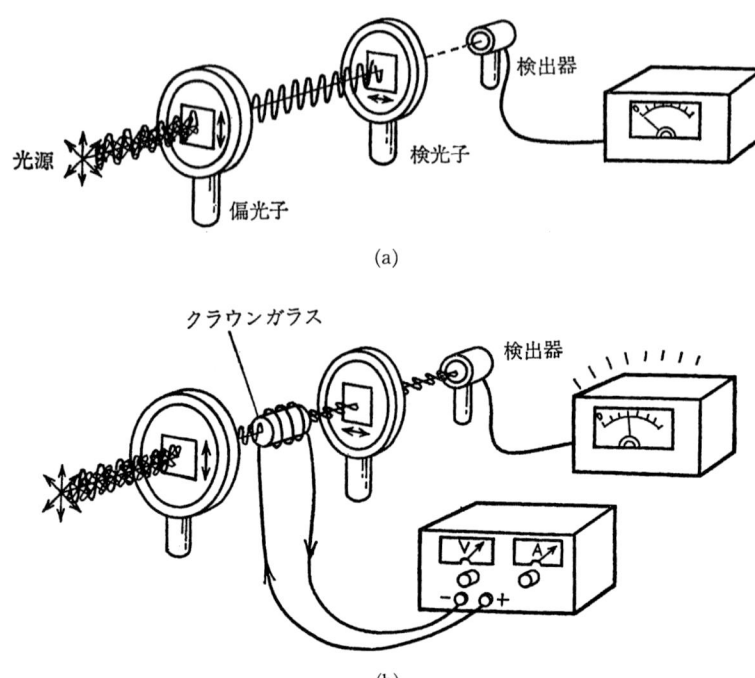

図 2.6 ファラデー効果による光のスイッチング
(a) 磁界のないときに偏光子と検光子の透過方向を直交させておくと光検出器の出力は 0 である.
(b) 磁界を光の進行方向に印加すると電界ベクトルが回転し検光子を光が通過するようになる.

ラス棒に 100 A/m (CGS では 1.3 Oe) の磁界をかけたとき 2.4 分回転することを表している.

図 2.6(a) に示すように, 2 つの偏光子 P と A を互いに偏光方向が垂直になるようにしておく (これを直交偏光子またはクロスニコルの条件と呼ぶ). この条件では光は通過しない. もし, (b) のように P と A の間に長さ 0.23 m のクラウンガラスの棒を置き 10^6 A/m の磁界をかけたとすると, ガラス中を通過する際に $2.4\times10^{-2}\times10^6\times0.23=5520'=92°$, つまり, ほぼ 90° だけ振動面が回転して検光子 A の透過方向と平行になり, 光がよく通過する. したがって, この原理を用いて, 光のスイッチングや変調ができることが理解されよう.

ファラデー効果においては磁界を反転すると逆方向に回転が起きる. つまり回転角は磁界の方向に対して定義されている. ここが自然活性と違うところである. 図 2.7 に示すように, ブドウ糖液中を光を往復させると戻ってきた光はまっ

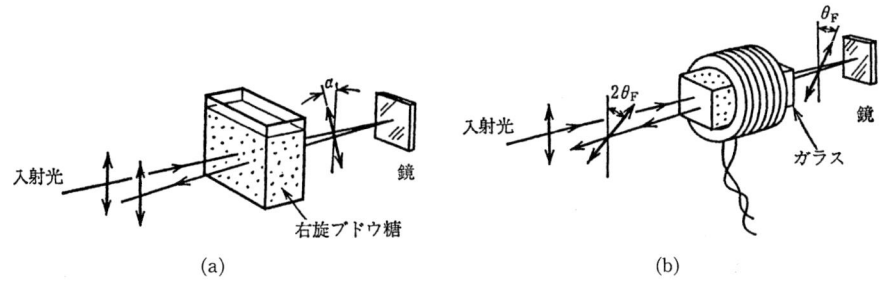

図 2.7 ファラデー効果の場合
ブドウ糖液中を往復した光は旋光しないが(a)，磁界中の
ガラスを往復した光は片道の2倍だけ旋光している(b).

たく旋光していないが，磁界中のガラスを往復した光は，片道の場合の2倍施光している.

ファラデー効果には磁気旋光性だけでなく楕円偏光をつくる効果(磁気円二色性 magneto-circular dichroism；MCD)もある.

● 2.3 節のまとめ─────────
ガラスのファラデー回転…磁界 H と試料長 l に比例する.
　$\theta_F = VlH$　　V：ヴェルデ定数(単位 min/A)
常磁性体と反磁性体とで符号と磁界強度依存性が異なる.

2.4 強磁性体のファラデー効果

前節に述べたガラスのファラデー効果に比べ，強磁性体は非常に大きな回転を示す．強磁性体という言葉になじみのない読者もおられると思うが，とりあえずここでは鉄のように磁石につく磁性体だと理解しておいてほしい．磁性体の分類と定義については，付録 A を参照されたい．さて，この鉄について，磁界 H と磁束密度 B との間には付録の図 B.1 に示すように，いわゆるヒステリシス曲線が成り立つが，十分大きな磁界では磁束密度は一定値に近づく．このとき磁気的に飽和したという．磁気的に飽和した鉄のファラデー回転は 1 cm あたり 380,000°に達する．この旋光角の飽和値は物質定数である．1 cm もの厚さの鉄ではもちろん光は透過しないが，薄膜をつくればファラデー回転を観測することが可能である．例えば 30 nm の鉄薄膜では光の透過率は約 70%で，回転角は約 1°となる．

強磁性体では旋光角は物質定数であるが，飽和していない場合には巨視的な磁化に関係する量となる．したがって，ファラデー効果を用いて磁化曲線を測ることができる．このことの説明のためには磁区というものを導入せねばならない．磁区というのは，その中では磁化の向きがそろっているような部分をいう．磁性体の初期状態では付録の図 B.2 のようにさまざまな向き[*1]の磁化をもつ磁区が存在しているので，全体としては磁化を打ち消しあっている．磁界をある方向にかけると磁界と同じ向きの磁区が成長して，ついには全部が一つの磁区になってしまう．これが上に述べた磁気的に飽和した状態である．この状態から磁界を減少しても逆向きの磁区がすぐ成長するのではなく，ある大きさの逆向き磁界 (保磁力) になるまではもとの状態を保とうとする．保磁力は磁区の移動や回転のむずかしさを表すもので，物質本来の性質ではなく試料の作成条件に依存する量である．ファラデー効果は磁化ベクトルと光の波動ベクトルとが平行なとき最大となり，垂直のとき最小となる．すなわち，磁化と波動ベクトルのスカラー積に比例する．測定に使う光のスポット径が磁区よりも十分大きければ近似的にいくつかの磁区の平均の磁化の成分をみることになる[*2]．また，スポット径が磁区より小さいときは磁区内の磁化の成分をみることができ，偏光顕微鏡で観察すれば磁区が見える．図 2.8 はこの方法でみた Bi 添加 GdIG の磁区の写真である．表 2.1 にファラデー効果を示す代表的な磁性体の旋光性を示した．

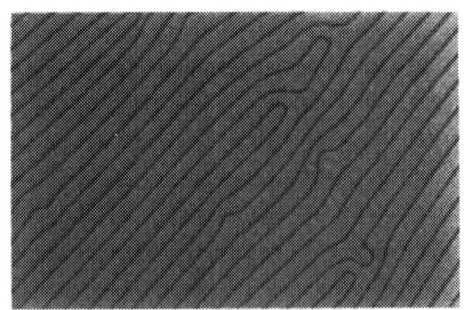

図 2.8 ビスマス (Bi) 添加ガドリニウム鉄ガーネット (GdIG) の磁区の顕微鏡写真 (玉城氏のご厚意による)

[*1] 結晶の場合，任意方向に向くわけではなく，磁気異方性によって決まるいくつかの容易軸方向を向く．

[*2] 縞状磁区における磁気光学効果の大きさは，必ずしも磁化の平均値に比例せず，測定法に強く依存することが示されている．例えば，沼田他：日本応用磁気学会誌 14 (1990) 642；棚池他：日本応用磁気学会誌 14 (1990) 648.

2.5 磁気カー効果

表 2.1 代表的な磁性体のファラデー効果

物質名	旋光角 (deg/cm)	性能指数 (deg/dB)	測定波長 (nm)	測定温度 (K)	磁界 (T)	文献
Fe	$3.825 \cdot 10^5$		578	室温	2.4	4)
Co	$1.88 \cdot 10^5$		546	室温	2	4)
Ni	$1.3 \cdot 10^5$		826	120K	0.27	4)
$Y_3Fe_5O_{12}$*	250		1150	100K		5)
$Gd_2BiFe_5O_{12}$	$1.01 \cdot 10^4$	44	800	室温		6)
MnSb	$2.8 \cdot 10^5$		500	室温		7)
MnBi	$5.0 \cdot 10^5$	1.43	633	室温		8)
$YFeO_3$	$4.9 \cdot 10^3$		633	室温		9)
$NdFeO_3$	$4.72 \cdot 10^4$		633	室温		10)
$CrBr_3$	$1.3 \cdot 10^5$		500	1.5K		11)
EuO	$5 \cdot 10^5$	104	660	4.2K	2.08	12)
$CdCr_2S_4$	$3.8 \cdot 10^3$	35(80K)	1000	4K	0.6	13)

*YIG(yttrium iron garnet)とも呼ばれる.

● **2.4 節のまとめ**

強磁性体の磁気光学効果……磁界に比例せず磁化に比例
 反磁性体, 常磁性体に比べて, はるかに大きい旋光性を示す.
 磁化と波数ベクトルが平行のとき最大
大きい光スポット……いくつかの磁区の磁化の平均に比例
小さい光スポット……磁区内の磁化(の光の進行方向の成分)に比例

2.5 磁気カー効果

　磁気カー効果は, 反射光に対するファラデー効果といってもよい. Kerrという人は電気光学効果の研究でも有名で, 一般にカー効果というと電気光学効果の方をさすことが多いので, 区別のため磁気カー効果と呼んでいる. しかし, この本では, 電気光学効果は扱わないので単にカー効果と呼ぶことにする.
　一般に, 物質に直線偏光を斜めに入射すると反射光は楕円偏光になり, その主軸の方向が入射光の偏光の方向から回転する. この現象はエリプソメトリーとして物質の光学定数 n と κ を決めたり, 薄膜の膜厚を決めたりするのに利用されている (3.5.1 節参照). 等方性の物質に光を垂直に入射した場合はこのような現象は起きない. ところが, 物質が磁化をもっていると, 直線偏光を垂直入射したとき主軸の向きが入射直線偏光の向きから傾いた楕円偏光が反射してくる. これがカー効果である. この場合の磁気旋光角をカー回転角 θ_K, 楕円偏光の短軸と長軸の比をカー楕円率 η_K (反射の磁気円二色性と簡単な比例関係にある) とい

表 2.2 代表的な磁性体のカー回転角

物質名	カー回転角 (deg)	測定光エネルギー (eV)	測定温度 (K)	磁界 (T)	文献
Fe	0.87	0.75	室温		14)
Co	0.85	0.62	室温		14)
Ni	0.19	3.1	室温		14)
Gd	0.16	4.3	室温		15)
Fe_3O_4	0.32	1	室温		16)
MnBi	0.7	1.9	室温		17)
CoS_2	1.1	0.8	4.2	0.4	18)
$CrBr_3$	3.5	2.9	4.2		19)
EuO	6	2.1	12		20)
$USb_{0.8}Te_{0.2}$	9.0	0.8	10	4.0	21)
$CoCr_2S_4$	4.5	0.7	80		22)
a-GdCo*	0.3	1.9	298		23)
PtMnSb	2.1	1.75	298	1.7	24)
CeSb	90	0.46	1.5	5.0	25)

*「a-」はアモルファスという意味である．

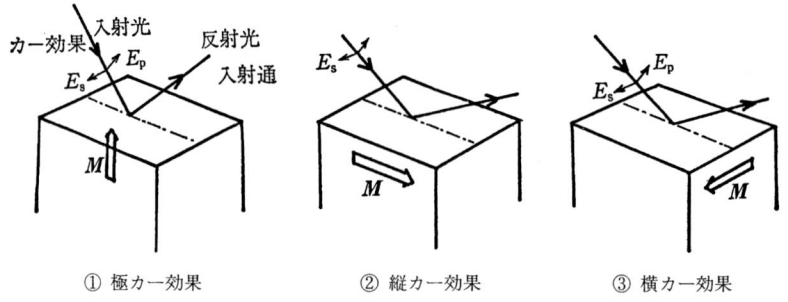

① 極カー効果　② 縦カー効果　③ 横カー効果

図 2.9　3 種類のカー効果

う．θ_K と η_K の符号は磁化の方向を逆にすると逆転する．表 2.2 に，報告されているいくつかの代表的な物質についてカー回転角の大きさを掲げる．

カー効果は，強磁性体やフェリ磁性体のように巨視的な磁化をもつ物質においてのみ観測できる．ファラデー効果の場合には光と磁化の相互作用の距離 l を長くとれるので，たとえ小さなヴェルデ定数のものでも VlH を観測可能な大きさにすることができるが，反射の場合には相互作用は光の侵入長程度なので磁化の大きな物質でしか観測できないのである．表 2.2 に示すように室温で磁化をもつ磁性体のカー回転角は一般にはせいぜい 1° 程度である．光磁気ディスクの再生には金属磁性体のカー効果が使われる．

カー効果には，図 2.9 に示すように 3 種類のものがある．すなわち，

① 極カー効果 (polar Kerr effect)

反射面の法線方向に平行に磁化がある場合：この効果は光の波数ベクトルと磁化ベクトルのスカラー積に比例するので，垂直入射の場合に最も大きな値を示す．光磁気ディスクの再生に用いられる効果である．

② 縦カー効果 (longitudinal Kerr effect)，または，子午線カー効果 (meridian Kerr effect)

磁化が反射面内にあって，かつ，入射面に含まれる場合：この効果は入射角に強く依存し，垂直入射では観測されない．超薄膜の表面磁化の「その場観察」に用いられる SMOKE (surface magneto-optical Kerr effect) は，縦カー効果を利用している．

③ 横カー効果 (transverse Kerr effect)，または，赤道カー効果 (equatorial Kerr effect)

磁化が反射面内にあって，かつ，入射面に含まれる場合：磁気旋光・磁気円二色性などの偏光の変化をともなわず，反射光強度が磁化の向きと大きさに応じて変化する．検光子なしに磁気光学効果の測定ができるという特徴をもつ．

の3種類である．カー効果の現象論については3.6節に述べる．

● 2.5 節のまとめ

磁気カー効果……反射の磁気光学効果
　強磁性体，フェリ磁性体などのように巨視的磁化のあるものでのみ観測が可能
磁気カー効果には3種類ある．
　極カー効果：最も大きな磁気光学効果．光磁気記録の再生に利用
　縦カー効果(子午線カー効果)：入射角に大きく依存．表面磁化の検出に利用
　横カー効果(赤道カー効果)：偏光の回転をともなわず，光強度が磁化に応答

2.6　磁気光学スペクトル

磁気旋光(ファラデー回転，カー回転)に限らず，一般に旋光度は光の波長に大きく依存する．旋光度の波長依存性を，化学の分野では旋光分散(optical rotatory dispersion；ORD)と呼んでいる．物理の言葉では，旋光スペクトルである．旋光度や円二色性は，物質が強い吸光度を示す波長領域で最も大きく変化する．これを化学の方では異常分散と称する．何が異常かというと，一般に吸収のない波長では旋光度は波長の2乗に反比例して単調に変化するのに対し，特定の波長でピークをもったり，微分波形を示したりするからである．化学の研究者

はこの異常分散曲線の中心波長と形状が各物質固有のものであることを利用して，物質の同定を行う．

　図2.10には，旋光分散と円二色性分散の曲線を模式的に示してある．旋光分散がベル型の曲線を示すのに対し，円二色性はその微分形の曲線を示す．このような関係は一般に誘電率のスペクトルの実数部と虚数部の間にも成り立つもので，クラマース-クローニヒの関係によって記述される（クラマース-クローニヒの関係については3.5.4項で詳しく述べるが，物理現象における応答を表す量の実数部と虚数部は独立ではなく，互いに他の全周波数の成分がわかれば積分により求めることができるという関係である）．もちろん，磁気光学効果においても同様の関係が磁気旋光と磁気円二色性との間に成り立つ．磁気光学スペクトルの形状の電子論による説明については4.4.4項に詳述する．

　図2.11はいくつかの測定波長におけるアモルファスGdCo（ガドリニウムコバルト）薄膜のカー効果のヒステリシス曲線である（この薄膜はガラス基板上にスパッター法により付着したもので，ガラス面側から測定したためガラスのファラデー回転が重畳していることをお断りしておく）[26]．この図をみると，ヒステリシスループの高さばかりでなく，その符号までが波長とともに変わることがわかる．ゼロ磁界におけるカー回転およびカー楕円率を光子のエネルギー E に対してプロットしたスペクトルを図6.41に示されている．なぜエネルギーを横軸にとるかというと，このような磁気光学効果スペクトルはそれぞれの物質の電子エネルギー構造に基づいて生じているものであるからである．第4章で述べるように，磁気光学効果は物質中での特定の光学遷移から生じるので，物質の電子構造

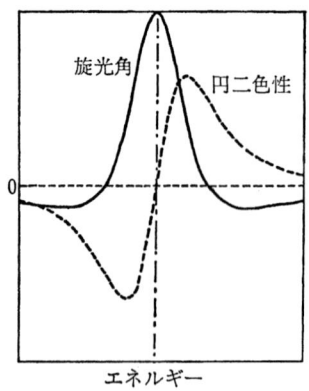

図2.10　旋光分散（実線）と円二色性分散（点線）

2.6 磁気光学効果スペクトル

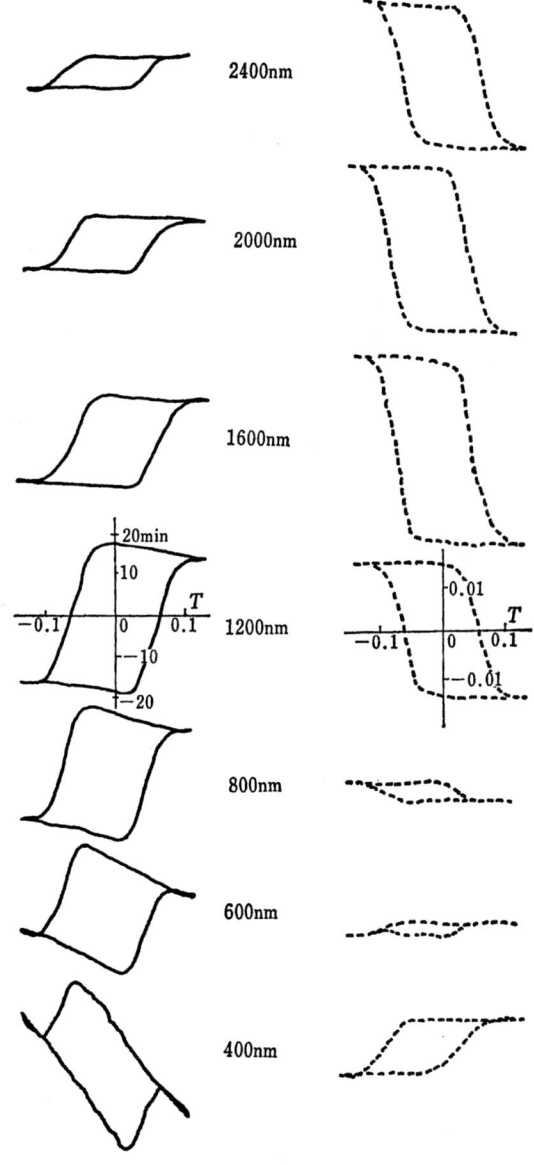

図 2.11 アモルファス GdCo (ガドリニウムコバルト) 薄膜における
カー効果のヒステリシス曲線の波長依存性 (基板側から測定
したもの)[24]
左側はカー回転角，右側は磁気円二色性 (カー楕円率に相当) を示す．

を調べるための手段として磁気光学効果を用いることもできることを示唆している．

スペクトルを測定することは，磁気光学効果がどのような電子構造から生じているかを明らかにし，光磁気記録媒体材料の特性改善を計るうえで欠くことのできない方法である．また，磁気光学効果の応用に際して，使用するレーザー光の波長でどのくらいの性能指数をもつかが問題になる．したがって，磁気光学効果の波長依存性を広い波長範囲で求めておくことが応用上も重要なことなのである．さらに，一定の波長でのみカー効果を測定していると，熱処理などでカー効果の大きさが変化した場合に本質的にカー効果が変化したのか，それともピークの波長位置が移動したためそのように見えるのか区別できない．このような場合にはスペクトルを測定することによりどちらであるかを判定できる．磁気光学スペクトルの測定法については第4章で詳しく述べる．

● 2.6節のまとめ
磁気光学効果の大きさ……光の波長によって変化する．
　特定の波長でピークをつくるか，分散をもつ．
　旋光度と楕円率の間にはクラマース-クローニヒの関係が成立する．

2.7　その他の磁気光学効果

狭い意味での磁気光学効果には，ファラデー効果およびカー効果のほかにコットン-ムートン効果とマグネトプラズマ共鳴効果が含まれる．

コットン-ムートン効果はフォークト配置（2.3節参照）で磁界を加えた試料に生じる複屈折の現象で，フォークト効果，磁気複屈折とも呼ばれる．その大きさ（複屈折による光学的遅延）は磁界（正確には磁化）の強さの2乗で変化する．この効果は，磁化に伴って物質に誘起された一軸異方性によるものである（この効果のマクロな説明については3.7節を参照されたい）．

マグネトプラズマ共鳴は自由電子の集団運動であるプラズマ共鳴とサイクロトロン共鳴が結合した状態で，高周波のホール効果と同じ起源をもつ．高濃度に不純物を添加された半導体の赤外反射スペクトルからさまざまなバンドパラメーターを求める方法として重要である（4.2節の③に詳細に論じる）．

広い意味での磁気光学効果には，ゼーマン効果，電子スピン共鳴，強磁性共鳴，反強磁性共鳴，サイクロトロン共鳴などが含まれる．

ゼーマン効果はスペクトル幅の狭い吸収線や発光線が磁界中で分裂する効果

で，スピン多重項の縮退が磁界によって解けることによって起きる．ゼーマン分裂の大きさは，$\hbar\omega = g(\mu_0 e\hbar/2m)H_0 S$ で与えられるので，実験室で得られる磁束密度 $\mu_0 H_0$ が 1 T 程度の磁界では 0.1 meV 程度となり，スペクトル線の微細構造は液体ヘリウムの温度付近まで冷却しないと観測できないことが多い．ゼーマン分裂した準位間の遷移が電子スピン共鳴 (ESR) で，通常はマイクロ波の領域の電磁波を使って測定されるが，強磁界下では遠赤外域に共鳴をもち，光学現象として扱うことができる．

次に，強磁性共鳴 (FMR) について述べる．強磁性体では不対スピン間に交換相互作用が働くので，全磁気モーメントが印加磁界下で歳差（味噌すり）運動を行う．このモーメントの磁界方向からの傾き（正確には磁界方向への射影）は量子化されているので，電磁波の磁界を受けて傾きが変わるときはとびとびにしか変化できない．この「とび」の1単位が $\hbar\omega_F = g(e\hbar/2m)\{\mu_0 H_0(\mu_0 H_0 + I_s)\}^{1/2}$ である．$\mu_0 H_0$ は通常 1 T 程度であるので，やはりマイクロ波領域で共鳴し，吸収として観測される．

反強磁性体では2つの互いに逆向きの副格子磁化があるが，完全に打ち消しあうためにスピンの歳差運動は誘起されない．しかし，両副格子磁化は交換相互作用 H_E で結びついており，また磁気異方性 H_A があるために，外部磁界がなくても各副格子磁化は結合して互いに逆向きの回転方向をもつ2つの縮退したモードとして歳差運動する．これを反強磁性共鳴という．外部磁界 H_0 があるとき共鳴周波数 ω_{AF} は，$\hbar\omega_{AF} = g(e\mu_0\hbar/2m)\{H_0 \pm (H_A(H_A + 2H_E))^{1/2}\}$ で与えられるが，この共鳴周波数はミリ波から遠赤外付近の値をとる．

サイクロトロン共鳴は，磁界中の自由キャリアのサイクロトロン運動と電磁波の結合によって生じる．別の見方をすると，伝導帯と価電子帯にある荷電粒子のエネルギーは磁界中ではサイクロトロンエネルギー ($\hbar\omega_C = eB/m$) を単位とするランダウ準位に分裂しているが，これらの準位間の遷移がサイクロトロン共鳴である．この実験は，半導体や金属のキャリアの有効質量を決めたりフェルミ面の形状を決定したりするのに用いられている．

また，磁気ラマン効果も広い意味での磁気光学効果に加えることができよう．磁気ラマン効果は反強磁性体のそれぞれの副格子に互いに逆符号の波数ベクトルをもつ2つのマグノン（スピン波の量子）を励起するようなラマン散乱である．

● **2.7節のまとめ**─────────────────────
狭義の磁気光学効果にはファラデー効果，磁気カー効果のほかに，コットン-ムートン効果，マ

グネトプラズマ共鳴効果がある．
コットン-ムートン効果は磁界または磁化の2次の効果である．
広義の磁気光学効果には，ゼーマン効果，電子スピン共鳴 (ESR)，強磁性共鳴 (FMR)，反強磁性共鳴，サイクロトロン共鳴，磁気ラマン散乱などがある．

2.8 光磁気効果

　光照射による磁性の変化を一般に光磁気効果（広義）というが，これには光の吸収による発熱に基づく磁化の温度変化（正確には熱磁気効果）と，狭義の光磁気効果（光誘起磁化，光誘起初透磁率変化など）が含まれる．熱磁気効果にもキュリー温度や補償温度での磁化や保磁力の変化によるものと，磁化の向きの温度による変化（温度誘起スピン再配列）とがある．光磁気記録には前者の熱磁気効果が用いられる．温度誘起スピン再配列を利用したものに光モーターが知られている．光誘起磁化の例としては逆ファラデー効果がある．ルビーレーザーからの光を円偏光子に通し，まわりにコイルを巻いたルビーのc面に照射すると，コイルに電圧を誘起させる．これは逆ファラデー効果と呼ばれている．

2.8.1 光誘起磁気効果[28]

　Si を添加した YIG 結晶の強磁性共鳴周波数が光照射によって大きく変化する現象は 1967 年に英国の Teale, Temple らによって発見された[29]．この効果はその後オランダの Enz らによって詳細に研究され[30]，YIG だけでなく磁性半導体 $CdCr_2Se_4$ や他のフェライトにおいても光照射による磁気的性質の変化が見いだされた．例えば，YIG : $Si_{0.006}$ において 77 K での光の照射によって，はじめ 120 あった初透磁率が数秒の間に 10 にまで減少する．また，同じ YIG において，50 Hz で測定したヒステリシスループがもとは S 形で，保磁力 H_C が 0.6 Oe だったものが，光照射によって角形となり，2 Oe に増大する[31]．このほかにも，光誘導磁気異方性，光誘導歪み，光誘導二色性などが報告されている．この効果には，光による電荷移動型遷移が起きたことによる 3d 遷移金属イオンの価数変化，光によって生成されたキャリアのトラップ準位による捕捉と再解放，電子正孔対の再結合などが絡み合っており，未だに完全な理解が得られていない．最近の興味ある成果としては，Co 添加 YNdIG 薄膜での光誘導磁気効果が直流磁界に依存する効果の研究があげられよう[32]．

2.8.2 光誘起磁化

　ピックアップコイルを巻いた常磁性体に共鳴する波長の円偏光パルスレーザーを照射すると，ピックアップコイルに電圧パルスが誘起される．最初の実験はル

ビー ($Al_2O_3 : Cr^{3+}$) について行われた[33]．照射はルビーレーザーの R 線を用いた．基底状態のスピン 4 重項 ($^4A_2$) から最低の励起状態である 2 重項 ^2E, $^2T_2$ に光学遷移が起きるときのスピンの変化によって磁化の変化が起きる．熱効果でないことは，円偏光の回転方向を右から左に変えたとき，コイルに誘起される電圧が反転することから確かめられる．この効果は，他の 3d 遷移金属イオンや希土類を含む酸化物，磁性半導体，希薄磁性半導体，3d 遷移金属錯体などでも観測されている[34]．遷移金属を含まない有機分子，例えば芳香族カルボニルにおいても 1 重項から 3 重項への遷移に伴うスピン準位の分布差による光誘起磁化が観測されている[35]．

このほか，磁性体超微粒子を分散したグラニュラー構造をもつ物質に光を照射することにより，磁化を誘起する例が報告されている[36]．光励起によって電子・正孔が母体物質に生成され，それらが微粒子の磁気モーメントをそろえあう交換相互作用の媒体となっていると考えられるが，詳細は未解明である．

2.8.3 光誘起スピン再配列

$RCrO_3$ (希土類オーソクロマイト) は反強磁性体であるが，不等価な 4 つの Cr サイトを有し，4 副格子 (sub-lattice) からなる複雑なスピン構造を有する．この系の物質では，磁気，温度などに誘起されるスピン構造の再配列相転移がみられる．$ErCrO_3$ は 9.7 K 以下で反強磁性体であるが，この温度以上ではキャント型の弱強磁性となる．4.2 K において，この物質の Cr の配位子場遷移を共鳴的に励起すると，同様の磁気相転移が起きる．これを光誘起スピン再配列と呼ぶ．磁気転移が起きたことは，ストリークカメラによるスペクトル線の分裂の変化を観測することにより明らかにされた[37]．温度誘起スピン再配列を利用したものに光モーターが知られている．これは，磁界中においた希土類オーソフェライトなどに光照射すると，熱誘起スピン再配列により磁化の方向が変化し，磁界中でトルクが発生して回転するというものである[38]．

2.8.4 熱磁気効果

光磁気ディスクやミニディスクにおける記録には，レーザー光による熱磁気効果 (thermo-magnetic effect) が用いられる．詳細は第 7 章に述べるが，これには，キュリー温度 (Curie temperature) T_C における磁化の消滅や，補償温度 T_{comp} 付近での保磁力の変化が利用される．キュリー温度記録の場合，レーザー光により T_C 以上に加熱された領域は磁化を失うが，冷却の際，周囲からの反磁界を受けて周囲とは逆向きに磁化を受ける．より安定に記録するため，バイアス磁界を印加するのがふつうである．補償温度記録の場合，T_{comp} 付近で H_c が増

大することを利用する．T_{comp} が室温付近にあると，レーザー照射によって H_c が減少し，バイアス磁界または周囲ビットからの反磁界で反転が起きる．温度が下がると H_c が大きくなって安定に存在する．実際の光磁気ディスクでは，キュリー温度記録と，補償温度記録の要素をともに利用している．

　レーザー光が磁性体表面に集光されると一部は反射され，残りは磁性体中に入っていく．金属の場合，吸収が十分強いので，光は表面で直ちに熱に変換されると考えられる（100Å程度の薄い膜を用いたときは膜内部の熱分布を考えなければならない）．ある時間間隔（例えば 1μs）で表面に熱が与えられたとき，どのようにして磁性体内に熱が伝わり，どのような温度分布となり，その結果，どのように保磁力が低下し磁化反転が起きるかは光磁気システムや媒体の設計上重要であり，多くの研究がなされている．これは，基本的には熱拡散方程式を解いて熱分布を求め，そのもとでの磁気モーメントの挙動を電磁気学的に取り扱う問題に帰着する[39]．最近では，有限要素法などのコンピューターシミュレーション技術を利用して，記録ビットの形成のメカニズムや形成されたビットの形状などが議論されている．

● 2.8 節のまとめ────────────────────────────
光が何らかの形で物質の磁性に影響を及ぼす効果を光磁気効果という．
光磁気効果には
　① 光誘起磁気効果
　② 光誘起磁化
　③ 光誘起スピン再配列
　④ 熱磁気効果
がある．光磁気記録には熱磁気効果が利用される．

参 考 文 献

1) M. Born and E. Wolf : "Principles of Optics", 6th ed. (Pergamon, 1980). 邦訳：「光学の原理 I，II，III」（草川，横田訳，東海大学出版会）
2) H. S. Benett and E.A. Stern : Phys. Rev. **137** (1964) A448.
3) "IEEE Standard Dictionary of Electrical and Electronical Terms", 3rd ed. (IEEE, 1984) p. 483, 789.
4) Landolt-Bornstein : Zahlenwerte und Funktionen II-9, Magnetischen Eigenschaften 1.
5) W. A. Crossley, R. W. Cooper, J. L. Page and R. P. van Staple : Phys. Rev. **181** (1969) 896.
6) 玉城孝彦，対馬国郎：日本応用磁気学会第 48 回研究会資料（1987.1）43.
7) E. Sawatsky and G. B. Street : IEEE Trans. Mag. **MAG-7** (1971) 377.
8) D. Chen, J. F. Ready and E. G. Bernal : J. Appl. Phys. **39** (1968) 3916.

9) J. T. Chang, J. F. Dillon, Jr. and U. F. Gianola : J. Appl. Phys. **36** (1965) 1110.
10) R. B. Clover, C. Wentworth and S. Moroczkowski : IEEE Trans. Mag. **MAG-7** (1971) 480.
11) J. F. Dillon, Jr. H. Kamimura and J. P. Remeika : J. Phys. Chem. Solids **27** (1966) 1531.
12) K. Y. Ahn and J. C. Suits : IEEE Trans. Mag. **MAG-3** (1967) 453.
13) R. K. Ahrenkiel, F. Moser, E. Carnall, T. Martin, D. Pearlman, S. L. Lyn, T. Coburn and T. H. Lee : Appl. Phys. Lett. **18** (1971) 171.
14) H. Burkhard and J. Jaumann : Z. Phys. **235** (1970) 1.
15) J. L. Erskine and E. A. Stern : Phys. Rev. **B8** (1973) 1239.
16) X. X. Zhang, J. Schoenes and P. Wachter : Solid. State Commun. **39** (1981) 189.
17) K. Egashira and T. Yamada : J. Appl. Phys. **45** (1974) 3643.
18) K. Sato and T. Teranishi : J. Phys. Soc. Jpn. **51** (1982) 2955.
19) W. Jung : J. Appl. Phys. **36** (1965) 2422.
20) J. C. Suits and K. Lee : J. Appl. Phys. **42** (1971) 3258.
21) J. Schoenes and W. Reim : J. Magn. & Magn. Mater. **54-57** (1986) 1371.
22) R. K. Ahrenkiel, T. J. Coburn and E. Carnall, Jr. : IEEE Trans. Mag. **MAG-10** (1974) 2.
23) P. Chaudhari, J. J. Cuomo and R. J. Gambino : Appl. Phys. Lett. **23** (1973) 337.
24) K. Sato, H. Ikekame, H. Hongu, M. Fujisawa, K. Takanashi and H. Fujimori : Proc. 6th Int. Conf. Ferrites, Tokyo and Kyoto, 1992 (The Japan Society of Powder and Powder Metallurgy, 1992) 1647.
25) J. Schoenes and R. Pittini : J. Magn. Soc. Jpn. **20** Suppl. S1 (1996) 1.
26) 佐藤勝昭, 戸上雄司 : 真空 **25** (1982) 124.
27) E. D. Palik and B. W. Henvis : Appl. Opt. **6** (1967) 603.
28) 久武慶蔵 :「フェライトの基礎と磁石材料」(エクセラ出版, 1978) p. 81.
29) R. W. Teale and D. W. Temple : Phys. Rev. Lett. **19** (1967) 904.
30) U. Enz and H. van der Heide : Solid State Commun. **6** (1968) 347.
31) U. Enz, R. Metselaar, P. J. Rijnierse : J. Phys. (France) **C1** (1970) 703.
32) 大森一稔, 中川活二, 伊藤彰義 : 日本応用磁気学会誌 **19** (1995) 249.
33) T. Tamaki and K. Tsushima : J. Phys. Soc. Jpn. **45** (1978) 122.
34) 高木芳弘, 嶽山正二郎, 足立 智 : 応用物理 **64** (1995) 241.
35) Y. Takagi : Chem. Phys. Lett. **119** (1985) 5.
36) S. Haneda, M. Yamaura, Y. Takatani, K. Hara, S. Harigae and H. Munekata : Jpn. J. Appl. Phys. **39** (2000) L9-12.
37) T. Tamaki and K. Tsushima : J. Magn. Magn. Mater. **31-34** (1983) 571.
38) 玉城孝彦 : 電子情報通信学会論文誌 **J60-C** (1977) 251.
39) M. Mansuripur : J. Appl. Phys. **63** (1988) 5809.

3. 光と磁気の現象論

前章では磁気光学効果がどのような現象であるのかについて概略を述べた．第3章では，この効果が物質のどのような性質に基づいて生じるかを述べる．この章では物質のミクロな性質には目をつぶって，物質を連続体のように扱い，偏光が伝わる様子を電磁波の基本方程式であるマクスウェルの方程式によって記述する．物質の応答は誘電率によって表す．この章ではこのようなマクロな立場に立って磁気光学効果がどのように説明できるかについて述べる．この章では，第2章とは違ってやや煩雑な式を使うことになるが，しばらくの間我慢してほしい．ほとんどの式は読者が自ら誘導できるように，問題などの形で補ったつもりである．忙しい読者は各節の終わりのまとめだけを読んでいただければよい．誘電率はミクロな電子構造によって記述されるのであるが，これについては第4章で述べる．

3.1 円偏光と磁気光学効果

ここでは旋光性や円二色性が左右円偏光に対する物質の応答の差に基づいて生じることを説明する．

図3.1において，光は紙面に垂直に裏側に向かっているものとする．第2章の約束に従って，時計まわりの電界ベクトルを右円偏光，反時計まわりの電界ベクトルを左円偏光と定義する．

直線偏光の電界ベクトルの軌跡は，(a)のように振幅と回転速度が等しい右円偏光と左円偏光との合成で表される．(a)の直線偏光が物質を透過したとき，もし透過後の光の左円偏光が(b)のように右円偏光よりも位相が進んでいたとすると，これらを合成した電界ベクトルの軌跡はもとの直線偏光から傾いたものになる．この傾きの角が旋光角と呼ばれ，右円偏光と左円偏光の位相差の半分に等しい．一方，(c)のように右円偏光と左円偏光のベクトルの振幅に差が生じたとき，それらの合成ベクトルの軌跡は楕円になる．このような性質を円(偏光)二色性 (circular dichroism；CD) と呼ぶ．楕円偏光の楕円率は楕円の短軸と長軸の長さの比の逆正接 (arctangent：$\tan^{-1}$) であるが，この比が小さいときは長さ

3.1 円偏光と磁気光学効果

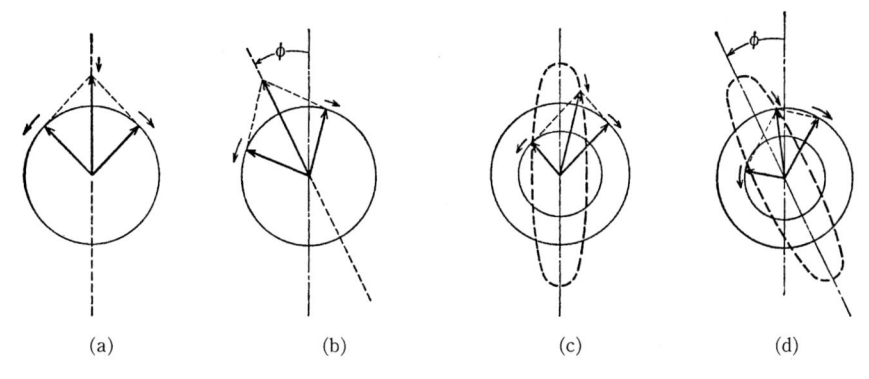

図3.1 旋光性と円二色性の起源
(a) 直線偏光の電界ベクトルは右まわりと左まわりの2つの円偏光ベクトルに分解できる.
(b) 物質を透過したとき右まわり成分が左まわり成分よりも位相が進んでいたとすると, 合成したベクトルの軌跡は入射偏光から傾いた直線偏光となる.
(c) 物質を透過したとき右まわり成分と左まわり成分の振幅に違いが生じると, 合成したベクトルは楕円偏光となる.
(d) 物質を透過したとき右まわり成分と左まわり成分の振幅と位相の両方に違いがあると, 主軸の傾いた楕円偏光となる.

の比としてもさしつかえない. 以上は左右円偏光の位相と振幅の違いを別々に考えたのであるが, 現実には両方が同時に生じるので, 合成ベクトルは(d)のように主軸の傾いた楕円偏光になっている.

このように, 旋光性や円二色性は右円偏光と左円偏光に対する物質の応答に違いがあるために生じるということがおわかりいただけたと思う. 左右円偏光に対する物質の応答の違いはマクロには誘電率テンソルまたは伝導率テンソルの非対角成分から生じることが, マクスウェルの方程式を用いて説明できる. このことは3.3節で詳しく論じる.

なお, 上述の説明は磁気光学効果の場合だけでなく, 光学活性一般で成り立つものと理解されたい.

● **3.1節のまとめ**

直線偏光……右円偏光と左円偏光に分解できる.
旋光性………物質中で右円偏光と左円偏光の位相に差が生じたとき起きる.
円二色性……右円偏光と左円偏光に対する物質の吸収に差が生じたとき起きる.

3.2 光と物質のむすびつき[1] ―― 誘電率と伝導率 ――

やや先走るようであるが,3.4節の具体例(図3.6)をご覧いただきたい.これはビスマス添加YIG(イットリウム鉄ガーネット)の磁気光学効果に関する論文からとったものであるが,測定された反射スペクトル,ファラデー回転スペクトルなどではなく誘電率テンソルの対角,非対角成分のスペクトルが示されているのに注意してほしい.

なぜ誘電率テンソルを用いるのであろうか.1つは,反射率やカー回転は入射角や磁化の向きに依存する量で,物質固有のレスポンスを表す量ではないが,誘電率テンソルは物質に固有の量であるからである.2番目には物質中の電子構造や光学遷移のマトリックスに直接結びつけることができるのが誘電率テンソルだからである.

連続媒体中の光の伝わり方はマクスウェルの方程式で記述される.マクスウェルの方程式については3.3節に詳述するが,ここでは電磁波の電界と磁界との間の関係を与える2階の微分方程式であると理解しておいてほしい.このとき媒体の応答を与えるのが,誘電率 ε または伝導率 σ である.磁性体中の伝搬であるから透磁率が効いてくるのではないかと考える人がいるかもしれない.しかし,光の振動数くらいの高周波になると巨視的な磁化はほとんど磁界に追従できなくなるため,透磁率を $\mu \cdot \mu_0$ としたときの比透磁率 μ は1として扱ってよい.およその見当としては,強磁性共鳴の振動数以上の振動数に対しては $\mu=1$ となる(μ_0 は真空の透磁率であり,SI単位系特有のものである.ここに,$\mu_0 = 1.257 \times 10^{-6}$ H/m)[*].

誘電率は電束密度 $\boldsymbol{D}$ と電界 $\boldsymbol{E}$ の関係を与える量である.SI単位系を用いているので誘電率は $\varepsilon \varepsilon_0$($\varepsilon_0$ は真空の誘電率であり,$\varepsilon_0 = 8.854 \times 10^{-12}$ F/m である[*])で与えられる.ここに ε は比誘電率と呼ばれる量でCGS系の誘電率に等しい.以下では,この比誘電率を用いて議論をすすめる.

$\boldsymbol{D}$ と $\boldsymbol{E}$ との間には,

$$\boldsymbol{D} = \tilde{\varepsilon} \varepsilon_0 \boldsymbol{E} \tag{3.1}$$

なる関係が成り立つ.$\boldsymbol{D}$ も $\boldsymbol{E}$ もベクトルなので,ベクトルとベクトルの関係を与える量である $\tilde{\varepsilon}$ は2階のテンソル量である.2階のテンソルというのは2つの添字を使って表される量で,3×3の行列と考えてさしつかえない(テンソルを表すため記号~(チルダ)をつける).

---

[*] 通常,比透磁率は μ_r,比誘電率は ε_r と書かれるが,本書ではCGS単位系の透磁率と誘電率との整合性を考え,それぞれ μ, ε と書く.

同様に伝導率 μ も電流密度 $\boldsymbol{J}$ と電界 $\boldsymbol{E}$ の関係を与える量なのでテンソルで表される．

$$\boldsymbol{J} = \tilde{\sigma}\boldsymbol{E} \tag{3.2}$$

このように比誘電率 $\tilde{\varepsilon}$ も伝導率 $\tilde{\sigma}$ も9個のテンソル成分で記述できる．光の話をしているのになぜ電流が出てくるのか疑問に思われるかもしれない．マクスウェルの方程式によると，物質中の電流には伝導電流のほかに変位電流という電束密度の時間微分 $\partial \boldsymbol{D}/\partial t$ に基づいて流れる電流を考慮すべきであることがわかる．上述の $\boldsymbol{J}$ はこの変位電流をも含んだ一般的な電流なのである．

比誘電率テンソル $\tilde{\varepsilon}$ は次式で表される．

$$\tilde{\varepsilon} = \begin{bmatrix} \varepsilon_{xx} & \varepsilon_{xy} & \varepsilon_{xz} \\ \varepsilon_{yx} & \varepsilon_{yy} & \varepsilon_{yz} \\ \varepsilon_{zx} & \varepsilon_{zy} & \varepsilon_{zz} \end{bmatrix} \tag{3.3}$$

$\tilde{\varepsilon}$ の成分は一般に複素数なので

$$\varepsilon_{ij} = \varepsilon_{ij}' + i\varepsilon_{ij}'' \tag{3.4}$$

のように表すことにする．一方，伝導率テンソル $\tilde{\sigma}$ は

$$\tilde{\sigma} = \begin{bmatrix} \sigma_{xx} & \sigma_{xy} & \sigma_{xz} \\ \sigma_{yx} & \sigma_{yy} & \sigma_{yz} \\ \sigma_{zx} & \sigma_{zy} & \sigma_{zz} \end{bmatrix} \tag{3.5}$$

で与えられる．$\tilde{\sigma}$ の成分も一般に複素数であるから

$$\sigma_{ij} = \sigma_{ij}' + i\sigma_{ij}'' \tag{3.6}$$

で表す．文献では σ の単位として CGS 系の $[s^{-1}]$ が用いられることが多いが，SI 系では単位は $[S/m]$ である．CGS 系の σ と SI 系の σ との間には $[\sigma]_{SI} = [\sigma]_{CGS} \times 9^{-1} \times 10^{-9}$ なる関係が成立する．ただし，光速度 $c = 3 \times 10^8\ [m/s]$ とした．

次節で述べるように，$\tilde{\varepsilon}$ の成分 ε_{ij} との $\tilde{\sigma}$ 成分 σ_{ij} との間には次の関係が成り立つ．

$$\varepsilon_{ij} = \delta_{ij} + i\frac{\sigma_{ij}}{\omega\varepsilon_o} \quad [\text{SI}] \tag{3.7}$$

ここに δ_{ij} は，クロネッカーのデルタと呼ばれるもので，$i = j$ であれば1，$i \neq j$ ならば0を表す．ω の単位は $[rad/s]$ を用いる．文献で σ_{ij} が CGS で与えられているときは，

$$\varepsilon_{ij} = \delta_{ij} + i\frac{4\pi\sigma_{ij}}{\omega} \quad [\text{CGS}] \tag{3.8}$$

によって，$\tilde{\varepsilon}$ に換算できる．以下では $\tilde{\varepsilon}$ と $\tilde{\sigma}$ とを併記することはしないで，$\tilde{\varepsilon}$ の方だけを示しておく．$\tilde{\sigma}$ になおすには式(3.7)あるいは(3.8)を用いればよい．

比誘電率 $\tilde{\varepsilon}$ と伝導率 $\tilde{\sigma}$ のいずれを用いて記述してもよいのであるが，一般には金属を扱うときは $\tilde{\sigma}$ の方を，絶縁体であれば $\tilde{\varepsilon}$ の方を用いるのがふつうである．第4章の図4.2に示すように，金属の場合 $\omega \to 0$ の極限すなわち直流において ε_{xx} は自由電子の遮蔽効果のために発散してしまうが，σ_{xx} は有限の値に収束するので都合がよいからである[*1]．一方，絶縁体では $\omega \to 0$ で σ は0に近づくが ε は有限値に収束するので扱いやすい．

以下では簡単のため等方性の物質を考える．このとき，ε は磁化がなければ次のように書き表すことができる．

$$\tilde{\varepsilon} = \begin{bmatrix} \varepsilon_{xx} & 0 & 0 \\ 0 & \varepsilon_{xx} & 0 \\ 0 & 0 & \varepsilon_{xx} \end{bmatrix} \tag{3.9}$$

磁化 M がある場合には，M の方向に z 軸をとると，この z 軸が異方軸となる一軸異方性が生じる．この場合（チルド付き）は z 軸のまわりの任意の回転に対して不変であるから，例えば，90°の回転 C_4 を施して

$$C_4^{-1} \tilde{\varepsilon} C_4 = \tilde{\varepsilon} \tag{3.10}^{*2}$$

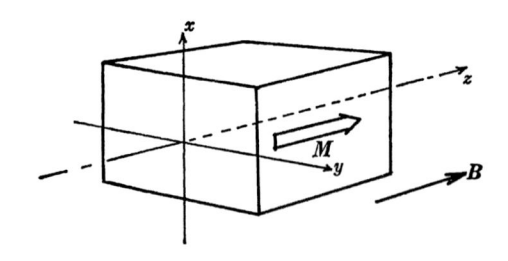

図3.2 座標軸と磁化の向き

[*1] 4.2節で示すように，金属においてはドルーデの式が成り立つ．この式は誘電率で表すと $\varepsilon_{xx} = 1 - \dfrac{\omega_p^2}{\omega(\omega + i\gamma)}$ となるので $\omega \to 0$ に対し $\varepsilon \to -\infty$ と発散するが，伝導率で表すと $\sigma_{xx} = \dfrac{i\varepsilon_0 \omega_p^2}{\omega + i\gamma}$ となり，$\omega \to 0$ に対し $\sigma \to \dfrac{\varepsilon_0 \omega_p^2}{\gamma}$ となって有限の値をもつ．

[*2] 一般に座標軸の回転を R という行列で表す．ε は電界 E を基底として表されているが，この電界 E に回転 R を施すと E' になるとする．これを $E' = RE$ と書く．ε が R に対して不変ということは，電束 $D = \varepsilon E$ に回転 R を施したもの $R(\varepsilon E)$ が新しい基底 E' に対して同じ ε を使って表されることを意味する．すなわち $R(\varepsilon E) = \varepsilon E'$．したがって，$\varepsilon E = R^{-1}(\varepsilon E') = R^{-1} \varepsilon R E$．これより $R^{-1} \varepsilon R = \varepsilon$ となる．

という関係が成り立ち，

$$\varepsilon_{xx} = \varepsilon_{yy}$$
$$\varepsilon_{yx} = -\varepsilon_{xy} \qquad (3.11)^*$$
$$\varepsilon_{xz} = \varepsilon_{yz} = \varepsilon_{zx} = \varepsilon_{zy} = 0$$

が導かれる．$\varepsilon_{xx} = \varepsilon_{zz}$ である必要はない．

したがって，磁化のあるときの等方性物質の ε テンソルは簡単に次のように書ける．

$$\tilde{\varepsilon} = \begin{bmatrix} \varepsilon_{xx} & \varepsilon_{xy} & 0 \\ -\varepsilon_{xy} & \varepsilon_{xx} & 0 \\ 0 & 0 & \varepsilon_{zz} \end{bmatrix} \qquad (3.12)$$

すなわち，ε を表すには3つのパラメーターでよいということになる．マクスウェルの方程式(次節)のところで説明するが，ふつうの屈折や反射などに効くのは対角成分 ε_{xx} (または σ_{xx}) であり，一方光学活性に効くのは非対角成分 ε_{xy} (あるいは σ_{xy}) であることが導かれる．磁気光学効果の原因となる右円偏光と左円偏光に対する媒体の応答の差をもたらすのは，これら非対角成分である．

さて，磁気光学効果において $\tilde{\varepsilon}$ の各成分は M の関数であるから，$\tilde{\varepsilon}$ は次式のように表せるはずである．

$$\tilde{\varepsilon} = \begin{bmatrix} \varepsilon_{xx}(M) & \varepsilon_{xy}(M) & 0 \\ -\varepsilon_{xy}(M) & \varepsilon_{xx}(M) & 0 \\ 0 & 0 & \varepsilon_{zz}(M) \end{bmatrix} \qquad (3.13)$$

$\varepsilon_{ij}(M)$ を次式のように M でべき級数展開する．

$$\varepsilon_{ij}(M) = \varepsilon_{ij}{}^{(0)} + \sum_n \frac{1}{n!} \varepsilon_{ij}{}^{(n)} M^n \qquad (3.14)$$

ここで，Onsager によって導かれた関係式

---

* C_4 というのは z 軸のまわりの 90°の回転であるから，
$E_x{}' = C_4 E_x = E_y, \quad E_y{}' = C_4 E_y = -E_x$
のように変換する．C_4 を行列で表すと，
$C_4 = \begin{bmatrix} 0 & 1 & 0 \\ -1 & 0 & 0 \\ 0 & 0 & 1 \end{bmatrix}$ であるから，$C_4{}^{-1} = \begin{bmatrix} 0 & -1 & 0 \\ 1 & 0 & 0 \\ 0 & 0 & 1 \end{bmatrix}$
式(3.10)に代入して，
$C_4{}^{-1} \tilde{\varepsilon} C_4 = \begin{bmatrix} \varepsilon_{yy} & -\varepsilon_{yx} & -\varepsilon_{yz} \\ -\varepsilon_{xy} & \varepsilon_{xx} & \varepsilon_{xz} \\ -\varepsilon_{zy} & \varepsilon_{zx} & \varepsilon_{zz} \end{bmatrix} = \begin{bmatrix} \varepsilon_{xx} & \varepsilon_{xy} & \varepsilon_{xz} \\ \varepsilon_{yx} & \varepsilon_{yy} & \varepsilon_{yz} \\ \varepsilon_{zx} & \varepsilon_{zy} & \varepsilon_{zz} \end{bmatrix} \equiv \tilde{\varepsilon}$
両辺の各成分を比較することにより，式(3.11)が得られる．

$$\varepsilon_{ij}(-M) = \varepsilon_{ji}(M) \tag{3.15}$$

を考慮すると，対角成分は M の偶数次のみ，非対角成分は M の奇数次のみで展開できることが導かれる*．すなわち，

$$\left.\begin{array}{l}\varepsilon_{xx}(M) = \varepsilon_{xx}^{(0)} + \sum_{n} \varepsilon_{xx}^{(2n)} M^{2n}/(2n)! \\ \varepsilon_{xy}(M) = \sum_{n} \varepsilon_{xy}^{(2n+1)} M^{2n+1}/(2n+1)! \\ \varepsilon_{zz}(M) = \varepsilon_{zz}^{(0)} + \sum_{n} \varepsilon_{zz}^{(2n)} M^{2n}/(2n)!\end{array}\right\} \tag{3.16}$$

ここに，$\varepsilon_{ij}^{(n)}$ は M に独立な n 次の展開係数である．

3.3〜3.5節に述べるように $\varepsilon_{xy}(M)$ がファラデー効果やカー効果をもたらし，$\varepsilon_{xx}(M)$ と $\varepsilon_{zz}(M)$ の差が磁気複屈折（コットン-ムートン効果）の原因となる．

●3.2節のまとめ──────────────────────
磁化された等方性物質の誘電率テンソルは，3個の成分 ε_{xx}，ε_{xy}，ε_{zz} で表すことができる（式(3.13)）．
ε_{xx}，ε_{zz} は M についての偶数次の項，ε_{xy} は M についての奇数次の項のみで展開することができる（式(3.16)）．

3.3 光の伝搬とマクスウェルの方程式[2]
3.3.1 マクスウェルの方程式と固有値問題

この節は，前節で述べたような誘電率テンソル $\tilde{\varepsilon}(M)$ をもった媒質中を光が伝搬するとき，どのような波として伝わるのかを調べるのが目的である．光は電磁波であるから，その伝搬はマクスウェルの方程式で記述できる．ややめんどうな式が続くが辛抱してほしい（ベクトル解析になじみのない読者は結果のみを知っていただければ十分である）．

光の電界ベクトルを E，電束密度ベクトルを D，磁界ベクトルを H，磁束密度ベクトルを B，電流を J とすると

$$\left.\begin{array}{l}\mathrm{rot}\, E = -\dfrac{\partial B}{\partial t} \\ \mathrm{rot}\, H = \dfrac{\partial D}{\partial t} + J\end{array}\right\} \tag{3.17}$$

───────────────
* 式(3.15)より，対角成分については
　　$\varepsilon_{xx}(-M) = \varepsilon_{xx}(M)$　および　$\varepsilon_{zz}(-M) = \varepsilon_{zz}(M)$
が成立することから，ε_{xx}，ε_{zz} は M について偶関数であることがわかる．また非対角成分については，
　　$\varepsilon_{xy}(-M) = \varepsilon_{yx}(M) = -\varepsilon_{xy}(M)$
が成り立つことから ε_{xy} は M について奇関数であることがわかる．

ここに単位系は SI 系を用いている.

いま簡単のため,伝導電流も分極電流(変位電流)の中に繰り込むことにより $J=0$ とおく. 前節で述べたように

$$B = \mu_0 H$$
$$D = \tilde{\varepsilon}\varepsilon_0 E$$

なる関係が成り立つので,式 (3.17) は次のように書き換えられる.

$$\left. \begin{array}{l} \mathrm{rot}\,E = -\mu_0 \dfrac{\partial H}{\partial t} \\[4pt] \mathrm{rot}\,H = \tilde{\varepsilon}\varepsilon_0 \dfrac{\partial E}{\partial t} \end{array} \right\} \tag{3.18}$$

式 (3.18) の解として,波数ベクトルを K として次式の平面波を考える.

$$\left. \begin{array}{l} E = E_0 \exp(-\mathrm{i}\omega t)\cdot\exp(\mathrm{i}K\cdot r) \\ H = H_0 \exp(-\mathrm{i}\omega t)\cdot\exp(\mathrm{i}K\cdot r) \end{array} \right\} \tag{3.19}$$

ここに E_0, H_0 は時間や距離に依存しない定数ベクトルである. この式を式 (3.18) に代入すると,

$$K \times E = \omega\mu_0 H$$
$$K \times H = -\omega\tilde{\varepsilon}\varepsilon_0 E$$

となる.

両式から H を消去し,固有方程式として

$$(E\cdot K)K - |K|^2 E + (\omega/c)^2 \tilde{\varepsilon} E = 0 \tag{3.20}$$

が得られる(問題 3.1 参照). この式を導くにあたって $\varepsilon_0\mu_0 = 1/c^2$ を用いた.

この式を解いて K の固有値と対応する電界ベクトル E の固有関数を求めよう. ここで複素屈折率 $\hat{N}$,すなわち $\hat{N} = n + \mathrm{i}\kappa$ を導入する. ここに n は屈折率,κ は消光係数である. 媒質中において波数 K は $K = \omega\hat{N}/c = \omega n/c + \mathrm{i}\omega\kappa/c$ で表される[*]. 波数ベクトルの向きに平行で長さが $\hat{N}$ であるような複素屈折率ベクトル $\hat{N}$ を用いると,式 (3.19) の第 1 式は

$$E = E_0 \exp\left\{-\mathrm{i}\omega\left(t - \frac{\hat{N}\cdot r}{c}\right)\right\} \tag{3.21}$$

となり,固有方程式 (3.20) は

$$\hat{N}^2 E - (E\cdot\hat{N})\hat{N} - \tilde{\varepsilon}E = 0 \tag{3.22}$$

によって記述できる. 以下では,2.3 節に述べた 2 つの配置(ファラデー配置と

---

[*] 波数 K は $K = 2\pi/\lambda'$ となる. ここに λ' は媒質中での波長で,媒質中での光速を c' とすると $\lambda' = 2\pi c'/\omega$ と表される. 媒質中での光速 c' は屈折率を n とすると c/n で与えられるから,$K = \omega n/c$ である. ここで屈折率を拡張して複素屈折率 $\hat{N}$,すなわち $\hat{N} = n + \mathrm{i}\kappa$ を導入すると,$K = \omega\hat{N}/c = \omega n/c + \mathrm{i}\omega\kappa/c$ となる.

フォークト配置) について固有値を求める.

3.3.2 ファラデー配置の場合 ($\theta=0$)

磁化が z 軸方向にあるとして,z 軸に平行に進む波 ($N//z$) に対して式 (3.21) は,

$$\boldsymbol{E} = \boldsymbol{E}_0 \exp\left\{-i\omega\left(t - \frac{\hat{N}z}{c}\right)\right\} \tag{3.23}$$

と表される. 固有方程式 (3.22) は

$$\begin{bmatrix} \hat{N}^2 - \varepsilon_{xx} & -\varepsilon_{xy} & 0 \\ \varepsilon_{xy} & \hat{N}^2 - \varepsilon_{xx} & 0 \\ 0 & 0 & -\varepsilon_{zz} \end{bmatrix} \begin{bmatrix} E_x \\ E_y \\ E_z \end{bmatrix} = 0 \tag{3.24}$$

と書ける. これより $\boldsymbol{E}_z = 0$ が得られるが,$\boldsymbol{E}_x \neq 0$,$\boldsymbol{E}_y = 0$ の解を得るには,$[\boldsymbol{E}_x, \boldsymbol{E}_y]$ の係数の行列式が 0 でなければならない.

$$\begin{vmatrix} N^2 - \varepsilon_{xx} & -\varepsilon_{xy} \\ \varepsilon_{xy} & N^2 - \varepsilon_{xx} \end{vmatrix} = 0 \tag{3.25}$$

これより,$(\hat{N}^2 - \varepsilon_{xx})^2 + \varepsilon_{xy}^2 = 0$ となり,$\hat{N}^2$ の固有値として 2 個の値

$$\hat{N}_{\pm}^2 = \varepsilon_{xx} \pm i\varepsilon_{xy} \tag{3.26}$$

を得る. これらの固有値に対応する固有関数は,

$$\boldsymbol{E}_{\pm} = \frac{\boldsymbol{E}_0}{\sqrt{2}}(\boldsymbol{i} \pm i\boldsymbol{j}) \exp\left\{-i\omega\left(t - \frac{\hat{N}_{\pm}}{c}z\right)\right\} \tag{3.27}$$

ここに $\boldsymbol{i}, \boldsymbol{j}$ は x, y 方向の単位ベクトルである. $\boldsymbol{E}_+, \boldsymbol{E}_-$ は,それぞれ右円偏光,左円偏光に対応する. なぜ円偏光になるかを,$\boldsymbol{E}_+$ について考えてみよう. この電界ベクトルの x 成分 $\boldsymbol{E}_{+x}$ および y 成分 $\boldsymbol{E}_{+y}$ の実数部はそれぞれ

$$\left.\begin{aligned} \boldsymbol{E}_{+x} &= \frac{\boldsymbol{E}_0}{\sqrt{2}} \cos\left\{\omega\left(t - \frac{\hat{N}_+}{c}z\right)\right\} \\ \boldsymbol{E}_{+y} &= \frac{\boldsymbol{E}_0}{\sqrt{2}} \sin\left\{\omega\left(t - \frac{\hat{N}_+}{c}z\right)\right\} \end{aligned}\right\} \tag{3.28}$$

となり,その軌跡は円になる.

位置を $z=0$ に固定して考えると,$\boldsymbol{E}_{+x}$ の長さ E_{+x} については $E_{+x} = (E_0/\sqrt{2})\cos\omega t$,$\boldsymbol{E}_{+y}$ の長さ E_{+y} については $E_{+y} = (E_0/\sqrt{2})\sin\omega t$ となり,x 成分は y 成分に対し 90° 位相が進んでいるので,$\boldsymbol{E}_+$ のベクトル軌跡は,図 3.3 に示すように右まわりの円を描く. このことは,オシロスコープの x 軸に $\sin\omega t$ で変化する信号を入れ,y 軸に $\cos\omega t$ で変化する信号を入れたときに,そのリサージュ図形が右まわりの円になることを思い浮かべれば理解しやすい.

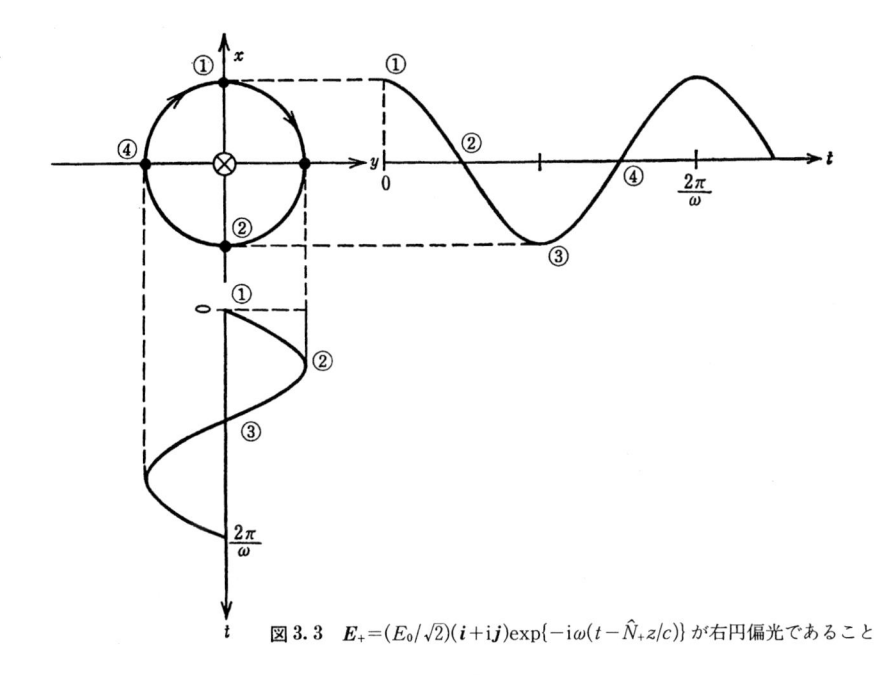

図3.3 $E_+=(E_0/\sqrt{2})(i+ij)\exp\{-i\omega(t-\hat{N}_+z/c)\}$ が右円偏光であること

以上のことから，式 (3.13) で示されるような誘電率テンソル $\tilde{\varepsilon}(M)$ をもった媒質中を M と平行に伝わる波の固有状態は，左まわり，または右まわりの円偏光であることが示された．ここで，もし $\tilde{\varepsilon}$ テンソルの非対角成分 ε_{xy} がなければ，式 (3.25) の固有値は $\hat{N}_\pm{}^2=\varepsilon_{xx}$ となって，円偏光はもはや固有状態ではなくなり，旋光性や円二色性は生じない．このことから，旋光性および円二色性の起源は $\tilde{\varepsilon}$ テンソルの非対角成分にあることが理解されたと思う．

3.3.3 フォークト配置の場合

磁化 M に垂直な x 軸に平行に進む波 $(N//x)$ に対しては，式 (3.21) は，

$$E=E_0\exp\left\{-i\omega\left(t-\frac{\hat{N}x}{c}\right)\right\} \tag{3.29}$$

と表される．固有方程式 (3.22) は

$$\begin{bmatrix} -\varepsilon_{xx} & -\varepsilon_{xy} & 0 \\ \varepsilon_{xy} & \hat{N}^2-\varepsilon_{xx} & 0 \\ 0 & 0 & \hat{N}^2-\varepsilon_{zz} \end{bmatrix}\begin{bmatrix} E_x \\ E_y \\ E_z \end{bmatrix}=0 \tag{3.30}$$

となるので，永年方程式は

で表される.

$$\begin{vmatrix} -\varepsilon_{xx} & -\varepsilon_{xy} & 0 \\ \varepsilon_{xy} & \hat{N}^2-\varepsilon_{xx} & 0 \\ 0 & 0 & \hat{N}^2-\varepsilon_{zz} \end{vmatrix} = 0 \tag{3.31}$$

で表される．これを解くと，$\{\varepsilon_{xy}{}^2-\varepsilon_{xx}(\hat{N}^2-\varepsilon_{xx})\}(\hat{N}^2-\varepsilon_{zz})=0$ となり，$\hat{N}^2$ の固有値として

$$\hat{N}_1{}^2 = \varepsilon_{xx} + \frac{\varepsilon_{xy}{}^2}{\varepsilon_{xx}} \quad \text{および} \quad \hat{N}_2{}^2 = \varepsilon_{zz} \tag{3.32}$$

という2つの解を得る．

$\hat{N}_1$ および $\hat{N}_2$ に対応する固有関数は

$$\left. \begin{aligned} E_1 &= A\exp\left\{-\mathrm{i}\omega\left(t-\frac{\hat{N}_1}{c}x\right)\right\}(\varepsilon_{xy}\boldsymbol{i}-\varepsilon_{xx}\boldsymbol{j}) \\ E_2 &= B\exp\left\{-\mathrm{i}\omega\left(t-\frac{\hat{N}_2}{c}x\right)\right\}\boldsymbol{k} \end{aligned} \right\} \tag{3.33}$$

となり，複屈折を生じる．このような磁化と光の進行方向が直交する磁気光学効果はコットン-ムートン効果として知られ，3.7節に詳しく述べる．

3.3.4 誘電率テンソルと伝導率テンソルの関係

次に前節で先送りにした，$\tilde{\varepsilon}$ テンソルと $\tilde{\sigma}$ テンソルの関係を導いておく．
$\boldsymbol{D}$ を分極 $\boldsymbol{P}$ を用いて表すと

$$\boldsymbol{D} = \varepsilon_0 \boldsymbol{E} + \boldsymbol{P}$$

マクスウェルの方程式(3.17)の第2式の右辺は，

$$\frac{\partial \boldsymbol{D}}{\partial t} + \boldsymbol{J} = \varepsilon_0\frac{\partial \boldsymbol{E}}{\partial t} + \frac{\partial \boldsymbol{P}}{\partial t} + \boldsymbol{J}$$

となるが，この式の右辺第2項は分極電流(変位電流)，第3項は伝導電流であるから，2つの電流の和を $\boldsymbol{J}'$ とおき，さらに

$$\boldsymbol{J}' = \tilde{\sigma}\boldsymbol{E}$$

と置き換えると，

$$\mathrm{rot}\,\boldsymbol{H} = \varepsilon_0\frac{\partial \boldsymbol{E}}{\partial t} + \tilde{\sigma}\boldsymbol{E} \tag{3.34}$$

と書き表すことができる．さらに $\boldsymbol{H}$ および $\boldsymbol{E}$ に式(3.21)の形の解を仮定すると，式(3.17)の第2式は

$$\boldsymbol{K}\times\boldsymbol{H} = -\omega\varepsilon_0\left(\boldsymbol{1}+\mathrm{i}\frac{\tilde{\sigma}}{\omega\varepsilon_0}\right)\boldsymbol{E} = -\omega\varepsilon_0\tilde{\varepsilon}\boldsymbol{E}$$

となる．ここに $\boldsymbol{1}$ は2階の単位テンソル(δ_{ij})である．これより誘電率テンソルと伝導率テンソルの間の関係として，

$$\tilde{\varepsilon} = 1 + \mathrm{i}\frac{\tilde{\sigma}}{\omega\varepsilon_0} \tag{3.35}$$

を得る．テンソル成分で表せば，

$$\varepsilon_{ij} = \delta_{ij} + \mathrm{i}\frac{\sigma_{ij}}{\omega\varepsilon_0} \tag{3.36}$$

が導かれた．ここに，δ_{ij} はクロネッカーのデルタである．

● **3.3節のまとめ**

光の伝搬をマクスウェルの方程式で記述すると，磁化された等方性物質の屈折率 $\hat{N}$ は $\hat{N}_{\pm}^2 = \varepsilon_{xx} \pm \mathrm{i}\varepsilon_{xy}$ で与えられる2つの固有値をとり，それぞれが右円偏光および左円偏光に対応する（ここに，ε_{xx} は誘電率テンソルの対角成分，ε_{xy} は非対角成分である）．もし，ε_{xy} が 0 であれば，円偏光は固有関数ではなく，磁気光学効果は生じない．

3.4 ファラデー効果の現象論

3.3節で述べたように，テンソルの非対角成分が存在すると物質の左右円偏光に対する応答の違いを生じ，その結果ファラデー効果が生じる．ファラデー効果の回転角，楕円率などが誘電率テンソル $\tilde{\varepsilon}$ の成分を使ってどのように書き表せるかを述べるのが，この節の目的である．

結論から先に述べると，ファラデー回転角 ϕ_F，ファラデー楕円率 η_F は式 (3.55) のように，ε_{xy} の実数部と虚数部との一次結合で与えられることが導かれる．これを導くために，まず，右円偏光および左円偏光に対する屈折率 n_+ と n_-，消光係数 κ_+ と κ_- および ε_{xy} との関係を導いておこう．

3.4.1 左右円偏光に対する光学定数の差と誘電率テンソルの成分の関係

3.3節に述べたことから，磁化と平行に進む光の複素屈折率の固有値は式 (3.26) で与えられる．ここに $\hat{N}_+ = n_+ + \mathrm{i}\kappa_+$ および $\hat{N}_- = n_- + \mathrm{i}\kappa_-$ である．ここで，

$$\Delta n = n_+ - n_-; \quad \Delta\kappa = \kappa_+ - \kappa_-; \quad n = \frac{n_+ + n_-}{2}; \quad \kappa = \frac{\kappa_+ + \kappa_-}{2}$$

という置き換えをすると，

$$\hat{N}_\pm = n \pm \frac{\Delta n}{2} + \mathrm{i}\left(\kappa \pm \frac{\Delta\kappa}{2}\right) = (n + \mathrm{i}\kappa) \pm \frac{1}{2}(\Delta n + \mathrm{i}\Delta\kappa) \equiv \hat{N} \pm \frac{1}{2}\Delta\hat{N} \tag{3.37}$$

となる．ここに

$$\Delta\hat{N} = \hat{N}_+ - \hat{N}_- = \Delta n + \mathrm{i}\Delta\kappa \tag{3.38}$$

である．式(3.37)の2番目の式を，式(3.26)に代入して両辺の実数部どうし，虚数部どうしを比較することによって

$$\left.\begin{aligned}\varepsilon_{xx}' &= n^2 - \kappa^2 \\ \varepsilon_{xx}'' &= 2n\kappa \\ \varepsilon_{xy}' &= n\Delta\kappa + \kappa\Delta n \\ \varepsilon_{xy}'' &= \kappa\Delta\kappa - n\Delta n\end{aligned}\right\} \tag{3.39}$$

が得られる (問題 3.3 参照). ただし, $\Delta n, \Delta\kappa$ が n, κ に比べて十分小さいとして, 高次の項を無視した.

式 (3.39) の最初の 2 式は通常の非磁性の媒質で成り立つ式と同じである. 磁化の存在は誘電率テンソルの非対角成分を通じて左右円偏光に対する光学定数の差 $\Delta n, \Delta\kappa$ を生じるが, Δn と $\Delta\kappa$ は式 (3.39) の後の 2 式を逆に解いて, 次式のように表される.

$$\left.\begin{aligned}\Delta n &= \frac{\kappa\varepsilon_{xy}' - n\varepsilon_{xy}''}{n^2 + \kappa^2} \\ \Delta\kappa &= \frac{n\varepsilon_{xy}' + \kappa\varepsilon_{xy}''}{n^2 + \kappa^2}\end{aligned}\right\} \tag{3.40}$$

この式を, 式 (3.38) で定義される $\Delta\hat{N}$ に書き直すと

$$\Delta\hat{N} = \Delta n + \mathrm{i}\Delta\kappa = \frac{\mathrm{i}(n - \mathrm{i}\kappa)(\varepsilon_{xy}' + \mathrm{i}\varepsilon_{xy}'')}{n^2 + \kappa^2} = \frac{\mathrm{i}\varepsilon_{xy}}{\sqrt{\varepsilon_{xx}}} \tag{3.41}$$

3.4.2 ファラデー効果と誘電率テンソル

以上で誘電テンソルと $\Delta\hat{N}$ の関係が導かれたので, 今度は観測される $\theta_\mathrm{F}, \eta_\mathrm{F}$ が $\Delta\hat{N}$ を用いてどのように表せるかを述べる.

まず, 図 3.4 に示すように xz 面を振動面とする直線偏光 $\boldsymbol{E}_\mathrm{in}$ が物質に入射したとする. ここに光の進行方向は z 軸の向きである. x 軸の単位ベクトルを $\boldsymbol{i}, y$ 軸の単位ベクトルを $\boldsymbol{j}$ とすると入射光の電界ベクトルは次式で与えられる.

$$\boldsymbol{E}_\mathrm{in} = E_0 \exp(-\mathrm{i}\omega t)\boldsymbol{i} \tag{3.42}$$

ここで, 右円偏光単位ベクトル $\boldsymbol{r}$ と, 左円偏光単位ベクトル $\boldsymbol{l}$ を次式のように定義する.

$$\left.\begin{aligned}\boldsymbol{r} &= \frac{1}{\sqrt{2}}(\boldsymbol{i} + \mathrm{i}\boldsymbol{j}) \\ \boldsymbol{l} &= \frac{1}{\sqrt{2}}(\boldsymbol{i} - \mathrm{i}\boldsymbol{j})\end{aligned}\right\} \tag{3.43}$$

式 (3.42) を $\boldsymbol{r}$ と $\boldsymbol{l}$ を使って表すと,

$$\boldsymbol{E}_\mathrm{in} = \frac{E_0}{\sqrt{2}} \exp(-\mathrm{i}\omega t)(\boldsymbol{r} + \boldsymbol{l}) \tag{3.44}$$

のように表される.

3.4 ファラデー効果の現象論

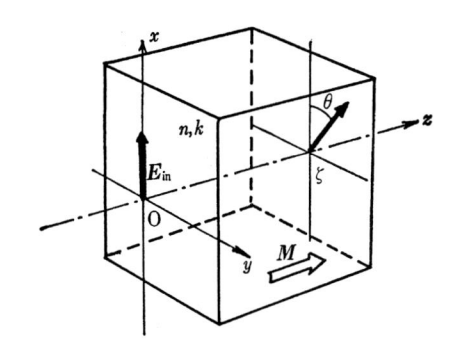

図 3.4 座標系のとり方
光の進行方向(=磁化の方向)を z 軸正の向きに，入射直線偏光の電界の振動方向を x 軸にとる．回転角は図の方向を正とする．

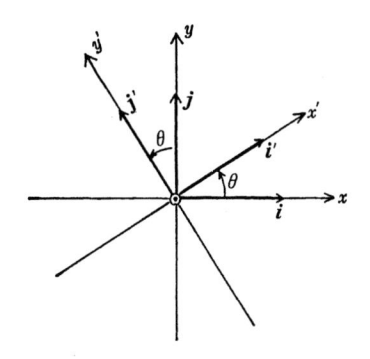

図 3.5 z 軸のまわりに θ だけ回転した座標系
z 軸は紙面に垂直上向きにとる．

物質中の複素屈折率は右円偏光に対しては $\hat{N}_+$，左円偏光に対しては $\hat{N}_-$ である．表面を $z=0$ として物質中の $z=\zeta$ の位置では，位相がそれぞれ $i\omega\hat{N}_+\zeta/c$ および $i\omega\hat{N}_-\zeta/c$ だけ進むので，

$$\begin{aligned}\boldsymbol{E}_{\mathrm{out}} &= \frac{E_0}{\sqrt{2}}\exp(-i\omega t)\left\{\exp\left(i\omega\hat{N}_+\frac{\zeta}{c}\right)\boldsymbol{r} + \exp\left(i\omega\hat{N}_-\frac{\zeta}{c}\right)\boldsymbol{l}\right\} \\ &= \frac{E_0}{\sqrt{2}}\exp\left\{-i\omega\left(t-\frac{\hat{N}}{c}\zeta\right)\right\}\left\{\exp\left(i\omega\frac{\Delta\hat{N}}{2c}\zeta\right)\boldsymbol{r} + \exp\left(-i\omega\frac{\Delta\hat{N}}{2c}\zeta\right)\boldsymbol{l}\right\}\end{aligned}$$
(3.45)

と表される．ここで $\hat{N}_+=\hat{N}+\Delta\hat{N}/2, \hat{N}_-=\hat{N}-\Delta\hat{N}/2$ と置き換えた．

ここで，ふたたび，もとの xy 座標系に戻すと

$$\begin{aligned}\boldsymbol{E}_{\mathrm{out}} = \frac{E_0}{2}&\exp\left\{-i\omega\left(t-\frac{\hat{N}}{c}\zeta\right)\right\}\times\left[\left\{\exp\left(i\omega\frac{\Delta\hat{N}}{2c}\zeta\right)+\exp\left(-i\omega\frac{\Delta\hat{N}}{2c}\zeta\right)\right\}\boldsymbol{i}\right. \\ &\left.+i\left\{\exp\left(i\omega\frac{\Delta\hat{N}}{2c}\zeta\right)-\exp\left(-i\omega\frac{\Delta\hat{N}}{2c}\zeta\right)\right\}\boldsymbol{j}\right]\end{aligned}$$
(3.45′)

さらに式 (3.38) を使って書き直すと

$$\begin{aligned}\boldsymbol{E}_{\mathrm{out}} = E_0\exp\left\{-i\omega\left(t-\frac{\hat{N}}{c}\zeta\right)\right\}&\times\left[\left\{\cos\left(\frac{\omega\Delta n}{2c}\zeta\right)-i\frac{\omega\Delta\kappa}{2c}\zeta\sin\left(\frac{\omega\Delta n}{2c}\zeta\right)\right\}\boldsymbol{i}\right. \\ &\left.-\left\{\sin\left(\frac{\omega\Delta n}{2c}\zeta\right)+i\frac{\omega\Delta\kappa}{2c}\zeta\cos\left(\frac{\omega\Delta n}{2c}\zeta\right)\right\}\boldsymbol{j}\right]\end{aligned}$$
(3.46)

(問題 3.5 参照)．図 3.5 に示すように，座標系を z 軸のまわりに $\theta=-(\omega\Delta n\zeta/2c)$ だけ回転した座標系を $x'y'z'$ で表し，その単位ベクトルを $\boldsymbol{i}', \boldsymbol{j}', \boldsymbol{k}'$ とすると，座標変換の式は

$$\begin{bmatrix} \boldsymbol{i'} \\ \boldsymbol{j'} \\ \boldsymbol{k'} \end{bmatrix} = \begin{bmatrix} \cos\theta & \sin\theta & 0 \\ -\sin\theta & \cos\theta & 0 \\ 0 & 0 & 1 \end{bmatrix} \begin{bmatrix} \boldsymbol{i} \\ \boldsymbol{j} \\ \boldsymbol{k} \end{bmatrix} \tag{3.47}$$

で表せる (問題 3.6 参照). これを使って $\boldsymbol{E}_{\text{out}}$ は次のように書き直せる.

$$\boldsymbol{E}_{\text{out}} = E_0 \exp\left\{-\mathrm{i}\omega\left(t - \frac{N}{c}\zeta\right)\right\} \left\{\boldsymbol{i'} - \mathrm{i}\left(\frac{\omega\varDelta\kappa}{2c}\zeta\right)\boldsymbol{j'}\right\} \tag{3.48}$$

もし, 磁気円二色性がないとすると $\varDelta\kappa=0$ であるから, $\boldsymbol{E}_{\text{out}}$ は $\boldsymbol{i'}$ 成分のみとなり, x' 軸方向の直線偏光であることがわかる. 入射直線偏光は x 軸から x' 軸へと θ だけ回転したのである. これがファラデー回転角 θ_F である. すなわち, ファラデー回転角は

$$\theta_\mathrm{F} = -\frac{\omega\varDelta n}{2c}\zeta \tag{3.49}$$

となる. 回転角 θ_F の符号のとり方はここでは右手系にとったが, 理科年表などでは観測者からみて右まわりを正にとっているので, この定義による回転角を ϕ_F とすると

$$\phi_\mathrm{F} = -\theta_\mathrm{F} = \frac{\omega\varDelta n}{2c}\zeta \tag{3.50}$$

となる. $\varDelta\kappa \neq 0$ のときは, 式 (3.48) は x' 軸を長軸, y' 軸を短軸とする楕円偏光になる. 回転角 θ_F を長さ ζ で割った θ_F/ζ をファラデー回転係数と呼ぶことがある.

一方, この楕円偏光の楕円率 η_F は短軸と長軸の振幅の比で与えられ,

$$\eta_\mathrm{F} = -\frac{\omega\varDelta\kappa}{2c}\zeta \tag{3.51}$$

と表される. 右円偏光に対する吸収が左円偏光に対する吸収より強いと, 出射電界ベクトルの軌跡は左まわりの楕円となるので, 楕円率は負となる.

いま, 複素ファラデー回転角を

$$\varPhi_\mathrm{F} = \theta_\mathrm{F} + \mathrm{i}\eta_\mathrm{F} \tag{3.52}$$

によって定義すると, 式 (3.49), (3.50) を代入して

$$\varPhi_\mathrm{F} = -\frac{\omega}{2c}(\varDelta n + \mathrm{i}\varDelta\kappa)\zeta = -\frac{\omega\varDelta N}{2c}\zeta \tag{3.53}$$

と書ける. この式に式 (3.41) を代入すると

$$\varPhi_\mathrm{F} = -\frac{\omega}{2c}\frac{\mathrm{i}\varepsilon_{xy}}{\sqrt{\varepsilon_{xx}}}\zeta \tag{3.54}$$

となり, 複素ファラデー回転角は比誘電率の非対角成分 ε_{xy} に比例し, 対角成分

の平方根に反比例することがわかる．実数部と虚数部に分けて記述すると

$$\left.\begin{array}{l}\theta_F = -\dfrac{\omega}{2c}\dfrac{\kappa\varepsilon_{xy}' - n\varepsilon_{xy}''}{n^2+\kappa^2}\zeta \\ \eta_F = -\dfrac{\omega}{2c}\dfrac{n\varepsilon_{xy}' + \kappa\varepsilon_{xy}''}{n^2+\kappa^2}\zeta\end{array}\right\} \quad (3.55)$$

このように，ファラデー回転角と楕円率は誘電率テンソルの非対角成分の実数部と虚数部の線形結合で表されることがわかった．

実験でファラデー回転角と楕円率が得られたとき，比誘電率の非対角成分を求めるには，

$$\left.\begin{array}{l}\varepsilon_{xy}' = -\dfrac{2c}{\omega\zeta}(n\eta_F + \kappa\theta_F) \\ \varepsilon_{xy}'' = -\dfrac{2c}{\omega\zeta}(\kappa\eta_F - n\theta_F)\end{array}\right\} \quad (3.56)$$

通常，ファラデー効果は透明な領域で測定されるので，式(3.55)において $\kappa=0$ とおくと，

$$\left.\begin{array}{l}\theta_F = \dfrac{\omega\varepsilon_{xy}''}{2cn}\zeta \\ \eta_F = -\dfrac{\omega\varepsilon_{xy}'}{2cn}\zeta\end{array}\right\} \quad (3.57)$$

となって，回転角が ε_{xy} の虚数部に，楕円率が ε_{xy} の実数部に対応することがわかる．

ファラデー楕円率は磁気円二色性(MCD)と単純な式で結びつけることができる．よく知られているように，光吸収の吸収係数 α は $\alpha = 2\omega\kappa/c$ で与えられる．円二色性 $\Delta\alpha$ は右円偏光の吸収係数 α_+ と左円偏光の吸収係数 α_- との差で表されるので

$$\Delta\alpha = \alpha_+ - \alpha_- = \dfrac{2\omega}{c}\Delta\kappa$$

となり，これに式(3.51)を使うと，この式は次式のようになる．

$$\Delta\alpha = \dfrac{2\omega}{c}\left(-\dfrac{2c}{\omega\zeta}\right)\eta_F = -\dfrac{4\eta_F}{\zeta} \quad (3.58)$$

したがって，MCDは単位長あたりのファラデー楕円率(ファラデー楕円率係数)の4倍に等しい．

具体例

やや抽象的な式が続いたので，多少具体的な例を示しておこう．
図3.6にはビスマス(Bi)を添加したYIG(イットリウム鉄ガーネット：Y_{3-x}

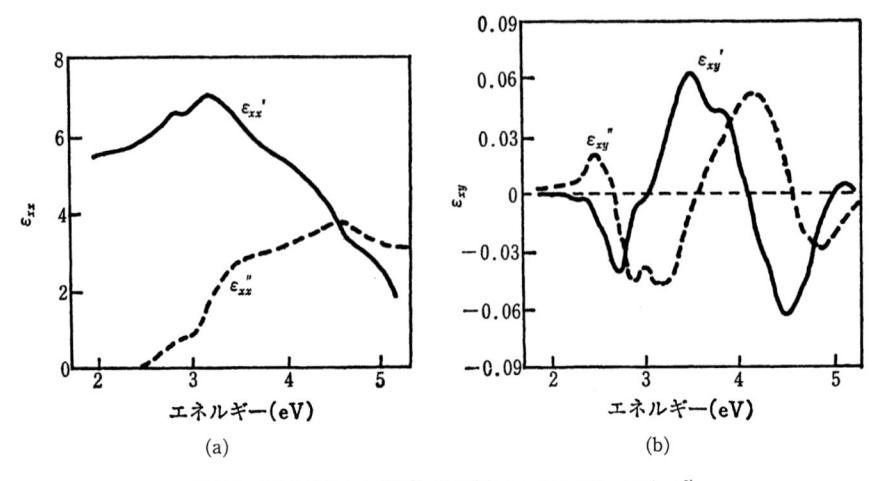

図 3.6 Bi を添加した YIG の誘電率テンソルのスペクトル[3)]
実線は実数部，点線は虚数部．

$Bi_xFe_5O_{12}$) の誘電率テンソルの対角および非対角成分の実数部および虚数部のスペクトルを掲げる*．この物質はフェリ磁性を示す絶縁性結晶で，2.5 eV（～500 nm の波長に相当）以下の光エネルギーに対してほとんど透明であることが図3.6(a) の ε_{xx}'' のスペクトル（光の吸収を表す）から知られる．ヘリウムネオンレーザー光（波長 633 nm～1.9 eV）を用いた場合には，図より $\varepsilon_{xx}'=5.3$, $\varepsilon_{xx}''=0$ と読み取れる．これから光学定数を計算すると $n=2.3$ と $\kappa=0$ である．したがって，式 (3.57) が成立する．図 3.6(b) から，$\varepsilon_{xy}'\sim 0$, $\varepsilon_{xy}''\sim 0.005$ と読み取れるので，上式から $\eta_F\sim 0$, $\theta_F\sim -1.1\times 10^2$（ラジアン）$=-6.3\times 10^3$（度）を得る．

● **3.4 節のまとめ**──────────
長さ ζ の磁性体におけるファラデー回転角 θ_F およびファラデー楕円率 η_F は，左右円偏光に対する屈折率の差 Δn および消光係数の差 $\Delta\kappa$ を用いて

$\phi_F=-\theta_F=\omega\Delta n\zeta/2c$ 　（ϕ_F は観測者側から光源をみたとき時計方向を正とする）
$\eta_F=-\omega\Delta\kappa\zeta/2c$

---

* この文献では誘電率テンソルを次のように定義している．
$$\tilde{\varepsilon}=\begin{bmatrix} \varepsilon_0 & -i\varepsilon_1 & 0 \\ i\varepsilon_1 & \varepsilon_0 & 0 \\ 0 & 0 & \varepsilon_0 \end{bmatrix}$$
この定義は伝統的によく用いられる．$\varepsilon_0, \varepsilon_1$ と，われわれの誘電率テンソルの成分 $\varepsilon_{xx}, \varepsilon_{xy}$ との間には $\varepsilon_0=\varepsilon_{xx}$ および $\varepsilon_1=i\varepsilon_{xy}$ という関係がある．図 3.6 はこの関係を用いてわれわれの定義に書き直してある．

と表される．ε_{xy} と $\Delta n, \Delta \kappa$ の関係式を用いて

$$\theta_F = -\frac{\omega}{2c} \cdot \frac{\kappa \varepsilon_{xy}' - n \varepsilon_{xy}''}{n^2 + \kappa^2} \zeta$$

$$\eta_F = -\frac{\omega}{2c} \cdot \frac{n \varepsilon_{xy}' + \kappa \varepsilon_{xy}''}{n^2 + \kappa^2} \zeta$$

複素ファラデー回転角を $\Phi = \theta_F + i\eta_F$ と定義すると

$$\Phi_F = -\frac{\omega}{2c} \cdot \frac{i\varepsilon_{xy}}{\sqrt{\varepsilon_{xx}}} \zeta$$

3.5 反射と光学定数
3.5.1 波数ベクトルの境界条件

次の3.6節では反射の磁気光学効果における旋光角（カー回転角 θ_K），楕円率 η_K と比誘電率テンソルの非対角成分 ε_{xy}', ε_{xy}'' との関係を導くが，この節ではその準備として反射の際に光の振幅と位相が受ける変化について述べる[4]．

図3.7のように，媒質1から媒質2に向かって平面波の光が入射するときの反射と屈折を考える．両媒質は均質であり，媒質1の屈折率は n_0 で消光係数は0，媒質2の屈折率は n で消光係数は κ であるとする．また，それぞれの媒質の比誘電率を $\varepsilon_1, \varepsilon_2$ とする．したがって，媒質1において $\varepsilon_1 = n_0^2$ が，媒質2においては $\varepsilon_2 = \hat{N}^2 = (n + i\kappa)^2$ が成立する．

境界面から媒質2の中に向かう法線方向を z 軸にとる．光の入射面は xz 面内にあるとする．入射光と法線のなす角（入射角）を Ψ_0，反射光の法線となす角を Ψ_1，媒質2へと屈折する光の法線となす角を Ψ_2 とする．

入射光，反射光，屈折光の波数ベクトルをそれぞれ K_0, K_1, K_2 とすると，各媒質におけるマクスウェルの方程式を解いて，波数ベクトルの長さの絶対値に成り立つ次の関係式を得る（問題3.7参照）．

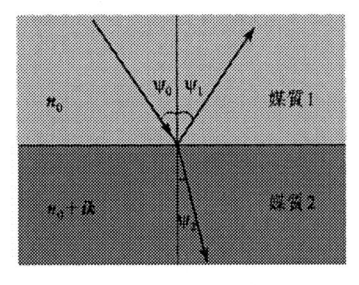

図3.7 媒質1から媒質2へ平面波が入射するときの反射と屈折
媒質1の屈折率を n_0，消光係数を0，媒質2の屈折率を n，消光係数を κ とする．

$$K_0 = \frac{\omega}{c}\left|\sqrt{\varepsilon_1}\right|$$
$$K_1 = \frac{\omega}{c}\left|\sqrt{\varepsilon_1}\right| \quad \quad (3.59)$$
$$K_2 = \frac{\omega}{c}\left|\sqrt{\varepsilon_2}\right|$$

境界面内での波数ベクトルの各成分の連続性から，x 成分については

$$K_{0x} = K_{1x} = K_{2x} \quad \quad (3.60)$$

が成り立つ．したがって，

$$K_0 \sin \Psi_0 = K_1 \sin \Psi_1 = K_2 \sin \Psi_2$$

これより

$$\Psi_0 = \Psi_1$$
$$\frac{\sin \Psi_2}{\sin \Psi_0} = \frac{K_0}{K_2} = \sqrt{\frac{\varepsilon_1}{\varepsilon_2}} = \frac{\hat{N}_1}{\hat{N}_2} \quad \quad (3.61)$$

この第2式はいわゆるスネルの法則であるが，複素数に拡張されている．

一方，z 成分については

$$K_{1z} = -K_{0z} = -K_0 \cos \Psi_0 = -\frac{\omega}{c}\sqrt{\varepsilon_1}\cos \Psi_0$$
$$K_{2z} = \sqrt{K_2^2 - K_{2x}^2} = \sqrt{K_2^2 - K_{0x}^2} = \sqrt{K_2^2 - K_0^2 \sin^2 \Psi_0} = \frac{\omega}{c}\sqrt{\varepsilon_2 - \varepsilon_1 \sin^2 \Psi_0}$$
$$(3.62)$$

が成り立つ (問題 3.7 参照)．

3.5.2 斜め入射の反射の公式

図 3.8 において，入射面 (入射光と法線を含む面) を xz としたとき，この面に垂直な電界ベクトルの成分 (y 成分) を E^S と垂直を意味するドイツ語 senkrecht の頭文字の S をつけて表し，入射面内の成分を E^P と P (parallel) をつけて表す．入射側には下付の添え字 0 をつけ，反射光には 1，屈折光には 2 をつける*．x 成分，y 成分を P 成分，S 成分を使って表すと

$$E_{0x} = E_0^P \cos \Psi_0, \quad E_{0y} = E_0^S$$
$$E_{1x} = -E_1^P \cos \Psi_0, \quad E_{1y} = E_1^S \quad \quad (3.63)$$
$$E_{2x} = E_2^P \cos \Psi_2, \quad E_{2y} = E_2^S$$

電界の x 成分，y 成分の連続性より

---

* 初版では，入射光の電界ベクトル E_0 と反射光の電界ベクトル E_1 の向きを y 軸正の方向にとったが，図 3.8 では，入射光の電界ベクトル E_0^P と出射光の電界ベクトル E_1^P を光の進行方向左側にとっている．

3.5 反射と光学定数

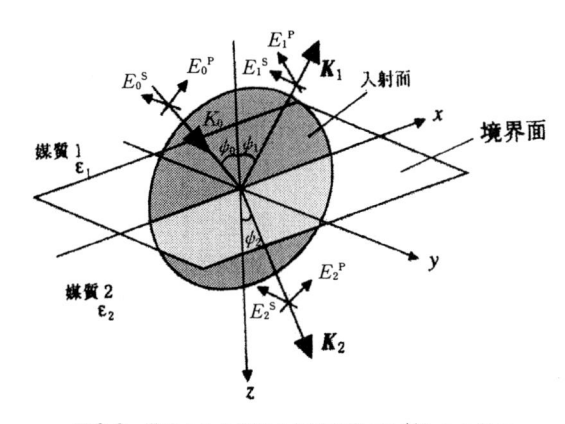

図3.8 媒質1から媒質2に平面波が入射したときの反射と屈折

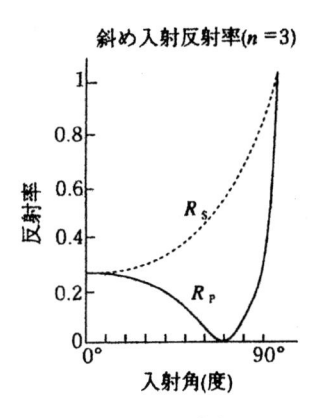

図3.9 R_S, R_P の入射角依存性

$$\left.\begin{array}{l}(E_0^P - E_1^P)\cos\Psi_0 = E_2^P\cos\Psi_2 \\ E_0^S + E_1^S = E_2^S\end{array}\right\} \quad (3.64)$$

一方,磁界の x 成分,y 成分についての連続の式は次式で表される.

$$\left.\begin{array}{l}(H_0^P - H_1^P)\cos\Psi_0 = H_2^P\cos\Psi_2 \\ H_0^S + H_1^S = H_2^S\end{array}\right\} \quad (3.65)$$

をマクスウェルの方程式

$$\text{rot}\,E = -\mu_0\frac{\partial H}{\partial t}$$

から導かれる $H^S = (K/\omega\mu_0)E^P$, $H^P = -(K/\omega\mu_0)E^S$ によって電界についての式に書き直すと,

$$\left.\begin{array}{l}K_0(E_0^S - E_1^S)\cos\Psi_0 = K_1 E_2^S\cos\Psi_2 \\ K_0(E_0^P + E_1^P) = K_2 E_2^P\end{array}\right\} \quad (3.66)$$

が得られる.式(3.64),(3.66)の4式を解いてP偏光,S偏光に対する複素振幅反射率(フレネル係数) $\hat{r}_P$, $\hat{r}_S$ を求めると,

$$\left.\begin{array}{l}\hat{r}_P = \dfrac{E_1^P}{E_0^P} = \dfrac{K_2\cos\Psi_0 - K_0\cos\Psi_2}{K_2\cos\Psi_0 + K_0\cos\Psi_2} \\[2mm] \phantom{\hat{r}_P} = \dfrac{K_2^2\cos\Psi_0 - K_0\sqrt{K_2^2 - K_0^2\sin^2\Psi_0}}{K_2^2\cos\Psi_0 + K_0\sqrt{K_2^2 - K_0^2\sin^2\Psi_0}} = \dfrac{\tan(\Psi_0 - \Psi_2)}{\tan(\Psi_0 + \Psi_2)} \\[2mm] \hat{r}_S = \dfrac{E_1^S}{E_0^S} = \dfrac{K_0\cos\Psi_0 - K_2\cos\Psi_2}{K_0\cos\Psi_0 + K_2\cos\Psi_2} \\[2mm] \phantom{\hat{r}_S} = \dfrac{K_0\cos\Psi_0 - \sqrt{K_2^2 - K_0^2\sin^2\Psi_0}}{K_0\cos\Psi_0 + \sqrt{K_2^2 - K_0^2\sin^2\Psi_0}} = -\dfrac{\sin(\Psi_0 - \Psi_2)}{\sin(\Psi_0 + \Psi_2)}\end{array}\right\} \quad (3.67)$$

となる．ここに，$\hat{r}_P = r_P e^{i\delta_P}$, $\hat{r}_S = r_S e^{i\delta_S}$ である．上の各式を導くにあたり，式 (3.61), (3.62) を用いた．

式 (3.67) を用い，係数 $\hat{r}_S, \hat{r}_P$ との比をとって，

$$\frac{\hat{r}_S}{\hat{r}_P} = -\frac{\cos(\Psi_0 - \Psi_2)}{\cos(\Psi_0 + \Psi_2)} = \frac{r_S}{r_P}\exp(i\delta) \equiv \tan\rho\exp(i\delta) \tag{3.68}$$

とおくと，反射は方位角 ρ と位相差 $\delta = \delta_P - \delta_S$ によって記述できる．いま，真空中から，入射面から 45°傾いた直線偏光 ($E_S = E_P$) を，比誘電率 ε_r (複素屈折率 $\hat{N} = n + i\kappa$) の媒体に入射する場合を考える．反射光は一般には楕円偏光になっているが，その P 成分と S 成分の逆正接角 ρ と位相差 δ を測定すれば ε_r が求められる（測定には 1/4 波長板と回転検光子を用いる）．この方法を偏光解析またはエリプソメトリーという．

光強度についての反射率 R は $|\hat{r}|^2$ で与えられ，

$$\left.\begin{aligned}R_P &= \left|\frac{\tan(\Psi_0 - \Psi_2)}{\tan(\Psi_0 + \Psi_2)}\right|^2 \\ R_S &= \left|\frac{\sin(\Psi_0 - \Psi_2)}{\sin(\Psi_0 + \Psi_2)}\right|^2\end{aligned}\right\} \tag{3.69}$$

となる．上式において，もし，$\Psi_0 + \Psi_2 = \pi/2$ であれば，tan が発散するため，$|\hat{r}_P|$ は 0 となる．このとき，反射光は S 偏光のみとなる．このような条件を満たす入射角をブリュースター角という．

第 1 の媒体が真空，第 2 の媒体の複素屈折率が N の場合

$$\left.\begin{aligned}R_P &= \left|\frac{\hat{N}^2\cos\Psi_0 - \sqrt{\hat{N}^2 - \sin^2\Psi_0}}{\hat{N}^2\cos\Psi_0 + \sqrt{\hat{N}^2 - \sin^2\Psi_0}}\right|^2 \\ R_S &= \left|\frac{\cos\Psi_0 - \sqrt{\hat{N}^2 - \sin^2\Psi_0}}{\cos\Psi_0 + \sqrt{\hat{N}^2 - \sin^2\Psi_0}}\right|^2\end{aligned}\right\} \tag{3.70}$$

この式に基づいて $\hat{N} = 3 + i0$ の場合について，R_P, R_S をプロットすると図 3.9 のようになる．R_P は入射角 70°付近で 0 となっていることがわかる．この入射角をブリュースター角と呼ぶ．

3.5.3 垂直入射の反射の公式

垂直入射の場合，$\Psi_0 = 0$, したがって $\Psi_1 = 0$. このとき電界に対する複素振幅反射率 $\hat{r}$ として，

$$\hat{r} = \hat{r}_P = \frac{K_2 - K_0}{K_2 + K_0}$$

を得る．垂直入射の場合，入射光の P 成分 E_0^P の向きと反射光の P 成分 E_1^P の向きとは逆になっていることに注意する．

この式に式 (3.59) を代入すると次式に示すようになる.

$$\hat{r} = \frac{\sqrt{\varepsilon_2} - \sqrt{\varepsilon_1}}{\sqrt{\varepsilon_2} + \sqrt{\varepsilon_1}} \tag{3.71}$$

媒質1は透明(屈折率 n_0), 媒質2は吸収性(屈折率 n, 消光係数 κ) とすると,

$$\sqrt{\varepsilon_1} = n_0, \quad \sqrt{\varepsilon_2} = n + i\kappa$$

となるので, 式 (3.71) は

$$\hat{r} = \frac{\hat{N} - n_0}{\hat{N} + n_0} = \frac{n + i\kappa - n_0}{n + i\kappa + n_0} \equiv \sqrt{R} \exp(i\theta) \tag{3.72}$$

と書ける. ここに $R = \hat{r}^* \hat{r} = |\hat{r}|^2$ は光強度の反射率, θ は反射の際の位相のずれであって, 次の2式のように表すことができる*.

$$\left. \begin{array}{l} R = \dfrac{(n_0 - n)^2 + \kappa^2}{(n_0 + n)^2 + \kappa^2} \\ \theta = \tan^{-1} \dfrac{-2 n_0 \kappa}{n^2 + \kappa^2 - n_0^2} \end{array} \right\} \tag{3.73}$$

以上述べたことから, 光が界面に垂直に入射したとき, 反射光の強度は入射光の R 倍となり, 反射光の位相は入射光の位相から θ だけ遅れることが導かれた. 逆に, R と θ がわかれば次式で n, κ を求めることができる.

$$\left. \begin{array}{l} n = n_0 \dfrac{1 - R}{1 + R - 2\sqrt{R} \cos\theta} \\ \kappa = 2 n_0 \dfrac{\sqrt{R} \sin\theta}{1 + R - 2\sqrt{R} \cos\theta} \end{array} \right\} \tag{3.74}$$

次節で述べるように位相は反射率のスペクトルからクラマース–クローニヒの関係式を使って計算で求めることができる.

3.5.4 クラマース–クローニヒの関係式[5]

誘電率の実数部 ε_{ij}' と虚数部 ε_{ij}'' は決して独立ではなく, 両者の間にはクラマース–クローニヒの関係式と呼ばれる分散関係が成り立つ.

$$\left. \begin{array}{l} \varepsilon_{ij}'(\omega) = 1 + \dfrac{2}{\pi} \mathcal{P} \displaystyle\int_0^\infty \dfrac{\omega' \varepsilon_{ij}''(\omega')}{\omega'^2 - \omega^2} d\omega' \\ \varepsilon_{ij}''(\omega) = -\dfrac{2\omega}{\pi} \mathcal{P} \displaystyle\int_0^\infty \dfrac{\varepsilon_{ij}'(\omega')}{\omega'^2 - \omega^2} d\omega' \end{array} \right\} \tag{3.75}$$

ここに, $\mathcal{P}$ は主値をとる. すなわち

$$\mathcal{P} \int_0^\infty \frac{f(\omega')}{\omega'^2 - \omega^2} d\omega' = \lim_{\rho \to 0} \int_0^{\omega - \rho} \frac{f(\omega')}{\omega'^2 - \omega^2} d\omega' + \lim_{\rho \to 0} \int_{\omega + \rho}^\infty \frac{f(\omega')}{\omega'^2 - \omega^2} d\omega'$$

である. 発散する位置を避けて積分することを意味する.

---

* 式 (3.72), (3.73) は初版の対応する式 (3.53), (3.55) と符号が異なっている. これは, 反射光の電界ベクトルの向きの定義が逆になっていることに起因する.

式 (3.75) の関係は，誘電率ばかりでなく，磁化率，伝導率など外場に対する物質のレスポンスを表す量において成立する関係であり，外場が加えられる前には応答はないという至極当り前のこと（これを因果律という）から導くことができる（問題 3.10 参照）．ここでは誘電率の実数部と虚数部の間に成り立つ定性的な関係について述べておく．

式 (3.75) の第 2 式を部分積分すると，

$$\varepsilon_{ij}''(\omega) = -\frac{1}{\pi} \ln\left|\frac{\omega-\omega'}{\omega+\omega'}\right| \varepsilon_{ij}'(\omega') \bigg|_0^\infty + \frac{1}{\pi}\mathcal{P}\int_0^\infty \ln\left|\frac{\omega-\omega'}{\omega+\omega'}\right| \frac{d\varepsilon_{ij}'(\omega')}{d\omega'} d\omega' \quad (3.76)$$

上式右辺の第 1 項は 0 であるから，結局第 2 項のみとなる．$\ln|(\omega-\omega')/(\omega+\omega')|$ は $\omega' \sim \omega$ 付近で大きい値をとるので，ε'' は ε' の微分形に近いスペクトル形状を示すことになる．すなわち，ε' がピークをもつ ω では ε'' は急激に変化し，ε' が急激に変化する ω 付近で ε'' は極大（または極小）を示す．

式 (3.75) と同様の関係は

$$\ln \tilde{r} = \frac{1}{2}\ln R + i\theta$$

における $(1/2)\ln R$ と θ との間にも成り立つことが Toll によって導かれている[6]．すなわち

$$\theta(\omega) = \frac{\omega}{\pi}\mathcal{P}\int_0^\infty \frac{\ln R(\omega')}{\omega'^2 - \omega^2} d\omega' \quad (3.77)$$

この式が反射スペクトルにおけるクラマース-クローニヒの関係式で，$R(x)$ のデータが $(0, \infty)$ の範囲に対して知られているならば任意の ω に対する移相量 $\theta(\omega)$ を計算することができる．こうして $\theta(\omega)$ が求まれば式 (3.74) によって，光学定数 n と κ を計算できる．n と κ が得られれば，さらに，式 (3.39) により誘電率の実数部 ε_{ij}' および虚数部 ε_{ij}'' が計算されるということが理解されよう．

クラマース-クローニヒの式はたいそう便利な関係式であるが，次の点に注意して使わなければならない．

① 測定できる反射率のスペクトル $R(\omega)$ は ω の有限の範囲に限られるので，その範囲外について適当な外挿を行うか，適当な近似を用いて計算することになる．

② 数値計算により式 (3.77) の主値を求める場合に，被積分関数 $\ln R(\omega')/(\omega'^2-\omega^2)$ は $\omega' \to \omega-0$ および $\omega' \to \omega+0$ に対してそれぞれ $-\infty$ および $+\infty$ に発散するので，主値は大きな正の量と負の量との差し引きを求めることになり，コンピュータの精度が問題になってくる．このため収束をよくするた

● 3.5節のまとめ

垂直入射の場合の複素振幅反射率(フレネル係数) $\hat{r}$ は次式で与えられる.

$$\hat{r} = \frac{n + i\kappa - n_0}{n + i\kappa + n_0}$$

反射率 R および移相量 θ は

$$R = \frac{(n_0 - n)^2 + \kappa^2}{(n_0 + n)^2 + \kappa^2}$$

$$\theta = \tan^{-1} \frac{-2n_0\kappa}{n^2 + \kappa^2 - n_0^2}$$

で与えられる.
また, R と θ との間にはクラマース-クローニヒの関係が成り立つ.

$$\theta(\omega) = \frac{\omega}{\pi} \mathcal{P} \int_0^\infty \frac{\ln R(\omega')}{\omega'^2 - \omega^2} d\omega'$$

反射スペクトル R から移相量 θ が計算でき, これらから n と κ が求められる.

$$n = n_0 \frac{1 - R}{1 + R - 2\sqrt{R}\cos\theta}$$

$$\kappa = 2n_0 \frac{\sqrt{R}\sin\theta}{1 + R - 2\sqrt{R}\cos\theta}$$

3.6 磁気カー効果の現象論

ファラデー効果の場合と同様に, カー効果も誘電率または伝導率テンソルを用いて表すことができる. なぜ誘電率を用いて表すのかというと, ファラデー効果のときと同様に誘電率はミクロな量との対応がつけやすく, 物質本来の性質を表していると考えられるからである. カー効果の場合も, 誘電率テンソルの非対角成分 ε_{xy} は θ_K と η_K の一次結合で表されるが, その係数はファラデー効果の場合に比べて複雑な n と κ の関数となっている. これは反射率や移相が屈折率 n や消光係数 κ の非線形関数となっていること(前節参照)に由来している.

カー効果における符号のとり方にも2通りのやり方がある. すなわち, 入射光側からみて時計方向に回るのを＋にとる場合と, 反時計方向に回るのを＋にとる場合の2種類がある. ここでは, ファラデー効果と同じように入射側からみて時計まわりを正にとっておく.

3.6.1 垂直入射極カー効果

いま, 問題を複雑にしないために極カー効果(2.5節参照)の場合を扱い, しかも入射光は界面に垂直に入射するものとする. 2.5節に述べたように極カー効果は直線偏光が入射したとき, 反射光が楕円偏光となり, その楕円の長軸の向き

が入射光の偏光方向に対して回転する現象である．この回転をカー回転角 θ_K で表し，楕円の長軸と短軸の比を楕円率 η_K で表す．カー回転角は右円偏光と左円偏光に対する移相量の差に対応し，楕円率は左右円偏光に対する反射率の違いから生じることを示すことができる．

右まわり円偏光および左まわり円偏光に対する振幅反射率は

$$\hat{r}_\pm = \frac{\hat{N}_\pm - n_0}{\hat{N}_\pm + n_0} \tag{3.78}$$

によって表すことができる（右まわり，左まわりは入射光について定義している）．

問題 3.9 で導かれるように，右円偏光に対する複素振幅反射率（フレネル係数）を $r_+\exp(i\theta_+)$，左円偏光に対するそれを $r_-\exp(i\theta_-)$ とすると，カー回転角 θ_K は

$$\theta_K = -\frac{\theta_+ - \theta_-}{2} \equiv -\frac{\Delta\theta}{2} \tag{3.79}$$

で与えられる．式 (3.79) では反射光について左まわりの回転を正にとっている．これに対して，反射光の進行方向に右ねじをすすめるような回転を正にとるときの回転角を ϕ_K とすると，$\phi_K = -\theta_K$ となる．

また，カー楕円率 η_K は

$$\eta_K = \frac{|\hat{r}_+| - |\hat{r}_-|}{|\hat{r}_+| + |\hat{r}_-|} \equiv \frac{1}{2}\frac{\Delta r}{r} = \frac{1}{4}\frac{\Delta R}{R} \tag{3.80}$$

で表すことができる．式 (3.80) で定義される楕円率は反射光について左まわりに回転するとき正になっている．

ここで，カー回転角 θ_K とカー楕円率 η_K をひとまとめにした複素カー回転角 Φ_K は，

$$\Phi_K = \theta_K + i\eta_K = -\frac{\Delta\theta}{2} - i\frac{\Delta r}{2r} = -i\frac{\Delta\hat{r}}{2\hat{r}} \approx i\frac{1}{2}\ln\left(\frac{\hat{r}_-}{\hat{r}_+}\right) \tag{3.81}$$

である．ここに $\hat{r}, \Delta\hat{r}$ は，$\hat{r} = (\hat{r}_+ + \hat{r}_-)/2, \Delta\hat{r} = \hat{r}_+ - \hat{r}_-$ で与えられる*．この式と式 (3.78) とから，次式を得る（問題 3.11 参照）．

$$\Phi_K \approx \frac{n_0 \varepsilon_{xy}}{(n_0^2 - \varepsilon_{xx})\sqrt{\varepsilon_{xx}}} \tag{3.82}$$

この式から，カー効果が誘電率の非対角成分 ε_{xy} に依存するばかりでなく，分母にくる対角成分 ε_{xx} にも依存することがわかる．この式の対角成分 ε_{xx} を光学定

---

* $\hat{r} = r\exp(i\theta)$ を微分して $\Delta\hat{r} = \left(\frac{\Delta r}{r} + i\Delta\theta\right)r\exp(i\theta) = \left(\frac{\Delta r}{r} + i\Delta\theta\right)\hat{r}$

したがって，$\frac{\Delta r}{r} + i\Delta\theta = \frac{\Delta\hat{r}}{\hat{r}} \approx \ln\left(1 + \frac{\Delta\hat{r}}{\hat{r}}\right) = \ln\frac{2\hat{r} + \Delta\hat{r}}{2\hat{r} - \Delta\hat{r}} = \ln\frac{\hat{r}_+}{\hat{r}_-} = -\ln\frac{\hat{r}_-}{\hat{r}_+}$

3.6 磁気カー効果の現象論

数 n, κ によって表すと，

$$\varepsilon_{xx} = \varepsilon_{xx}' + i\varepsilon_{xx}'' = (n^2 - \kappa^2) + i2n\kappa$$

と書けるので，式(3.82)に代入して整理することによって，

$$\left.\begin{aligned}\theta_K &= n_0 \frac{n(n_0^2 - n^2 + 3\kappa^2)\varepsilon_{xy}' + \kappa(n_0^2 - 3n^2 + \kappa^2)\varepsilon_{xy}''}{(n^2 + \kappa^2)\{(n_0^2 - n^2 - \kappa^2)^2 + 4n_0^2\kappa^2\}} \\ \eta_K &= n_0 \frac{-\kappa(n_0^2 - 3n^2 + \kappa^2)\varepsilon_{xy}' + n(n_0^2 - n^2 + 3\kappa^2)\varepsilon_{xy}''}{(n^2 + \kappa^2)\{(n_0^2 - n^2 - \kappa^2)^2 + 4n_0^2\kappa^2\}}\end{aligned}\right\} \quad (3.83)$$

を得る[7]．

3.6.2 極カー回転に対するクラマース-クローニヒの関係

前節に述べた式(3.77)と同様の関係がカー回転角 θ_K とカー楕円率 η_K との間にも成り立つ．すなわち，

$$\left.\begin{aligned}\theta_K(\omega) &= \frac{2}{\pi}\mathcal{P}\int_0^\infty \frac{\omega'\eta_K(\omega')}{\omega'^2 - \omega^2}d\omega' \\ \eta_K(\omega) &= -\frac{2\omega}{\pi}\mathcal{P}\int_0^\infty \frac{\theta_K(\omega')}{\omega'^2 - \omega^2}d\omega'\end{aligned}\right\} \quad (3.84)$$

ここに，楕円率 η_K と反射の磁気円二色性 $\Delta R/R$ との間には $\Delta R/R = 4\eta_K$ なる関係式が成り立つ．測定範囲は限られた周波数範囲 ($\omega < a$) であるが，Smith によると，その周波数範囲より高い周波数の η_K からの寄与が単にバックグラウンドとしてしか効かないときには，$\omega < a$ に対して次の分散式がよい近似となる[8]．

$$\theta_K = \frac{2\omega^2}{\pi}\mathcal{P}\int_0^\infty \frac{\eta_K(\omega')}{\omega'(\omega'^2 - \omega^2)}d\omega' \quad (3.85)$$

3.6.3 斜め入射の極カー効果[9]

次に，斜め入射の場合を考える．いま，E ベクトルが入射面内にある P 偏光が入射角 φ_0 で入射したとき，界面を透過した光の屈折角 φ_2 とすると複素カー回転角 Φ_K は

$$\tan\Phi_K = \frac{\hat{r}_{SP}}{\hat{r}_{PP}} \quad (3.86)$$

のように $\hat{r}_{SP}/\hat{r}_{PP}$ によって表される．ここに，$\hat{r}_{SP}$ は入射 P 偏光成分に対し，E ベクトルが入射面に垂直な S 偏光成分が反射光として現れる比率を表す．$\hat{r}_{PP}$ は，入射 P 偏光に対し P 偏光が反射される比率を表す．このときの $\hat{r}_{SP}, \hat{r}_{PP}$ を誘電率を使って表すと

$$\hat{r}_{SP} = \hat{r}_{PS} = -\frac{\varepsilon_{xy}\cos\varphi_0}{\sqrt{\varepsilon_{xx}}(\cos\varphi_0 + \sqrt{\varepsilon_{xx}}\cos\varphi_2)(\cos\varphi_2 + \sqrt{\varepsilon_{xx}}\cos\varphi_0)} \quad (3.87)$$

$$\hat{r}_{PP} = \frac{\sqrt{\varepsilon_{xx}}\cos\varphi_0 - \cos\varphi_2}{\sqrt{\varepsilon_{xx}}\cos\varphi_0 + \cos\varphi_2} \quad (3.88)$$

複素カー回転角を Φ_K とすると, Φ_K は次式で与えられる.

$$\tan\Phi_K = \frac{\hat{r}_{SP}}{\hat{r}_{PP}} = \frac{\varepsilon_{xy}\cos\varphi_0}{\sqrt{\varepsilon_{xx}}(\cos\varphi_0 + \sqrt{\varepsilon_{xx}}\cos\varphi_2)(\cos\varphi_2 - \sqrt{\varepsilon_{xx}}\cos\varphi_0)} \quad (3.89)$$

ここに, φ_0 と φ_2 との間にはスネルの法則が成立する. すなわち,

$$\frac{\sin\varphi_0}{\sin\varphi_2} = \frac{\sqrt{\varepsilon_{xx}}}{n_0} \quad (3.90)$$

である. φ_0 は実数であるが, 誘電率は複素数なので φ_2 は複素数である.

式 (3.89) で $\varphi_0 = \varphi_2 = 0$ とおけば, 垂直入射の場合の式 (3.82) が得られる.

3.6.4 縦カー効果[9]

磁化の向きが反射面内にあって, かつ光の入射面に平行な場合を縦カー効果と呼ぶ. 電界が入射面に平行に偏光している光 (P 偏光) が, 磁化された表面から斜めに反射されたとき反射光の P 成分は, 通常の金属による反射の場合とほとんど同様に振る舞うのであるが, 磁化が存在することによってわずかに S 成分 (入射面に垂直に振動する成分) が生じる. 一般にこの第 2 の電界成分は反射 P 成分と同位相ではなく, 一定の位相差を有する. したがって, 反射光は楕円の主軸が P 面から少し回転しているような楕円偏光である. 磁化の反転によって回転は P 面について対称な方向に起きる. 同様の効果は入射光が S 偏光の場合にもいえる. この場合のカー回転, 楕円率は S 方位について対称に起きる. この効果の大きさは, 入射角に依存する.

前項に述べた斜め入射の場合の極カー効果と同様に, 縦カー効果の複素カー回転角 Φ_K は

$$\tan\Phi_K = \frac{\hat{r}_{SP}}{\hat{r}_{PP}}$$

で与えられる. 縦カー効果の場合の $\hat{r}_{SP}$ は, 誘電率テンソルを用いて,

$$\hat{r}_{SP} = \frac{\varepsilon_{xy}\cos\varphi_0\sin\varphi_2}{\varepsilon_{xx}\cos\varphi_2(\sqrt{\varepsilon_{xx}}\cos\varphi_2 + \cos\varphi_0)(\sqrt{\varepsilon_{xx}}\cos\varphi_0 + \cos\varphi_2)} \quad (3.91)$$

によって与えられることが導かれる. $\hat{r}_{PP}$ については式 (3.88) が成立するので, これらより $\tan\Phi_K$ を求めると,

$$\tan\Phi_K = \frac{\varepsilon_{xy}\cos\varphi_0\sin\varphi_2}{\varepsilon_{xx}(\sqrt{\varepsilon_{xx}}\cos\varphi_0 - \cos\varphi_2)(\sqrt{\varepsilon_{xx}}\cos\varphi_2 + \cos\varphi_0)} \quad (3.92)$$

が得られる. Φ_K の実数部が縦カー回転角, 虚数部が縦カー楕円率を与える. φ_0 と φ_2 との間には極カー効果のときと同様, スネルの法則が成立する.

3.6.5 横カー効果[9]

磁化の方向が入射面に垂直な場合, 入射 S 偏光に対しては何らの効果も及ぼ

さない．P偏光を入射した場合にのみ，その反射強度が磁化に依存して変化する効果として現れる．$\hat{r}_{SP}$ の成分は生じないので偏光の回転は起きない．$\hat{r}_{PP}$ を誘電率テンソルの成分を使って表すと，

$$\hat{r}_{PP} = \frac{\varepsilon_{xx}\cos\varphi_0 - \left(\cos\varphi_2 + \dfrac{\varepsilon_{xy}}{\varepsilon_{xx}}\sin\varphi_2\right)}{\varepsilon_{xx}\cos\varphi_0 + \left(\cos\varphi_2 + \dfrac{\varepsilon_{xy}}{\varepsilon_{xx}}\sin\varphi_2\right)} \tag{3.93}$$

となる．反射光の強度は $|\hat{r}_{PP}|^2$ に比例する．磁化の効果は ε_{xy} を通じて現れる．

● 3.6節のまとめ ─────────
　垂直入射の極カー効果において，複素カー回転角 $\Phi_K = \theta_K + i\eta_K$ は

$$\Phi_K = \frac{n_0 \varepsilon_{xy}}{(n_0^2 - \varepsilon_{xx})\sqrt{\varepsilon_{xx}}}$$

で表され，非対角成分だけでなく対角成分にも依存することがわかった．
　縦カー効果の複素カー回転角は

$$\tan\Phi_K = \frac{\varepsilon_{xy}\cos\varphi_0 \sin\varphi_2}{\varepsilon_{xx}(\sqrt{\varepsilon_{xx}}\cos\varphi_0 - \cos\varphi_2)(\sqrt{\varepsilon_{xx}}\cos\varphi_2 + \cos\varphi_0)}$$

で与えられる．

───────────────

3.7　コットン-ムートン効果

　ファラデー効果は光の進行方向と磁界とが平行な場合の磁気光学効果であったが，コットン-ムートン効果は光の進行方向と磁界とが垂直な場合（フォークト配置）の磁気光学効果である．この効果は磁化 M の偶数次の効果であって磁界の向きに依存しない．この効果はフォークト効果あるいは磁気複屈折効果とも呼ばれる．いま，磁化のないとき等方性の物質を考えると複屈折は生じないが，磁化 M が存在すると M の方向に一軸異方性が誘起され，M 方向に振動する直線偏光（常光線）と M に垂直の方向に振動する偏光（異常光線）とに対して屈折率の差が生じて，複屈折を起こす現象である．これは3.2節に述べた磁化のある場合の誘電率テンソルの対角成分 $\varepsilon_{xx}(M)$ と $\varepsilon_{zz}(M)$ が一般的には等しくないことから生じる．ε テンソルの対角成分はその対称性から M について偶数次でなければならないので，複屈折によって生じる光学的遅延も M の偶数次となる．コットン-ムートン効果は導波路型光アイソレーターにおいて，モード変換部として用いることができる．以下に，この効果について式を使って説明しよう．
　3.3.3項に述べたように，フォークト配置における複素屈折率の固有値 N は式 (3.32) に示されるように2つの値をとる．すなわち

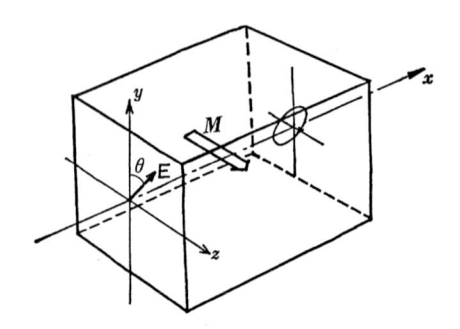

図 3.10 コットン-ムートン効果における座標軸のとり方

$$N_1{}^2 = \varepsilon_{xx} + \frac{\varepsilon_{xy}{}^2}{\varepsilon_{xx}}$$

$$N_2{}^2 = \varepsilon_{zz}$$

ここで $N_1{}^2$ を式 (3.30) に代入すると，E_x と E_y の関係は次のようになる．

$$E_y = -(\varepsilon_{xx}/\varepsilon_{xy})E_x$$

したがって，固有関数は

$$\boldsymbol{E}_1 = A\exp\left\{-i\omega\left(t - \frac{N_1}{c}x\right)\right\}(\varepsilon_{xy}\boldsymbol{i} - \varepsilon_{xx}\boldsymbol{j}) \tag{3.94}$$

となる．一方，式 (3.30) に $N_2{}^2$ を代入すると，次式が得られる．

$$\boldsymbol{E}_2 = B\exp\left\{-i\omega\left(t - \frac{N_2}{c}x\right)\right\}\boldsymbol{k} \tag{3.95}$$

ε_{xy} が 0 であれば $\boldsymbol{E}_1$ は y 方向に振動する直線偏光であるが，$\varepsilon_{xy} \neq 0$ のとき $\boldsymbol{E}_1$ は xy 面内に振動面をもつことになる．この結果，この波の波面の伝搬方向は x 軸方向であるが，エネルギーの伝搬方向は x 軸から $\tan^{-1}(\varepsilon_{xy}/\varepsilon_{xx})$ だけ傾いたものとなる (問題 3.15 参照)．このような光線を異常光線と呼んでいる．一方 $\boldsymbol{E}_2$ は x 方向に伝わる z 方向に振動する普通の光であって正常光線と呼んでいる．

いま，簡単のため $\varepsilon_{xy} = 0$ として光学遅延量 (リターデーション) δ を計算すると

$$\begin{aligned}\delta &= \frac{\omega(N_1 - N_2)\zeta}{c} = \frac{\omega(\sqrt{\varepsilon_{xx}} - \sqrt{\varepsilon_{zz}})\zeta}{c} \\ &\approx \frac{\omega\zeta}{c} \cdot \frac{\varepsilon_{xx}^{(2)}(M) - \varepsilon_{zz}^{(2)}(M)}{2\sqrt{\varepsilon_{xx}^{(0)}}}\end{aligned} \tag{3.96}$$

となる．ここに，$\varepsilon_{xx}^{(n)}, \varepsilon_{zz}^{(n)}$ は ε を M で展開したときの n 次の係数である．第 2 式を導くにあたっては，$\varepsilon_{xx}^{(n)}, \varepsilon_{zz}^{(n)}$ が十分小さいとした．このように，δ

3.7 コットン-ムートン効果

は M の偶数次の係数のみで表すことができた．また，ε は正の実数であるとすると，δ も実数である．

もし，入射光が z 軸から θ 傾いた振動面をもつ直線偏光であれば

$$\boldsymbol{E}_{\mathrm{in}}=E_0\boldsymbol{j}'=E_0(\cos\theta\boldsymbol{j}+\sin\theta\boldsymbol{k}) \tag{3.97}$$

となる．y 方向と z 方向の間に δ の光学的遅延があるとき，$N=(N_1+N_2)/2$ として 2 つの波の成分を合成すると次式を得る．

$$\boldsymbol{E}_{\mathrm{out}}=E_0\exp\left(i\omega\frac{N\zeta}{c}\right)\left\{\exp\left(-i\frac{\delta}{2}\right)\cos\theta\boldsymbol{j}+\exp\left(i\frac{\delta}{2}\right)\sin\theta\boldsymbol{k}\right\} \tag{3.98}$$

ここで，j, k 座標系から θ だけ傾いた j', k' 座標系に変換する．

$$\boldsymbol{j}=\cos\theta\boldsymbol{j}'+\sin\theta\boldsymbol{k}'$$

$$\boldsymbol{k}=-\sin\theta\boldsymbol{j}'+\cos\theta\boldsymbol{k}'$$

または，これの逆変換として

$$\boldsymbol{j}=\cos\theta\boldsymbol{j}'-\sin\theta\boldsymbol{k}'$$

$$\boldsymbol{k}=\sin\theta\boldsymbol{j}'+\cos\theta\boldsymbol{k}'$$

を得る．これを式 (3.98) に代入すると，

$$\boldsymbol{E}_{\mathrm{out}}=E_0\exp\left(i\omega\frac{N}{c}\zeta\right)\left[\left\{\cos\frac{\delta}{2}+i\sin\frac{\delta}{2}\cos2\theta\right\}\boldsymbol{j}'-i\sin\frac{\delta}{2}\sin2\theta\boldsymbol{k}'\right] \tag{3.99}$$

となる．ここで $\theta=\pi/4$ とすると次式が得られる．

$$\boldsymbol{E}_{\mathrm{out}}=E_0\exp\left(i\omega\frac{N}{c}\zeta\right)\left(\cos\frac{\delta}{2}\boldsymbol{j}'-\sin\frac{\delta}{2}\boldsymbol{k}'\right) \tag{3.100}$$

出射光は y 軸と z 軸とからともに $\pi/4$ 傾いた j', k' 軸を主軸にもつ楕円偏光になっている．その楕円率は $\eta=\tan(\delta/2)$ で与えられる．検光子を用いて入射光の偏光方向に垂直な偏光成分をとりだすと，その強度は

$$I=\frac{E_0^2}{2}\sin^2\frac{\delta}{2}=\frac{E_0^2(1-\cos\delta)}{4}\approx\frac{E_0^2\delta^2}{8}$$

で与えられる．したがって，クロスニコル条件のもとで光強度を測定すると，光学的遅延の 2 乗に比例する信号を得る．このようにしてコットン-ムートン効果が測定できる．

一方，式 (3.98) において $\delta=\pi$ となるように（これは式 (3.96) で試料の長さ ζ を適当に選ぶことにより実現できる）した場合

$$\boldsymbol{E}_{\mathrm{out}}=-iE_0\exp\left(i\omega\frac{N}{c}\zeta\right)(\cos2\theta\boldsymbol{j}'-\sin2\theta\boldsymbol{k}') \tag{3.101}$$

したがって，出力光は入射光の振動方向である j' 軸から -2θ 傾いた直線偏光になっていることがわかる．導波路型光アイソレーターではコットン-ムートン効

果を相反旋光性素子として用い，非相反素子によって45°傾いた入射偏光をこの素子でさらに45°旋光させている(7.2.4項参照)．入射光と45°傾いた成分の強度は$(1/2)|E_{j'}+E_{k'}|^2$で与えられ，これは

$$\frac{|E_{j'}+E_{k'}|^2}{2}=\frac{E_0^2}{2}(\cos2\theta+\sin2\theta)^2=\frac{E_0^2}{2}(1+\sin4\theta) \tag{3.102}$$

となって，$4\theta=\pi/2$のとき最大になる．つまりこの効果を相反型旋光素子として用いるときに最大のモード変換効率を与えるのは磁化Mの方向(つまりz軸)が，入射偏光の偏光面(光の磁界成分の向き)と22.5°の傾きをもつ場合であることが導かれた．このときE_{out}は入射光の振動面から45°傾いた直線偏光になっている．

● **3.7節のまとめ**

コットン-ムートン効果：光の進行方向が磁化の向きに垂直な場合の磁気光学効果複屈折として観測される．
　磁化の2次に比例(偶数次のべき級数で展開できる)．
　クロスニコル条件で透過光強度を測れば測定できる．
　光学的遅延量を180°にしておくと偏光面を回転できる．
　導波型アイソレーターの相反旋光素子として用いる．

問　　題

3.1 式(3.19)を式(3.18)に代入して式(3.20)を導け．ただし，ベクトル積の公式$A\times(B\times C)=(C\cdot A)B-(B\cdot A)C$を利用せよ．

(解) 式(3.18)の第1式の左辺に式(3.19)の第1式を代入すると

$$\text{rot}E=\begin{bmatrix} i & j & k \\ \frac{\partial}{\partial x} & \frac{\partial}{\partial y} & \frac{\partial}{\partial z} \\ E_x & E_y & E_z \end{bmatrix}=\begin{bmatrix} i & j & k \\ iK_x & iK_y & iK_z \\ E_x & E_y & E_z \end{bmatrix}=iK\times E$$

となる．一方，式(3.18)の第1式の右辺に式(3.19)の第2式を代入すると

$$-\mu_0\frac{\partial H}{\partial t}=i\omega\mu_0 H$$

したがって，$K\times E=\omega\mu_0 H$ が成立する．同様にして，$K\times H=-\omega\tilde{\varepsilon}\varepsilon_0 E$ が得られる．
　これらの式からHを消去すると，

$$K\times H=K\times\frac{1}{\omega\mu_0}(K\times E)=\frac{1}{\omega\mu_0}K\times K\times E=-\omega\tilde{\varepsilon}\varepsilon_0 E$$

したがって，

問 題 55

$$K \times K \times E = -\omega^2 \tilde{\varepsilon}\varepsilon_0\mu_0 E = -\left(\frac{\omega}{c}\right)^2 \tilde{\varepsilon} E$$

ここで，$\varepsilon_0\mu_0 = 1/c^2$ を使った．この式の左辺にベクトル積の公式 $K \times K \times E = (E \cdot K)K - (K \cdot K)E$ を用いると，式 (3.20) が得られる．

3.2 ファラデー配置の場合のマクスウェルの固有方程式 (3.24) を導け．

(解) $\hat{N}^2 E - (E \cdot N)N - \tilde{\varepsilon} E = 0$ において $N = Nk$ (k は z 方向の単位ベクトル) を代入すると，

$$\begin{bmatrix} N^2 & & \\ & N^2 & \\ & & N^2 \end{bmatrix} \begin{bmatrix} E_x \\ E_y \\ E_z \end{bmatrix} - N^2 \begin{bmatrix} 0 \\ 0 \\ E_z \end{bmatrix} - \begin{bmatrix} \varepsilon_{xx} & \varepsilon_{xy} & 0 \\ -\varepsilon_{xy} & \varepsilon_{xx} & 0 \\ 0 & 0 & \varepsilon_{zz} \end{bmatrix} \begin{bmatrix} E_x \\ E_y \\ E_z \end{bmatrix} = 0$$

となるので，整理すれば，式 (3.24) となる．

3.3 式 (3.39) の関係式を導け．

(ヒント) 式 (3.26) の $N_+^2 = \varepsilon_{xx} + i\varepsilon_{xy}$ に $N_+ = n_+ + i\kappa_+$, $\varepsilon_{xx} = \varepsilon_{xx}' + i\varepsilon_{xx}''$, $\varepsilon_{xy} = \varepsilon_{xy}' + i\varepsilon_{xy}''$ を代入すると $(n_+ + i\kappa_+)^2 = \varepsilon_{xx}' + i\varepsilon_{xx}'' + i(\varepsilon_{xy}' + i\varepsilon_{xy}'')$．これに，$n_+ = n + \Delta n/2$, $\kappa_+ = \kappa + \Delta\kappa/2$ を代入し，Δn および $\Delta\kappa$ について 1 次の項のみを考えると，

$$n^2 - \kappa^2 + n\Delta n - \kappa\Delta\kappa + i(2n\kappa + n\Delta\kappa + \kappa\Delta n) = \varepsilon_{xx}' - \varepsilon_{xy}'' + i(\varepsilon_{xx}'' + \varepsilon_{xy}')$$

同様に $N_-^2 = \varepsilon_{xx} - i\varepsilon_{xy}$ について，

$$n^2 - \kappa^2 - n\Delta n + \kappa\Delta\kappa + i(2n\kappa - n\Delta\kappa - \kappa\Delta n) = \varepsilon_{xx}' + \varepsilon_{xy}'' + i(\varepsilon_{xx}'' - \varepsilon_{xy}')$$

これらについて，実数部どうし，虚数部どうしを比較することによって式 (3.39) が得られる．

3.4 式 (3.39) を伝導率テンソル σ の式に書き換えよ．

(解)

$\sigma_{xx}' = 2\omega\varepsilon_0 n\kappa$
$\sigma_{xx}'' = -\omega\varepsilon_0(n^2 - \kappa^2 - 1)$
$\sigma_{xy}' = \omega\varepsilon_0(\kappa\Delta\kappa - n\Delta n)$
$\sigma_{xy}'' = -\omega\varepsilon_0(n\Delta\kappa + \kappa\Delta n)$

3.5 ファラデー効果を受けたとき出射光の式として式 (3.46) が導かれることを確かめよ．

(ヒント) 式 (3.45′) に $\Delta N = \Delta n + i\Delta\kappa$ を代入し，$\exp(\omega\Delta\kappa\zeta/2c) \approx 1 + \omega\Delta\kappa\zeta/2c$ などの近似式を用いよ．

3.6 座標系 (xyz) を z 軸のまわりに θ だけ (x 軸から y 軸の方向に) 回転して座標系 $(x'y'z')$ が得られたとすると，このときの座標変換の式が式 (3.47) で与えられることを確かめよ．

3.7 入射光，反射光，屈折光の波数ベクトルの絶対値が式 (3.59) で与えられること，および，境界面における波動ベクトルの成分間に成り立つ関係式 (3.60) および (3.62) を導け．

(ヒント) ここでは，3.3 節と違って進行方向が z 軸方向とは限らないので，電磁波は次のように書ける．

入射光は $E_0\exp(-i\omega t+iK_0\cdot r)$,　$H_0\exp(-i\omega t+iK_0\cdot r)$
反射光は $E_1\exp(-i\omega t+iK_1\cdot r)$,　$H_1\exp(-i\omega t+iK_1\cdot r)$
屈折光は $E_2\exp(-i\omega t+iK_2\cdot r)$,　$H_2\exp(-i\omega t+iK_2\cdot r)$

として，マクスウェルの方程式に代入する．

その結果

$\omega\mu_0 H_0 = K_0 \times E_0$,　$\omega\varepsilon_1\varepsilon_0 E_0 = -K_0 \times H_0$
$\omega\mu_0 H_1 = K_1 \times E_1$,　$\omega\varepsilon_1\varepsilon_0 E_1 = -K_1 \times H_1$
$\omega\mu_0 H_2 = K_2 \times E_2$,　$\omega\varepsilon_2\varepsilon_0 E_2 = -K_2 \times H_2$

各式から固有値として，$K_0^2 = K_1^2 = (\omega/c)^2\varepsilon_1$, $K_2^2 = (\omega/c)^2\varepsilon_2$ を得る．これより，式 (3.59) が得られた．

次に，境界面上 ($z=0$) では，媒質 1，2 の電界・磁界の面内成分はそれぞれ連続でなければならない．x 成分について書くと，

$E_{0x}\exp(iK_{0x}x) + E_{1x}\exp(iK_{1x}x) - E_{2x}\exp(iK_{2x}x) = 0$
$H_{0x}\exp(iK_{0x}x) + H_{1x}\exp(iK_{1x}x) - H_{2x}\exp(iK_{2x}x) = 0$

が成立する（導くにあたっては，光の入射面を xz 面にとったので，$K_{0y}=K_{1y}=K_{2y}=0$ となることを用いている）．y 成分についても同様の式が成立する．これらの式が境界上の任意の位置 x で成立するためには位相が一致していなければならず，$K_{0x}=K_{1x}=K_{2x}$ が導かれる．これが式 (3.60) である．これよりスネルの法則の式 (3.61) が導かれる．

先に導いたように $K_0^2 = K_1^2 = (\omega/c)^2\varepsilon_1$ が成り立つので，z 成分については $|K_{0z}|=|K_{1z}|=(\omega/c)\sqrt{\varepsilon_1}\cos\Psi_0$ となる．反射光の波の進行方向は，z 軸の負の方向であるから K_{1z} は負でなければならない．したがって，式 (3.62) の第 1 式が成立する．また，$K_{2x}=K_{0x}$ と，先に導いた $K_2^2=(\omega/c)^2\varepsilon_2$ を用いると，

$$K_{2z} = \sqrt{K_2^2 - K_{2x}^2} = \sqrt{K_2^2 - K_{0x}^2} = \sqrt{\left(\frac{\omega}{c}\right)^2\varepsilon_2 - \left(\frac{\omega}{c}\right)^2\varepsilon_1\sin^2\Psi_0} = \frac{\omega}{c}\sqrt{\varepsilon_2 - \varepsilon_1\sin^2\Psi_0}$$

として式 (3.62) の第 2 式が導かれた．

3.8 斜め入射の場合のフレネル係数の式 (3.67) を導け．

① s 波に対する解　電界と磁界の境界面上での連続性により，垂直入射の場合と同様に次の関係式が得られる．

$$E_1 = \left\{\frac{K_{0z}-K_{2z}}{K_{0z}+K_{2z}}\right\}E_0$$

これに式 (3.62) を代入すると，式 (3.67) の第 2 式が得られる．

② p 波に対する解　p 波においては，磁界が入射面に垂直なので，H ベクトルについて計算する方がよい．

H_x の連続性から

$$H_{0x}+H_{1x}=H_{2x}$$

とおける．一方，E_y の連続性

$$E_{0y}+E_{1y}=E_{2y}$$

は $-\mathrm{i}\omega\varepsilon_0\varepsilon E_y=\mathrm{i}K_zH_x$ などの式を使って H の式に書き直せる．

$$\frac{K_{0z}}{\varepsilon_1}(H_{0x}-H_{1x})=\frac{K_{2z}}{\varepsilon_2}H_{2x}.$$

ここに，$K_{0z}=K_0\cos\Psi_0$；$\varepsilon_1=(c/\omega)^2K_0^2$；$K_{2z}=K_2\cos\Psi_2$；$\varepsilon_2=(c/\omega)^2K_2^2$ を代入して

$$K_0^{-1}\cos\Psi_0(H_{0x}-H_{1x})=K_2^{-1}\cos\Psi_2 H_{2x}$$

これと H_x について連続の式から

$$K_2\cos\Psi_0(H_{0x}-H_{1x})=K_0\cos\Psi_2(H_{0x}+H_{1x})$$

これより，式 (3.67) の第 2 式が導かれる．

3.9 極カー効果のカー回転角 θ_K が式 (3.79)，カー楕円率 η_K が式 (3.80) で与えられることを証明せよ．

(解) 入射光を z 軸方向に進み，x 方向に振動する直線偏光（振幅 1）であると仮定する．すなわち

$$\boldsymbol{E}_\mathrm{in}=E_0\exp(-\mathrm{i}\omega t)\boldsymbol{i}=E_0\exp(\mathrm{i}\omega t)\frac{\boldsymbol{r}+\boldsymbol{l}}{\sqrt{2}}$$

右円偏光に対してはフレネル反射係数は $r^+\exp(\mathrm{i}\theta^+)$ で与えられ，左円偏光に対しては $r^-\exp(\mathrm{i}\theta^-)$ であるとすると，反射光は次式のようになる（ここで，左円偏光と右円偏光は，入射方向からみて定義されていることに注意）．

$$\boldsymbol{E}_\mathrm{out}=\frac{1}{\sqrt{2}}\exp(-\mathrm{i}\omega t)\{r^+\exp(\mathrm{i}\theta^+)\boldsymbol{r}+r^-\exp(\mathrm{i}\theta^-)\boldsymbol{l}\}$$

この式に $\boldsymbol{r}=(\boldsymbol{i}+\mathrm{i}\boldsymbol{j})/\sqrt{2}$ および $\boldsymbol{l}=(\boldsymbol{i}-\mathrm{i}\boldsymbol{j})/\sqrt{2}$ を代入し，$\Delta\theta=\theta^+-\theta^-$，$\theta=(\theta^++\theta^-)/2$，および $\Delta r=r^+-r^-$，$r=(r^++r^-)/2$ を用いて書き直すと

$$\boldsymbol{E}_\mathrm{out}=\frac{1}{\sqrt{2}}r\exp(-\mathrm{i}\omega t+\mathrm{i}\theta)\left\{2\left(\cos\frac{\Delta\theta}{2}\boldsymbol{i}-\sin\frac{\Delta\theta}{2}\boldsymbol{j}\right)+\mathrm{i}\frac{\Delta r}{r}\left(\sin\frac{\Delta\theta}{2}\boldsymbol{i}+\cos\frac{\Delta\theta}{2}\boldsymbol{j}\right)\right\}$$

となる．ここで，$\boldsymbol{i},\boldsymbol{j}$ を $-\Delta\theta/2$ だけ回転した座標系 $\boldsymbol{i}',\boldsymbol{j}'$ を考えると，

$$\boldsymbol{i}'=\cos\frac{\Delta\theta}{2}\boldsymbol{i}-\cos\frac{\Delta\theta}{2}\boldsymbol{j}$$

$$\boldsymbol{j}'=\sin\frac{\Delta\theta}{2}\boldsymbol{i}+\cos\frac{\Delta\theta}{2}\boldsymbol{j}$$

であるから，$\boldsymbol{E}_\mathrm{out}$ は

$$\boldsymbol{E}_\mathrm{out}=\frac{1}{\sqrt{2}}\exp(-\mathrm{i}\omega t+\mathrm{i}\theta)\left(2\boldsymbol{i}'+\mathrm{i}\frac{\Delta r}{r}\boldsymbol{j}'\right)$$

となって，主軸が x 軸から $-\Delta\theta/2$ だけ回転した楕円率 $\eta_\mathrm{K}=(1/2)(\Delta r/r)$ の楕円偏光であることが証明される．反射の磁気円二色性 $\Delta R/R$ と $\Delta r/r$ の間には

$$\frac{\Delta R}{R}=\frac{\Delta r^2}{r^2}=\frac{2r\Delta r}{r^2}=\frac{2\Delta r}{r}$$

が成り立つので，$\eta_\mathrm{K}=(1/4)(\Delta R/R)$ と表すことができる．

3.10 クラマース-クローニヒの関係式 (3.75) を導け．

(ヒント) 線形応答関数 $f(\omega)$ が，図 3.11 に示す ω の複素平面の上半面内で正則，かつ上半平面で $|\omega|\to\infty$ において $|f(\omega)|\to 0$，さらに実数 ω に対し $f'(-\omega)=f'(\omega)$，$f''(-\omega)=-f''(\omega)$ であるような性質をもっていればよい．このような条件が成り立つとき，コーシーの積分公式によって

$$\pi\mathrm{i} f(\omega)=\oint d\omega'\frac{f(\omega')}{\omega'-\omega}$$

が成立する．$f(\omega)=f'(\omega)+\mathrm{i}f''(\omega)$ を代入し，両辺の実数部，虚数部がそれぞれ等しいとおくことによって導くことができる．

ω の複素平面の上半面内で正則，かつ，上半平面で $|\omega|\to\infty$ において $|f(\omega)|\to 0$ という条件は，$t=0$ において外場が加えられたときの応答は $t>0$ に起きるという因果律に対応している．

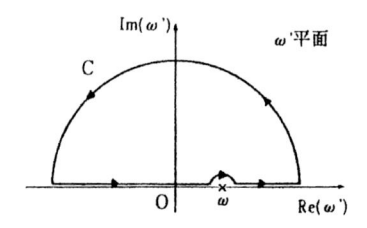

図 3.11
磁化の向きを z 軸にとり，光の進行方向を x 軸にとる．

3.11 式 (3.82) を証明せよ．
(ヒント)

$$\Phi_\mathrm{K}=\varphi_\mathrm{K}+\mathrm{i}\eta_\mathrm{K}=-\frac{\Delta\theta}{2}-\mathrm{i}\frac{\Delta r}{2r}=-\mathrm{i}\frac{\Delta\hat{r}}{2\hat{r}}\approx\mathrm{i}\frac{1}{2}\ln\left(\frac{\hat{r}_-}{\hat{r}_+}\right) \tag{3.81}$$

に，式 (3.78) を変形した

$$\hat{r}_\pm=\frac{\hat{N}_\pm-n_0}{\hat{N}_\pm+n_0}=\frac{\sqrt{\varepsilon_{xx}\pm\mathrm{i}\varepsilon_{xy}}-n_0}{\sqrt{\varepsilon_{xx}\pm\mathrm{i}\varepsilon_{xy}}+n_0}\approx\frac{\sqrt{\varepsilon_{xx}}\left(1\pm\dfrac{\mathrm{i}\varepsilon_{xy}}{2\varepsilon_{xx}}\right)-n_0}{\sqrt{\varepsilon_{xx}}\left(1\pm\dfrac{\mathrm{i}\varepsilon_{xy}}{2\varepsilon_{xx}}\right)+n_0}=\frac{\sqrt{\varepsilon_{xx}}-n_0\pm\dfrac{\mathrm{i}\varepsilon_{xy}}{2\sqrt{\varepsilon_{xx}}}}{\sqrt{\varepsilon_{xx}}+n_0\pm\dfrac{\mathrm{i}\varepsilon_{xy}}{2\sqrt{\varepsilon_{xx}}}}$$

$$=\frac{1\pm\dfrac{\mathrm{i}\varepsilon_{xy}}{2\sqrt{\varepsilon_{xx}}(\sqrt{\varepsilon_{xx}}-n_0)}}{1\pm\dfrac{\mathrm{i}\varepsilon_{xy}}{2\sqrt{\varepsilon_{xx}}(\sqrt{\varepsilon_{xx}}+n_0)}}\approx 1\pm\frac{\mathrm{i}\varepsilon_{xy}}{2\sqrt{\varepsilon_{xx}}}\left(\frac{1}{\sqrt{\varepsilon_{xx}}-n_0}-\frac{1}{\sqrt{\varepsilon_{xx}}+n_0}\right)$$

$$=1\pm\frac{\mathrm{i}n_0\varepsilon_{xy}}{\sqrt{\varepsilon_{xx}}(n_0^2-\varepsilon_{xx})}$$

を代入し，$\ln(1\pm x)\approx\pm x$ という近似を使えばよい．

3.12 式 (3.83) を逆に解いて誘電率の非対角成分を θ と η で表す式を導け．
(ヒント) $A=n(n_0^2-n^2+3\kappa^2)$，$B=\kappa(n_0^2-3n^2+\kappa^2)$ とおくと，$n_0\varepsilon_{xy}'=A\theta_\mathrm{K}-B\eta_\mathrm{K}$ および $n_0\varepsilon_{xy}''=B\theta_\mathrm{K}+A\eta_\mathrm{K}$ の関係が得られる．

$$\varepsilon_{xy}'=\{n(n_0^2-n^2+3\kappa^2)\theta_\mathrm{K}-\kappa(n_0^2-3n^2+\kappa^2)\eta_\mathrm{K}\}/n_0$$

$$\varepsilon_{xy}{}'' = \{\kappa(n_0{}^2 - 3n^2 + \kappa^2)\theta_K + n(n_0{}^2 - n^2 + 3\kappa^2)\eta_K\}/n_0$$

3.13 ε_{xy} と θ_K および η_K との関係を与える式 (3.83) を，σ_{xy} についての式に書き改めよ．

(解) $\sigma_{xy} = -i\omega\varepsilon_0\varepsilon_{xy}$ を代入すればよい．

$$\sigma_{xy}{}' = \omega\varepsilon_0\varepsilon_{xy}{}'' = \omega\varepsilon_0\{\kappa(n_0{}^2 - 3n^2 + \kappa^2)\theta_K + n(n_0{}^2 - n^2 + 3\kappa^2)\eta_K\}/n_0$$

$$\sigma_{xy}{}'' = -\omega\varepsilon_0\varepsilon_{xy}{}' = -\omega\varepsilon_0\{n(n_0{}^2 - n^2 + 3\kappa^2)\theta_K - \kappa(n_0{}^2 - 3n^2 + \kappa^2)\eta_K\}/n_0$$

が得られる．

この式を逆に解くことにより，次の式が求まる．

$$\theta_K = n_0 \frac{\varepsilon_0\{\kappa(n_0{}^2 - 3n^2 + \kappa_2)\sigma_{xy}{}' - n(n_0{}^2 - n^2 + 3\kappa^2)\sigma_{xy}{}''\}}{\omega[(n^2 + \kappa^2)\{(n_0{}^2 - n^2 - \kappa^2)^2 + 4n^2\kappa^2\}]}$$

$$\eta_K = n_0 \frac{\varepsilon_0\{n(n_0{}^2 - n^2 + 3\kappa^2)\sigma_{xy}{}' + \kappa(n_0{}^2 - 3n^2 + \kappa^2)\sigma_{xy}{}''\}}{\omega[(n^2 + \kappa^2)\{(n_0{}^2 - n^2 - \kappa^2)^2 + 4n^2\kappa^2\}]}$$

3.14 斜め入射の極カー効果に関して，入射 p 偏光成分に対し，入射面に垂直な s 成分が反射光として現われる比率 $\hat{r}_{sp}$ が式 (3.87) で表されることを示せ．

(ヒント) 媒質2の中でマクスウェルの方程式 $\mathrm{rot}\,\boldsymbol{H} = \varepsilon\tilde{\varepsilon}\dfrac{\partial\boldsymbol{E}}{\partial t}$ が成立するとして，$H_2{}^s$ と $E_2{}^P$, $E_2{}^s$ の関係を導き境界条件の式 (3.64), (3.65) に代入せよ．

3.15 複屈折による異常光線のエネルギーの伝搬方向が x 軸から $-\tan^{-1}(\varepsilon_{xy}/\varepsilon_{xx})$ だけ傾いていることを示せ．

(ヒント) 異常光線においては

$$\boldsymbol{E}_1 = A\exp\left\{-i\omega\left(t - \frac{N_1 x}{c}\right)\right\}(\varepsilon_{xy}\boldsymbol{i} - \varepsilon_{xx}\boldsymbol{j})$$

と書ける．一方，マクスウェルの方程式

$$\mathrm{rot}\,\boldsymbol{E}_1 = -\mu_0\frac{\partial \boldsymbol{H}_1}{\partial t}$$

より

$$\boldsymbol{H}_1 = \frac{N}{\mu_0 c}\boldsymbol{E}_1 \times \boldsymbol{i}$$

が得られる．これをポインティングベクトルの式 $\boldsymbol{S} = \boldsymbol{E}\times\boldsymbol{H}$ に代入して

$$\boldsymbol{S} = -E_{1y}{}^2\boldsymbol{i} + E_{1x}E_{1y}\boldsymbol{j} = E_{1x}E_{1y}\frac{\varepsilon_{xx}\boldsymbol{i} - \varepsilon_{xy}\boldsymbol{j}}{\varepsilon_{xy}}$$

となる．ε_{xy} が有限ならばポインティングベクトルは x 軸 ($\boldsymbol{i}$) から傾いたものになっていることがわかる．

参考文献

1) 例えば L. L. Landau and E. M. Lifshitz : "Electromagnetism in Continuous Media", chap. 11. §82 参照．邦訳：ランダウ，リフシッツ「電磁気学1, 2」(井上，安河内，佐々木訳，東京図書)
2) 例えば P. N. Argyres : Phys. Rev. **97** (1955) 334 や H. S. Bennett and E. A. Stern : Phys. Rev. **137** (1964) A448 参照．各々の論文によって誘電率テンソルの表記法や波動の表式に

若干の相違がみられるので注意が必要である．
3) S. Wittekoek, T. J. A. Popma, J. M. Robertson and P. F. Bongers : Phys. Rev. **B12** (1975) 2777.
4) L. L. Landau and E. M. Lifshitz : 前掲書§66.
5) F. Stern : "Solid State Physics", ed. by F. Seitz and D. Turnbull (Academic Press, 1963) vol. 15, p. 299.
6) J. S. Toll : Phys. Rev. **104** (1956) 1760.
7) この式は基本的には文献3)の(10)式と(11)式に同じであるが，カー回転およびカー楕円率の定義の違いにより異なった表式となっている．
8) D. Y. Smith : J. Opt. Soc. Amer. **66** (1970) 547.
9) 近桂一郎：「光マイクロ波磁気光学」，桜井良文編（丸善，1975）による．

4. 光と磁気の電子論

第3章ではマクロスコピックな立場に立って，光を電磁波として扱いその伝搬という観点から磁気光学効果を論じた．そのポイントは，「磁化をもつ物質の誘電率テンソルの非対角成分は磁化に対し奇関数であり，これにより右まわりの円偏光と，左まわりの円偏光の伝搬の仕方に差が生じ，その結果として旋光性や円二色性を生じる」ということであった．第4章ではミクロスコピックな立場に立って，物質中の電子と光の相互作用という観点から磁気光学効果を扱う．この扱いには2通りあって，ひとつは電磁界のもとでの電子の運動を古典力学の運動方程式に基づいて扱い，比誘電率の表式を導くものであり，もうひとつは量子力学の波動方程式に対する摂動論に基づいて扱い，物質の誘電応答を導くものである．量子論による取り扱いがなければ，強磁性体の磁気光学効果の大きさや，磁気光学効果が特有のスペクトルをもつことを説明できない．この章ではやや面倒な式がでてくるが，その誘導にとらわれず，その式のもつ物理的な意味をご理解いただきたい．

4.1 誘電率と分極

第3章では，電束密度の電界に対する係数として比誘電率テンソル $\tilde{\varepsilon}$ を定義した．一方，物質中における電束密度 D は，真空中の電束密度 $\varepsilon_0 E$ に物質の分極 P (単位体積あたりの双極子モーメントの総和)がもたらす電束密度を加えたものとなっている．

$$D \equiv \tilde{\varepsilon}\varepsilon_0 E = \varepsilon_0 E + P \tag{4.1}$$

一般に電気分極 P は印加電界 E に依存し，電気感受率テンソル $\tilde{\chi}$ を用いて

$$P = \varepsilon_0 \tilde{\chi} E \tag{4.2}$$

と表すことができるので，式(4.1)より，比誘電率テンソルは電気感受率を使って

$$\tilde{\varepsilon} = 1 + \tilde{\chi} \tag{4.3}$$

のように書ける．ここに1は単位テンソルである．成分で書くと

$$\varepsilon_{ij} = \delta_{ij} + \chi_{ij} \tag{4.4}$$

となる．ここに δ_{ij} はクロネッカーのデルタである．電気感受率は物質の分極の

しやすさの尺度であるから，比誘電率も分極のしやすさを表しているといえる．
　分極とは単位体積中にある電気双極子の総和を表している．物質に電界 E を加えたときに正電荷 q と負電荷 $-q$ が相対的に u だけ変位すると，qu という電気双極子モーメントが誘起されるから，電気双極子の密度を N とすると，電気分極は

$$P = Nqu \tag{4.5}$$

と表される．したがって，電界 E を印加したときの電荷対の相対変位 u を見積もることができれば，電気感受率が得られ，したがって比誘電率テンソルも求められる．

4.2 誘電率の古典電子論と磁気光学効果

　電子を古典的に扱い，高周波電界 E と直流磁界 B のもとでの運動方程式を立てると次式で与えられる．

$$m\frac{d^2u}{dt^2} + m\gamma\frac{du}{dt} + m\omega_0^2 u = q\left(E + \frac{du}{dt} \times B\right) \tag{4.6}$$

　左辺において，m は電子の有効質量，γ は衝突の確率で $\gamma = 1/\tau$ (τ は電子の平均自由時間＝散乱の緩和時間)，$m\omega_0^2 u$ は電子が u だけ変位したときの復元力を表す．ここに ω_0 は共振周波数である．一方，右辺はローレンツ力である．ここで，磁界は z 方向に向いていると仮定すると $B = (0, 0, B)$ と表される．
　光の電界が $E = E_0 \exp(-i\omega t)$ の形の高周波電界で表されるとすると，変位 $u = (x, y)$ も同様に $u = u_0 \exp(-i\omega t)$ の形の高周波振動として表されるので，代入すると

$$-m\omega^2 u - im\omega\gamma u + m\omega_0^2 u = q(E + i\omega B \times u) \tag{4.7}$$

上の式を x, y, z 成分別に書くと

$$\left.\begin{array}{l} m(\omega^2 + i\omega\gamma - \omega_0^2)x + i\omega qBy = -qE_x \\ -i\omega qBx + m(\omega^2 + i\omega\gamma - \omega_0^2)y = -qE_y \\ m(\omega^2 + i\omega\gamma - \omega_0^2)z = -qE_z \end{array}\right\} \tag{4.8}$$

となる．この連立方程式を解いて，$u = (x, y, z)$ を求め式 (4.5) に代入することにより，電界 E の関数として P が求められる．式 (4.2) を使えば電気感受率 χ は次式で表される．

$$\left.\begin{aligned}\chi_{xx}(\omega) &= -\frac{nq^2}{m\varepsilon_0} \cdot \frac{\omega^2 + i\omega\gamma - \omega_0^2}{(\omega^2 + i\omega\gamma - \omega_0^2)^2 - \omega^2\omega_c^2} \\ \chi_{xy}(\omega) &= \frac{nq^2}{m\varepsilon_0} \cdot \frac{i\omega\omega_c}{(\omega^2 + i\omega\gamma - \omega_0^2)^2 - \omega^2\omega_c^2} \\ \chi_{zz}(\omega) &= -\frac{nq^2}{m\varepsilon_0} \cdot \frac{1}{\omega^2 + i\omega\gamma - \omega_0^2}\end{aligned}\right\} \quad (4.9)$$

を得る．ここに，$\omega_c = |qB/m|$ はサイクロトロン角周波数である．この式を誘電率に書き換えると次式を得る．

$$\left.\begin{aligned}\varepsilon_{xx}(\omega) &= 1 - \frac{nq^2}{m\varepsilon_0} \cdot \frac{\omega^2 + i\omega\gamma - \omega_0^2}{(\omega^2 + i\omega\gamma - \omega_0^2)^2 - \omega^2\omega_c^2} \\ \varepsilon_{xy}(\omega) &= \frac{nq^2}{m\varepsilon_0} \cdot \frac{i\omega\omega_c}{(\omega^2 + i\omega\gamma - \omega_0^2)^2 - \omega^2\omega_c^2} \\ \varepsilon_{zz}(\omega) &= 1 - \frac{nq^2}{m\varepsilon_0} \cdot \frac{1}{\omega^2 + i\omega\gamma - \omega_0^2}\end{aligned}\right\} \quad (4.10)$$

式 (4.10) において，分母第 2 項の ω_c^2 は磁束密度 B が低いときは無視できるので，比誘電率の対角成分はほとんど磁界に依存しない．一方，磁気光学効果に寄与する非対角成分は B にほぼ比例するので，電子の古典的運動によって磁気光学効果が導かれる．

式 (4.10) から $\sigma_{ij} = -i\omega\varepsilon_0(\varepsilon_{ij} - \delta_{ij})$ を用いて伝導率に書き換えると

$$\left.\begin{aligned}\sigma_{xx}(\omega) &= \frac{nq^2}{m} \cdot \frac{i\omega(\omega^2 + i\omega\gamma - \omega_0^2)}{(\omega^2 + i\omega\gamma - \omega_0^2)^2 - \omega^2\omega_c^2} \\ \sigma_{xy}(\omega) &= \frac{nq^2}{m} \cdot \frac{\omega^2\omega_c}{(\omega^2 + i\omega\gamma - \omega_0^2)^2 - \omega^2\omega_c^2} \\ \sigma_{zz}(\omega) &= \frac{nq^2}{m} \cdot \frac{i\omega}{\omega^2 + i\omega\gamma - \omega_0^2}\end{aligned}\right\} \quad (4.11)$$

以下では，いくつかの特別の場合について分けて考える．

① 磁界ゼロの場合：ローレンツの式

式 (4.10) において $B=0$，したがって $\omega_c=0$ とすると

$$\left.\begin{aligned}\varepsilon_{xx}(\omega) = \varepsilon_{zz}(\omega) &= 1 - \frac{nq^2}{m\varepsilon_0} \cdot \frac{1}{\omega^2 + i\omega\gamma - \omega_0^2} \\ \varepsilon_{xy}(\omega) &= 0\end{aligned}\right\} \quad (4.12)$$

この式は，いわゆるローレンツ型の誘電分散スペクトルである．ε の非対角成分が 0 なので $B=0$ では磁気光学効果は生じない．ε_{xx} の実数部と虚数部について式を書き下すと，

$$\left.\begin{array}{l}\varepsilon_{xx}{}'(\omega)=1-\dfrac{nq^2}{m\varepsilon_0}\cdot\dfrac{\omega^2-\omega_0^2}{(\omega^2-\omega_0^2)^2+\omega^2\gamma^2}\\[2mm]\varepsilon_{xx}{}''(\omega)=\dfrac{nq^2}{m\varepsilon_0}\cdot\dfrac{\omega\gamma}{(\omega^2-\omega_0^2)^2+\omega^2\gamma^2}\end{array}\right\} \quad (4.13)$$

のように書ける．図4.1には式(4.13)で与えられる ε_{xx}' および ε_{xx}'' のスペクトルの形状が示してある．3.5節に述べたように ε' が分散型を示すのに対して ε'' はベル型を示し，ε' は ε'' の微分型になっていることを確認してほしい．

② 磁界がなく，束縛項もない場合：ドルーデの式

次に，式(4.12)において，磁界も束縛もない自由電子の場合を考える，すなわち $\omega_c=0$, $\omega_0=0$ とすると，

$$\left.\begin{array}{l}\varepsilon_{xx}(\omega)=\varepsilon_{zz}(\omega)=1-\dfrac{nq^2}{m\varepsilon_0}\cdot\dfrac{1}{\omega(\omega+i\gamma)}\\[2mm]\varepsilon_{xy}(\omega)=0\end{array}\right\} \quad (4.14)$$

となる．この式を実数部と虚数部に分けて書くと

$$\left.\begin{array}{l}\varepsilon_{xx}{}'(\omega)=1-\dfrac{nq^2}{m\varepsilon_0}\cdot\dfrac{1}{\omega^2+\gamma^2}\\[2mm]\varepsilon_{xx}{}''(\omega)=\dfrac{nq^2}{m\varepsilon_0}\cdot\dfrac{\gamma}{\omega(\omega^2+\gamma^2)}\end{array}\right\} \quad (4.15)$$

となるが，これは，いわゆるドルーデの式になっており，$\omega\to 0$ のとき虚数部は無限大となる．$\omega=0$ で実数部は負の大きな値をとり，ある周波数で負から正へと0を横切る．自由電子の散乱がない($\gamma=0$)として誘電率の実数部 ε' が0を横切る角周波数 ω_p を求めると，

$$\omega_p=\sqrt{\dfrac{nq^2}{m\varepsilon_0}} \quad (4.16)$$

が得られる．ω_p は自由電子の集団運動の固有振動数でプラズマ角周波数とよばれる．散乱を考えると，ε' が0を横切る角周波数 ω_p' は $\omega_p'=\sqrt{\omega_p{}^2-\gamma^2}$ である．式(4.15)で与えられる誘電率の実数部と虚数部をプロットすると，図4.2に示すようなスペクトルとなる．図からわかるように $\omega<\omega_p'$ の領域では誘電率の実数部は負になっている．誘電率が負ということは光が物質中に入り込めないことを意味し，金属の高い反射率の原因になっている．もちろん，誘電率の虚数部の存在のために完全に入れないわけではなく skin depth だけは入り込めるのであるが．量子論的にみると，束縛のない電子系の運動は同じバンド内での励起に相当するのでバンド内遷移と考えることができる．一方，誘電率の虚数部は，裾野を引く形状を示す．キャリア密度が高い半導体でみられる自由キャリア吸収はこ

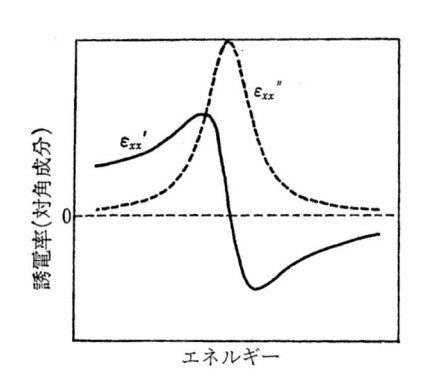

図4.1 束縛された電子の古典的運動方程式より得られた誘電率テンソルの対角成分のスペクトル
実線は実数部,点線は虚数部.

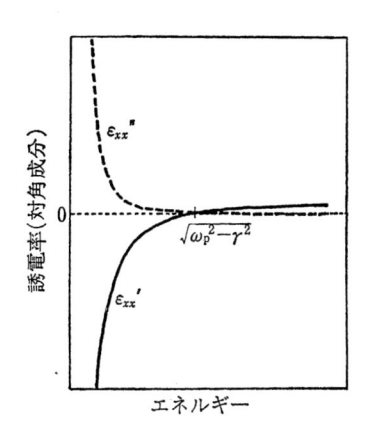

図4.2 自由電子の古典的運動方程式より得られた誘電率テンソルの対角成分のスペクトル,いわゆるドルーデ型のスペクトル
実線は実数部,点線は虚数部.

の項に由来する.

③ 磁界がかかっており束縛項がない場合:マグネトプラズマ共鳴とホール効果

式 (4.10) において,$B \neq 0, \omega_0 = 0$ をいれると,自由電子の輸送現象における磁界の効果をみることができる.この場合の電気伝導率テンソルは次のようになる.

$$\left.\begin{aligned}\sigma_{xx}(\omega) &= \frac{nq^2}{m} \cdot \frac{i(\omega + i\gamma)}{(\omega + i\gamma)^2 - \omega_c^2} \\ \sigma_{xy}(\omega) &= \frac{nq^2}{m} \cdot \frac{\omega_c}{(\omega + i\gamma)^2 - \omega_c^2} \\ \sigma_{zz}(\omega) &= \frac{nq^2}{m} \cdot \frac{i}{\omega + i\gamma}\end{aligned}\right\} \quad (4.17)$$

これがマグネトプラズマ共鳴を表す電気伝導率テンソルである.σ_{xy} がホール効果の周波数分散を与えることは以下のようにしてわかる.式 (4.17) で直流すなわち $\omega \to 0$ を考えると

$$\left.\begin{aligned}\sigma_{xx}(\omega) &= \frac{nq^2}{m} \cdot \frac{\gamma}{\omega_c^2 + \gamma^2} = \frac{\sigma_0}{(\omega_c/\gamma)^2 + 1} \\ \sigma_{xy}(\omega) &= \frac{nq^2}{m} \cdot \frac{\omega_c}{\omega_c^2 + \gamma^2} \\ \sigma_{zz}(\omega) &= \frac{nq^2}{m} \cdot \frac{1}{\gamma} = \sigma_0\end{aligned}\right\} \quad (4.18)$$

となる．ここに，σ_0 は直流伝導率である．

抵抗率のテンソル $\tilde{\rho}$ は伝導率の逆テンソルで与えられるので，

$$\left.\begin{array}{l}\rho_{xx}=\rho_{zz}=\dfrac{1}{\sigma_0}\\ \rho_{xy}=R_{\mathrm{H}}B\end{array}\right\} \quad (4.19)$$

ここに，R_{H} はホール係数で，$R_{\mathrm{H}}=-1/nq$ で与えられている（問題 4.2 参照）．

すなわち，伝導率テンソルの非対角成分は直流でのホール効果に対応するものであることが示された[*]．

④ 磁界がかかっていて，束縛がなく，散乱のない場合

式 (4.10) において，$\gamma\to 0$（あるいは $\tau\to\infty$）とすると

$$\left.\begin{array}{l}\varepsilon_{xx}(\omega)=1-\dfrac{\omega_{\mathrm{p}}^{2}}{\omega^{2}-\omega_{\mathrm{c}}^{2}}\\ \varepsilon_{xy}(\omega)=-\mathrm{i}\dfrac{\omega_{\mathrm{p}}^{2}\omega_{\mathrm{c}}}{\omega(\omega^{2}-\omega_{\mathrm{c}}^{2})}\\ \varepsilon_{zz}(\omega)=1-\dfrac{\omega_{\mathrm{p}}^{2}}{\omega^{2}}\end{array}\right\} \quad (4.20)$$

このような誘電率テンソルをもった物質中を進む電磁波の複素屈折率は

$$N_{\pm}^{2}=\varepsilon_{xx}\pm\mathrm{i}\varepsilon_{xy}=1-\dfrac{\omega_{\mathrm{p}}^{2}}{\omega(\omega^{2}-\omega_{\mathrm{c}}^{2})}(\omega\mp\omega_{\mathrm{c}})=1-\dfrac{\omega_{\mathrm{p}}^{2}}{\omega(\omega\pm\omega_{\mathrm{c}})} \quad (4.21)$$

となって，左右円偏光に対する屈折率の違いを生じ，磁気光学効果をもたらす．これはマグネトプラズマ共鳴 (magneto-plasma resonance) とよばれる現象である．ここでは光が B と平行に進む場合を考えたが，B が光の波数ベクトルに垂直な場合には，磁気複屈折をもたらすことが知られている．N が求まれば反射率 R も計算できる．図 4.3 は $\omega_{\mathrm{c}}=0.2\,\omega_{\mathrm{p}}$ の場合について理論的に計算した反射スペ

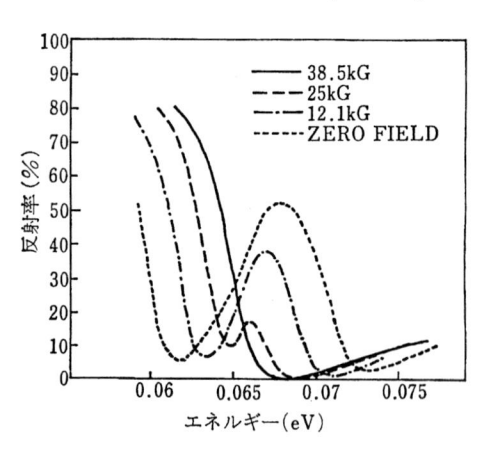

図 4.3 InSb のマグネトプラズマ反射スペクトル[1]

---

[*] ここでは非磁性の金属や半導体を考えたので，$B=\mu_0 H$ とみることができたが，自発磁化 M をもつ物質においては，$B=\mu_0(H+M)$ としなければならない．そればかりではなく，磁性体では上述のような単純な取り扱いができず，異常ホール効果とよばれる現象が起きる．それは伝導電子のバンドが M と同じ向きのスピンをもつ電子と逆向きのスピンをもつ電子に対して異なるからである．さらに伝導電子の散乱の緩和時間 τ もスピンに依存する複雑なものとなる．

クトルである[1]).

　非磁性の半導体のように自由電子の運動が重要な役割をもつ場合については，上記の古典力学的考え方で実験を説明できるが，強磁性体のように自発磁化をもつ物質の磁気光学効果を古典電子論に基づいて説明しようとすると非常に大きな内部磁界の存在を仮定しなければならない．一例として，鉄の磁気光学効果を考えてみよう．比誘電率の非対角成分の大きさは最大5程度である．式(4.10)において $\hbar\omega=\hbar\omega_0=2\,\mathrm{eV}$, $\hbar\gamma=0.1\,\mathrm{eV}$, キャリア密度 $n=10^{22}\,\mathrm{cm}^{-3}=10^{28}\,\mathrm{m}^{-3}$ と仮定すると，$B=3000\,\mathrm{T}$ という大きな磁界を仮定しなければならない．このように，古典的な電子の運動方程式から導いた式では強磁性体の磁気光学効果を説明することはできない．この問題を解決に導いたのは次に述べる量子論であった．

● **4.2節のまとめ**

　電子の古典的運動方程式から誘電率の対角，非対角成分の分散式が導かれる．

$$\varepsilon_{xx}(\omega)=1-\frac{nq^2}{m\varepsilon_0}\cdot\frac{\omega^2+i\omega\gamma-\omega_0^2}{(\omega^2+i\omega\gamma-\omega_0^2)^2-\omega^2\omega_c^2}$$

$$\varepsilon_{xy}(\omega)=\frac{nq^2}{m\varepsilon_0}\cdot\frac{i\omega\omega_c}{(\omega^2+i\omega\gamma-\omega_0^2)^2-\omega^2\omega_c^2}$$

$$\varepsilon_{zz}(\omega)=1-\frac{nq^2}{m\varepsilon_0}\cdot\frac{1}{\omega^2+i\omega\gamma-\omega_0^2}$$

ここに $\omega_c=|qB/m|$ はサイクロトロン角周波数である．

　磁界がないときは，上式は単純なローレンツ型の分散式になる．$B=0, \omega_0=0$ と置くと，

$$\varepsilon_{xx}'(\omega)=1-\frac{\omega_p^2}{\omega^2+\gamma^2}$$

$$\varepsilon_{xx}''(\omega)=\frac{\gamma\omega_p^2}{\omega(\omega^2+\gamma^2)}$$

となり，ドルーデの式が得られる．ここに，$\omega_p^2=nq^2/m\varepsilon_0$ である．

　$\omega\to 0$（直流）のとき抵抗率テンソルは

$$\rho_{xx}=\rho_{zz}=\frac{1}{\sigma_0}$$

$$\rho_{xy}=R_H B$$

4.3　誘電率の量子論

　この節では量子論に従って，誘電率テンソルが光学遷移に基づく分散式の重ね合わせで表せることを述べる．この節は量子力学になじみの薄い読者には難解かもしれない．結果は式(4.38)に与えられているので，そこまで読みとばしていただいて差し支えない．しかし，4.3.4項に物理的描像を述べてあるので，その部分はぜひお読みいただきたい．

4.3.1 時間を含む摂動論

この項では,電気分極を量子力学的に考えるとどのようになるかを考える.4.1 節に述べたように,電気分極とは,「電界によって正負の電荷がずれることにより誘起された双極子モーメントの単位体積における総和」である.これを量子力学で扱うと次のようになる.電界が及ぼす効果を,電界のない場合の電子の波動関数に対する「摂動」として扱い,摂動を受けた場合の固有関数を無摂動系の波動関数の一次結合として展開する.この固有関数を用いて電気双極子の期待値を計算するのである.電界を加えた後電気分極が生じるまでには当然のことながら時間の遅れがあるので,動的な誘電応答を計算しなければならない.動的な誘電応答を正確に計算するには久保公式[2]を用いるのが一般的であるが,このやり方は初学者には理解しにくいと思われるので,ここでは,通常の「時間を含む摂動論」に従って感受率テンソルの対角成分を求めてみよう[3].

無摂動系の基底状態の波動関数を $\phi_0(\boldsymbol{r})$ で表し, j 番目の励起状態の波動関数を $\phi_j(\boldsymbol{r})$ で表す.無摂動系のハミルトニアンを $\mathcal{H}_0$ とすると,

$$\left.\begin{array}{l}\mathcal{H}_0\phi_0(\boldsymbol{r})=\hbar\omega_0\phi_0(\boldsymbol{r})\\ \mathcal{H}_0\phi_j(\boldsymbol{r})=\hbar\omega_j\phi_j(\boldsymbol{r})\end{array}\right\} \qquad (4.22)$$

光の電界を $\boldsymbol{E}(t)=\boldsymbol{E}_0(\exp(-\mathrm{i}\omega t)+\mathrm{c.c.})$ と表す(c.c. は複素共役をあらわす).この電界を受けたときの摂動のハミルトニアンは $\mathcal{H}'=-q\boldsymbol{r}\cdot\boldsymbol{E}(t)$ で与えられる.摂動を受けた系のハミルトニアン $\mathcal{H}=\mathcal{H}_0+\mathcal{H}'$ の(時間を含む)固有関数を $\psi_j(\boldsymbol{r},t)$ と表すと,シュレーディンガー方程式は,

$$\mathrm{i}\hbar\frac{\partial}{\partial t}\psi(\boldsymbol{r},t)=\mathcal{H}\psi(\boldsymbol{r},t)\equiv[\mathcal{H}_0+\mathcal{H}']\psi(\boldsymbol{r},t) \qquad (4.23)$$

と書くことができる.この固有関数は,次式のように無摂動系の(時間を含まない)固有関数のセットで展開することができる.

$$\psi(\boldsymbol{r},t)=\phi_0(\boldsymbol{r})\exp(-\mathrm{i}\omega_0 t)+\sum_j c_j(t)\phi_j(\boldsymbol{r})\exp(-\mathrm{i}\omega_j t) \qquad (4.24)$$

この式を式(4.23)に代入し,無摂動系の波動関数について成立する式(4.22)を代入すると,

$$\begin{aligned}\mathrm{i}\hbar\sum_{j'}\frac{\mathrm{d}c_{j'}(t)}{\mathrm{d}t}\phi_{j'}(\boldsymbol{r})\exp(-\mathrm{i}\omega_{j'}t)&=\mathcal{H}'\phi_0(\boldsymbol{r})\exp(-\mathrm{i}\omega_0 t)\\ &+\sum_{j'}c_{j'}(t)\exp(-\mathrm{i}\omega_{j'}t)\mathcal{H}'\phi_{j'}(\boldsymbol{r})\end{aligned}$$

左から $\phi_j^*(\boldsymbol{r})$ をかけて,$\boldsymbol{r}$ について積分すると

$$\mathrm{i}\hbar\frac{\mathrm{d}c_j(t)}{\mathrm{d}t}=\langle j|\mathcal{H}'|0\rangle\exp\{\mathrm{i}\omega_{j0}t\}\equiv e\langle j|\boldsymbol{r}|0\rangle\cdot\boldsymbol{E}(t)\exp\{\mathrm{i}\omega_{j0}t\} \qquad (4.25)$$

となる．ここで $e\langle i|r|0\rangle = e\int dr\phi_j^*(r)r\phi_0(r)$ は基底状態から励起状態への電気双極子遷移の遷移行列，$\omega_{j0} = \omega_j - \omega_0$ は励起に要するエネルギーである．また，導出にあたっては，励起状態間の遷移行列 $e\langle i|r|j\rangle$ は無視した．式 (4.25) を積分することにより式 (4.24) の展開係数 $c_j(t)$ が求められる．

ここで x 成分の電界についての展開係数を求めると

$$c_{xj}(t) = (i\hbar)^{-1} \int_0^t e\langle j|x|0\rangle E_{0x}[\exp(i\omega t) + \text{cc.}]\exp\{i\omega_{j0}t\}dt$$

$$= eE_{x0}\langle j|x|0\rangle \left[\frac{1-\exp(i(\omega+\omega_{j0})t)}{\hbar(\omega+\omega_{j0})} + \frac{1-\exp(i(-\omega+\omega_{j0})t)}{\hbar(-\omega+\omega_{j0})}\right]$$
(4.26)

となる．この係数は，摂動を受けて，励起状態の波動関数 $\phi_i(r)$ が基底状態の波動関数 $\phi_0(r)$ に混じり込んでくる度合いを表している．

4.3.2 誘電率の導出

a. 誘電率の対角成分の導出　　式 (4.26) で求められた展開係数を式 (4.24) に代入して，固有関数を求め，それを使って電気分極 P の期待値を計算すると，入射光の角周波数と同じ成分のみについて，

$$\langle P_x \rangle = \langle Nqx(t) \rangle = Nq\int \Psi^* x\Psi dx$$

$$= Nq\sum_j [\langle 0|x|0\rangle + \langle j|x|0\rangle c_{xj}(t)\exp(i\omega_{j0}t)$$

$$+ \langle 0|x|j\rangle c_{xj}^*(t)\exp(-i\omega_{j0}t) + \cdots]$$

$$= Nq^2 \left[\sum_j \frac{|\langle j|x|0\rangle|^2}{\hbar} \cdot \left(\frac{1}{\omega_{j0}-\omega} + \frac{1}{\omega_{j0}+\omega}\right)\right]E_x(t) \quad (4.27)$$

が得られる．ここで入射光と異なる周波数の分極は無視した．また期待値を求めるにあたり，準位占有の分布関数を考慮していない．$P_x(\omega) = \chi_{xx}(\omega)\varepsilon_0 E_{0x}$ であるから，電気感受率テンソルの対角成分 $\chi_{xx}(\omega)$ は次式のように得られる．

$$\chi_{xx}(\omega) = \frac{Nq^2}{\hbar\varepsilon_0}\sum_j |\langle j|x|0\rangle|^2 \left[\frac{1}{\omega_{j0}-\omega} + \frac{1}{\omega_{j0}+\omega}\right] \quad (4.28)$$

上式は実数の応答を表している．虚数部は式 (4.28) よりクラマース-クローニヒの関係式を用いて，

$$\chi_{xx}''(\omega) = i\pi\frac{Nq^2}{\hbar\varepsilon_0}\sum_j |\langle j|x|0\rangle|^2 [\delta(\omega_{j0}-\omega) + \delta(\omega_{j0}+\omega)] \quad (4.29)$$

と表されるので，

$$\chi_{xx}(\omega) = \frac{Nq^2}{\hbar\varepsilon_0}\sum_j |\langle j|x|0\rangle|^2 \left[\left\{\frac{1}{(\omega_{j0}-\omega)} + \frac{1}{(\omega_{j0}+\omega)}\right\} + i\pi[\delta(\omega_{j0}-\omega)\right.$$

$$+\delta(\omega_{j0}+\omega)]\Big] \tag{4.30}$$

と書ける．ここで，

$$\lim_{\gamma\to 0}\frac{1}{x+\mathrm{i}\gamma}=\mathcal{P}\Big(\frac{1}{x}\Big)+\mathrm{i}\pi\delta(x)$$

の関係を用い，γ を有限値にとどめると，

$$\chi_{xx}(\omega)=\frac{Nq^2}{m\varepsilon_0}\sum_j m|\langle j|x|0\rangle|^2\Big[\frac{1}{\hbar(\omega_{j0}-\omega-\mathrm{i}\gamma)}+\frac{1}{\hbar(\omega_{j0}+\omega+\mathrm{i}\gamma)}\Big]$$

$$=\frac{Ne^2}{m\varepsilon_0}\sum_j f_{xj}\frac{1}{\omega_{j0}{}^2-(\omega+\mathrm{i}\gamma)^2} \tag{4.31}$$

ここに，f_{xj} は基底状態 $|0\rangle$ から励起状態 $|j\rangle$ への電気双極子遷移の振動子強度で

$$f_{xj}=2m\omega_{j0}|\langle j|x|0\rangle|^2/\hbar \tag{4.32}$$

で表される．この式は，古典的運動方程式から得られた電気感受率の式(4.9)において，$B\to 0$ と置いた式と形式的に一致している．しかし，その物理的意味は古典的な式の意味とは異なり，電子状態間の光学遷移が関与していることが本質的である．誘電率に書き換えると，

$$\varepsilon_{xx}(\omega)=1+\frac{Ne^2}{m\varepsilon_0}\sum_j f_{xj}\frac{(\omega_{j0}{}^2-\omega^2+\gamma^2)+2\mathrm{i}\gamma\omega}{(\omega_{j0}{}^2-\omega^2+\gamma^2)^2+4\gamma^2\omega^2} \tag{4.33}$$

b. 誘電率の非対角成分の導出　　電気感受率の非対角成分は，y 方向の電界 $E_y(t)$ が印加されたときの，分極 P の x 成分の期待値を求めることにより得られる．

$$\langle P_x\rangle=\langle Nqx(t)\rangle=Nq\int\varPsi^*x\varPsi\mathrm{d}x$$

$$=Nq\sum_j[\langle 0|x|0\rangle+\langle j|x|0\rangle c_{yj}(t)\exp(\mathrm{i}\omega_{j0}t)$$

$$+\langle 0|x|j\rangle c_{yj}{}^*(t)\exp(-\mathrm{i}\omega_{j0}t)+\cdots]$$

$$=Nq\sum_j[\langle j|x|0\rangle c_{yj}(t)\exp(\mathrm{i}\omega_{j0}t)+\mathrm{c.c.}]$$

$$=Nq^2\sum_j\langle j|x|0\rangle\langle 0|y|j\rangle\frac{1}{\hbar}\Big(\frac{E_{y0}{}^*\exp(-\mathrm{i}\omega t)}{\omega_{j0}-\omega}+\frac{E_{y0}\exp(\mathrm{i}\omega t)}{\omega_{j0}+\omega}\Big) \tag{4.34}$$

これより，電界の $\exp(-\mathrm{i}\omega t)$ の成分について感受率を求めると，

$$\chi_{xy}(\omega)=\frac{Nq^2}{\varepsilon_0}\sum_j\frac{\langle 0|x|j\rangle\langle j|y|0\rangle}{\hbar(\omega_{j0}-\omega)}\quad\text{および}\quad\chi_{xy}{}^*(-\omega)=\frac{Nq^2}{\varepsilon_0}\sum_j\frac{\langle 0|y|j\rangle\langle j|x|0\rangle}{\hbar(\omega_{j0}+\omega)}$$

が得られる．

オンサーガーの関係式 $\chi_{xy}(\omega)=\chi_{xy}{}^*(-\omega)$ から，

$$\chi_{xy}(\omega)=\frac{\chi_{xy}(\omega)+\chi_{xy}{}^*(-\omega)}{2}=\frac{Nq^2}{2\varepsilon_0}\sum_j\Big(\frac{\langle 0|x|j\rangle\langle j|y|0\rangle}{\hbar(\omega_{j0}-\omega)}+\frac{\langle 0|y|j\rangle\langle j|x|0\rangle}{\hbar(\omega_{j0}+\omega)}\Big)$$

ここで $x^{\pm}=(x\pm iy)/\sqrt{2}$ という置き換えをすると,若干の近似のもとで

$$\chi_{xy}(\omega)=\frac{Nq^2}{2i\varepsilon_0\hbar}\sum_j \omega_{j0}\frac{|\langle 0|x^+|j\rangle|^2-|\langle 0|x^-|j\rangle|^2}{\omega_{j0}^2-\omega^2} \tag{4.35}$$

が得られる.ここで $qx^{\pm}$ は右まわり($+$)および左まわり($-$)の円偏光に対応する電気双極子の演算子である.また,$|\langle 0|x^{\pm}|j\rangle|^2$ は右および左円偏光により基底状態 $|0\rangle$ から,励起状態 $|j\rangle$ に遷移する確率である.さらに,円偏光についての振動子強度を

$$f_{j0}^{\pm}=\frac{m\omega_{j0}|\langle j|x^{\pm}|0\rangle|^2}{\hbar} \tag{4.36}$$

により定義し,有限の遷移幅を考えることにより電気感受率テンソルの非対角成分 χ_{xy} は

$$\chi_{xy}(\omega)=-i\frac{Nq^2}{2m\varepsilon_0}\sum_j \frac{f_{j0}^+ - f_{j0}^-}{\omega_{j0}^2-(\omega+i\gamma)^2} \tag{4.37}$$

となる.誘電率に書き換えると,

$$\varepsilon_{xy}(\omega)=-i\frac{Nq^2}{2m\varepsilon_0}\sum_j \frac{f_{j0}^+ - f_{j0}^-}{\omega_{j0}^2-(\omega+i\gamma)^2} \tag{4.38}$$

4.3.3 久保公式からの誘電率の分散式の導出

以上紹介したやり方で求めた式はやや厳密性を欠く.非対角成分の厳密な表式は,久保公式を使って導かれる.久保公式は,分極率を電流密度の自己相関関数のフーリエ変換で与えられる.詳細は付録に譲り,結果だけを書いておくと,

$$\left.\begin{aligned}\chi_{xx}(\omega)&=\frac{Nq^2(\omega+i\gamma)}{2\hbar\omega\varepsilon_0}\sum_{n<m}(\rho_n-\rho_m)\frac{2\omega_{mn}|\langle m|x|n\rangle|^2}{\omega_{mn}^2-(\omega+i\gamma)^2}\\&=\frac{Nq^2}{2m\varepsilon_0}\sum_{n<m}(\rho_n-\rho_m)\frac{(f_x)_{mn}}{\omega_{mn}^2-(\omega+i\gamma)^2}\\\chi_{xy}(\omega)&=\frac{-Nq^2}{2\hbar\omega\varepsilon_0}\sum_{n<m}(\rho_n-\rho_m)\frac{\omega_{mn}^2(|\langle m|x^+|n\rangle|^2-|\langle m|x^-|n\rangle|^2)}{\omega_{mn}^2-(\omega+i\gamma)^2}\\&=-i\frac{Nq^2}{2m\varepsilon_0}\sum_{n<m}(\rho_n-\rho_m)\frac{f_{mn}^+ - f_{mn}^-}{\omega_{mn}^2-(\omega+i\gamma)^2}\end{aligned}\right\} \tag{4.39}$$

で表される.ここに ρ_n は状態 $|n\rangle$ の占有確率で,

$$\rho_n=\frac{\exp(-\hbar\omega_n/kT)}{\mathrm{Tr}\exp(-H_0/kT)}=\frac{\exp(-\hbar\omega_n/kT)}{\sum_n \exp(-\hbar\omega_n/kT)}$$

で与えられる[4].

比誘電率の対角,非対角成分を書き下すと,

$$\left.\begin{array}{l}\varepsilon_{xx}(\omega)=1-\dfrac{Nq^2}{2m\varepsilon_0}\sum_{n}(\rho_n-\rho_m)\dfrac{(f_x)_{mn}}{\omega_{mn}{}^2-(\omega+\mathrm{i}\gamma)^2}\\[2mm]\varepsilon_{xy}(\omega)=\mathrm{i}\dfrac{Nq^2}{2m\varepsilon_0}\sum_{n}(\rho_n-\rho_m)\dfrac{\omega_{mn}\Delta f_{mn}}{\omega_{mn}{}^2-(\omega+\mathrm{i}\gamma)^2}\end{array}\right\} \quad (4.40)$$

となる．ここに $\Delta f_{mn}=f_{mn}{}^+-f_{mn}{}^-$ である．$T=0$ のとき，$\rho_n=1, \rho_m=0$ とすると第1式は式(4.33)に対応し，第2式は式(4.38)に相当する表式となる．

こうして光学現象をもたらす誘電率テンソルの対角および非対角成分が量子力学的に導かれた．量子力学に基づいて電子状態の固有状態 ψ_n, ψ_m と固有値 ω_{mn} を求め，これより振動子強度 f_{mn} を計算すると誘電率 ε を理論的に求めることができる．電子系の固有状態がバンドを作っているときは，遷移エネルギーや遷移行列は波数 k 依存性をもち，k についての積分を計算する必要がある．

4.3.4 誘電率の分散式の物理的解釈

誘電率が式(4.38)のように，電子状態間の光学遷移を用いて表されることの物理的な意味を考えてみよう．誘電率は物質の分極のしやすさを表す量である．さきに述べたように，分極というのは電磁波の電界による摂動を受けて電荷の分布が無摂動のときの分布からずれる様子を表している．これを図4.4に示す．いかなる関数も正規直交関数系でフーリエ級数展開できることはよく知られている．したがって，電界の摂動を受けて変化した新たな電子波動関数は，無摂動系の固有関数(基底状態および励起状態は正規直交完全系であることはいうまでもない)を使ってフーリエ級数展開できる．ここで，どのような励起状態をどの程

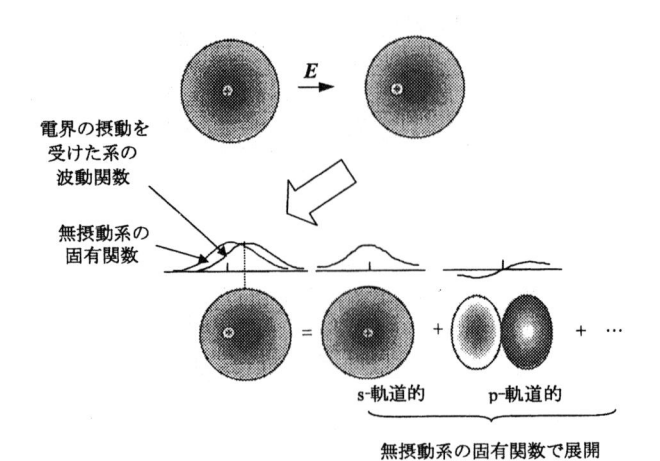

図4.4 電気双極子による分極の量子論による解釈

度混ぜるかを表しているのが振動子強度 f とエネルギー分母 $(\omega-\omega_{j0})^{-1}$ であると解釈できる．

　このように考えると実際に遷移の起きる共鳴周波数より低い周波数の光に対しても分極が生じ，その結果として比誘電率が1ではない値をとる理由が理解できる．すなわち，励起周波数より低い周波数の光の摂動によって，励起状態の波動関数が部分的に基底状態に取り込まれて，電子の空間分布が変化し分極が起きると解釈されるのである．このプロセスは，仮想的 (virtual) であって，エネルギーの消費を伴わない．式 (4.33) から，誘電率の対角成分の実数部は分散型，虚数部は吸収型のスペクトルを示すことがわかる．

　非対角成分についての式 (4.40) の第2式をみると，全体にiがかかっているので対角成分とは逆に実数部が吸収型，虚数部が分散型になっている．このことは第3章に書いたように，N^2 の固有値が $N^2 = \varepsilon_{xx} \pm i\varepsilon_{xy}$ となり，非対角成分にiがかかっていることに対応している．

　誘電率に非対角成分が現れ，これによって左右円偏光に対する光学応答の違い（光学活性）が生じるためには，(a) $\phi_0 \to \phi_j$ 遷移（振動数 ω_{j0}）において，右円偏光に対する振動子強度 f_{+j} と左円偏光に対する振動子強度 f_{-j} とが異なる，または，(b) 右円偏光による遷移の中心周波数 ω_+ と左円偏光による遷移の中心周波数 ω_- が異なる，のいずれかの機構が寄与していればよいことがわかる．

　量子力学の教えるところによれば，右まわり，あるいは左まわりの円偏光による電気双極子遷移が起きるためには，軌道角運動量量子数 L の量子化軸成分（今の場合，光の進行方向の成分）L_z が基底状態と励起状態とで1だけ異なっていなければならない．一方，固体中に置かれた遷移元素のd電子の基底状態は軌道の角運動量をもたないことが知られているので，基底状態の軌道角運動量 L は 0 と見なすことができる．$L=0$ というのは，あたかもs電子のように球対称であると考えておいてよい．これに対して，励起状態の L はさまざまの値をとりうる．いま，磁化の向きが z 方向にあるとすると，基底状態の L_z は 0 なので円偏光で許容遷移が起きるためには，図4.5の電子準位図に示すように励起状態の L_z は ± 1 でなければならない．

　$L_z = \pm 1$ という状態は p 電子的な角度分布をもつ状態と考えればよい．いま，$L_z = +1$ なる固有値に対応するp電子状態は，$p_+ = p_x + ip_y$ であり，$L_z = -1$ を固有値にもつのは $p_- = p_x - ip_y$ であるが，これらの状態はそれぞれ電子が z 軸を中心に右まわり，および左まわりに回転している状態と考えられる．したがって，円偏光によって電子の回転運動を励起していると理解してよい．式 (4.38)

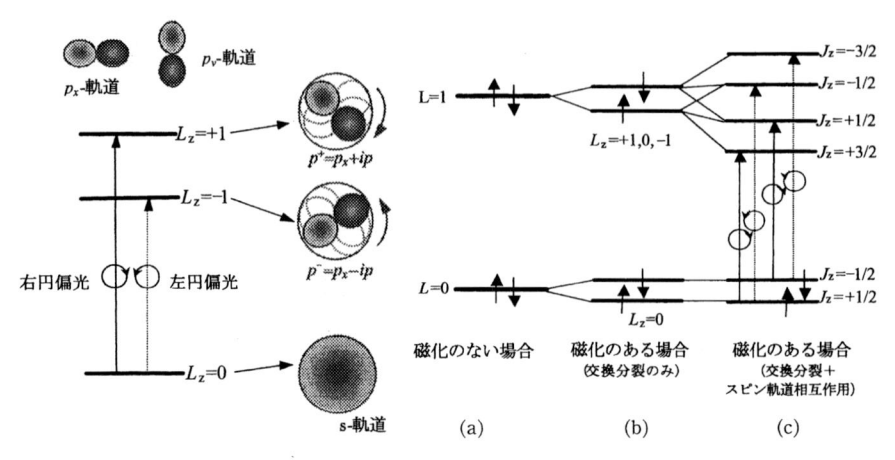

図 4.5 電子の軌道角運動量と円偏光の選択則　図 4.6 磁気光学効果におけるスピン軌道相互作用の重要性を示す図

は，円偏光により角運動量をもった回転する電子状態が基底状態に部分的に混じってくることによって，誘電率の非対角項が現れることを示している．

これまでの議論では，磁性体の磁化の効果はあらわには現れていない．以下では，このことを図 4.6 に基づいて考察する．図 4.6(a) に示すように，磁界(または磁化)のないとき，$L_z=+1$ と $L_z=-1$ の状態は縮退している．磁界が存在すると，図 4.6(b) に示すようにゼーマン効果(または交換分裂)によって↑スピンの状態のエネルギーと↓スピンの状態のエネルギーとの間に分裂が起きるが，それだけでは軌道状態の縮退は解けない．p 電子を例にとると，スピンの異なる $p_↑$ 状態と $p_↓$ 状態とのエネルギー分裂は起きるが，磁気光学効果に必要な右まわりの回転運動をする軌道 (p_+) と左まわりの回転運動をする軌道 (p_-) とのエネルギー分裂は起きない．ここでスピン軌道相互作用が存在すると，図 4.6(c) のようにスピンの向きと軌道角運動量とが結びつき，全角運動量 $J(=L+S)$ が状態を表すよい量子数となる．p 電子についていえば，$J=3/2$ に対応するのが $p_{+↑}$ 軌道，および，$p_{-↓}$ 軌道であり，$J=1/2$ に対応するのが $p_{-↑}$ 軌道および $p_{+↓}$ 軌道である．

もし基底状態の分裂が熱エネルギー kT に比べ十分に大きければ，基底状態は↑スピン電子だけとなるので，右円偏光による $J_z=+1/2 \to J_z=+3/2$ の遷移と左円偏光による $J_z=+1/2 \to J_z=-1/2$ の遷移のみが現れ，その遷移エネルギーの違いから磁気光学効果が起きる．↓スピンからの遷移は↑スピンからの遷移と

は逆のスペクトル応答が期待される．このため基底状態の↑スピン状態の数 $n_↑$ と，↓スピン状態の数 $n_↓$ の分布を考慮せねばならない．もし，基底状態において $n_↑$ と $n_↓$ が同数であれば，遷移が起きても軌道状態の変化は打ち消してしまう．

上のような理由で，磁気光学効果を表す ε_{xy} の表式には，スピン偏極率 $\langle\sigma\rangle=(n_↑-n_↓)/(n_↑+n_↓)$ がかかってくる．常磁性体では，$\langle\sigma\rangle$ はブリュアン関数 $B_J(B/T)$ で表される．B/T の十分に小さいとき，この関数は B/T に比例するが，極低温または強磁界の極限では一定の値に収束する．一方，強磁性体では交換相互作用によって，一方のスピン状態の数が多数となっているので，磁化がある限り基底状態の↑スピンと↓スピンの数に差があり $|n, L_z=0, ↑\rangle \Rightarrow |m, L_z=+1, ↑\rangle$ および $|n, L_z=0, ↑\rangle \Rightarrow |m, L_z=-1, ↑\rangle$ の遷移が優勢となる．

遷移エネルギーの分裂の大きさは，ゼーマン効果によるものではなく，励起状態の $J_z=+3/2$ と $-1/2$ のエネルギー差を与えるスピン軌道相互作用によるものなので，磁化または外部磁界に依存しない．有限温度では基底状態のスピンは↑のみならず↓も混じってくるので，温度上昇とともに磁気光学効果は減少する．温度変化の様子は，$M_s(T)/M_s(0)$ の曲線で記述できる．

注：この節で導いたものと若干異なる $\bar{\varepsilon}$ の表式が Shen[5]，Benett[6]，Kahn[7] らによって導出されている．電流密度-電流密度の相関の形（久保公式）からの誘導は，上村によってなされ[4,8]，結果が『磁性体ハンドブック』19章に示されている．本書は基本的にはこれに従っている．Wang, Callaway[9] らも久保公式から出発して本書と同様の式を導いている．

4.3.5 バンド電子系の磁気光学効果

金属磁性体や磁性半導体の光学現象は，絶縁性の磁性体と異なってバンド間遷移という概念で理解せねばならない．なぜなら，d 電子はもはや原子の状態と同様の局在準位ではなく，空間的に広がって，バンド状態になっているからである．このような場合には，バンド計算によってバンド状態の固有値と固有関数とを求め，久保公式に基づいて分散式を計算することになる．式 (4.40) では，各原子の応答は等しいものとして単位体積あたりの原子の数 N をかけたが，金属の場合は，k-空間の各点においてバンド計算から遷移エネルギーと遷移行列を求め，すべての k についての和をとる必要がある．電子状態がバンドで記述できる系について久保公式に基づいて誘電率テンソルの成分を求める式は Wang, Callaway により導出された[9]．彼らは，

$$\pi = p + \frac{\pi}{4mc^2}\sigma \times \nabla V(r) \tag{4.41}$$

で定義される運動量演算子 π を用いる．ここに第1項は運動量の演算子，第2

項はスピン軌道相互作用の寄与であるが，通常は無視して差し支えない．

$$\begin{aligned}\sigma_{\alpha\beta}=&\frac{iNq^2}{\omega+i\gamma}\left(\frac{1}{m^*}\right)_{\alpha\beta}-\frac{2iq^2}{m^2\hbar}\\&\times\sum_{l,k}^{occ}\sum_{n,k}^{unoccu}\left(\frac{\omega+i\gamma}{\omega_{nl}}\mathrm{Re}(\langle l|\pi^\alpha|n\rangle\langle n|\pi^\beta|l\rangle)+i\,\mathrm{Im}(\langle l|\pi^\alpha|n\rangle\langle n|\pi^\beta|l\rangle)\right)\\&\times\frac{1}{\omega_{nl}{}^2-(\omega+i\gamma)^2}\\&\alpha,\beta=(x,y)\end{aligned}$$

(4.42)

(単位は s^{-1}) ここに，遷移行列要素 $\langle l|\pi^\alpha|n\rangle$ などはブロッホ関数の格子周期成分 $u(k,r)$ を用いて，

$$\langle l|\pi^\alpha|n\rangle=\frac{(2\pi)^3}{\Omega}\int u_l^*(k,r)\left[p^\alpha+\frac{\hbar}{4mc^2}(\sigma\times\nabla V(r))_\alpha\right]u_n(k,r)d^3r$$

という式で表される．式 (4.42) の第 1 項は，有効質量の異方性によるもので以後無視する．

対角成分の実数部は，散乱寿命を無限大とすると，

$$\sigma_{xx}{}'=\mathrm{Re}(\sigma_{xx})=\frac{\pi q^2}{m^2\hbar}\sum_{l,k}^{occ}\sum_{n,k}^{unocc}|\langle l|\pi^x|n\rangle|^2\delta(\omega-\omega_{ln,k})\quad(4.43)$$

一方，非対角成分の虚数部は，

$$\begin{aligned}\sigma_{xy}{}''(\omega)=\mathrm{Im}(\sigma_{xy})&=\frac{2q^2}{\hbar m^2}\sum_{l,k}^{occ}\sum_{n,k}^{unocc}\frac{\mathrm{Im}(\langle l|\pi^x|n\rangle\langle n|\pi^y|l\rangle)}{\omega_{nl}{}^2-(\omega+i\gamma)^2}\\&=\frac{\pi q^2}{m^2\hbar\omega}\sum_{l,k}^{occ}\sum_{n,k}^{unocc}\mathrm{Im}(\langle l|\pi^x|n\rangle\langle n|\pi^y|l\rangle)\delta(\omega-\omega_{nl,k})\end{aligned}$$

(4.44)

式 (4.44) において，$\pi^\pm=\pi^x\pm i\pi^y$ と置き換えると，

$$\sigma_{xy}{}''(\omega)=\mathrm{Im}(\sigma_{xy})=-\frac{\pi q^2}{2m^2\hbar\omega}\sum_{l,k}^{occ}\sum_{n,k}^{unocc}(|\langle l|\pi^+|n\rangle|^2-|\langle l|\pi^-|n\rangle|^2)\delta(\omega-\omega_{nl,k})$$

(4.45)

と書ける．また，スピン偏極を考慮すると $\sigma_{xy}{}''=\sigma_{xy}{}''\!\uparrow+\sigma_{xy}{}''\!\downarrow$ となり，↑スピンに対する伝導率と↓スピンに対する伝導率の和を計算すべきということになる．

σ_{xy} を評価するには，スピン軌道相互作用を含めて，スピン偏極バンドを計算し，ブリユアン域の各 k における ω_{nm}，および π^+ と π^- を計算して，式 (4.45) に従ってすべての k について和をとればよい．実際，そのような手続きは Wang と Callaway によって Fe, Ni について行われた[9,10]．最近，バンド計算技術が発展し，多くの物質で第 1 原理計算に基づく磁気光学スペクトルの計算が

なされ，実験ときわめてよい一致を示すことが明らかになった．これについては，第6章で改めて紹介する．

● **4.3節のまとめ**

量子力学によって誘電率を評価すると

$$\varepsilon_{xx}(\omega) = 1 - \frac{Nq^2}{m\varepsilon_0}\sum_n (\rho_n - \rho_m)\frac{(f_x)_{mn}}{(\omega + i\gamma)^2 - \omega_{n0}^2}$$

$$\varepsilon_{xy}(\omega) = i\frac{Nq^2}{2m\varepsilon_0}\sum_n (\rho_n - \rho_m)\frac{\omega_{mn}(f_n^+ - f_n^-)}{\omega\{(\omega + i\gamma)^2 - \omega_{mn}^2\}}$$

と表される．ここに，f は状態 $|n\rangle$ と $|m\rangle$ の間の遷移の振動子強度である．f_x は直線偏光に対するもの，$f_\pm$ は左右円偏光に対するもの，ρ_n は状態 $|n\rangle$ の分布関数である．

誘電率は，光の電界の摂動を受けて基底状態の電子の波動関数に励起状態の波動関数が混じることにより，電子の空間的分布が変化する様子を記述する．励起状態の混じり方を表すのが遷移行列とエネルギー分母である．

4.4 磁気光学スペクトルの形（1）—絶縁性磁性体の場合—

前節ではミクロスコピックな描像に基づいて磁気光学効果の原因となる誘電率テンソルの非対角成分の分散式を導いた．この節では鉄ガーネットなどに代表される絶縁性の磁性体でみられる局在した光学遷移について，磁気光学スペクトルの形状を説明する．

磁気光学効果スペクトルは式(4.40)をきちんと計算すれば説明できるはずのものであるが，遷移の性質により，典型的な2つの場合に分けて調べられている．励起状態がスピン軌道相互作用で分かれた2つの電子準位からなる場合は，伝統的に反磁性項とよばれる．一方，励起電子準位が1つで，基底状態との間の左右円偏光による光学遷移確率が異なる場合は，伝統的に常磁性項とよばれる[7]．

① 反磁性項（二遷移型スペクトル）

図4.7(a)のような電子構造を考える．励起状態はスピン軌道相互作用によって2つの準位に分裂しているとする．このときの誘電率の非対角成分は，絶対零度では，

$$\left.\begin{array}{l}\varepsilon_{xy}' = \dfrac{Ne^2 f_0 \Delta_{so}}{2m\varepsilon_0 \omega\tau} \cdot \dfrac{\omega_0 - \omega}{\{(\omega_0 - \omega)^2 + \gamma^2\}^2} \\[2mm] \varepsilon_{xy}'' = -\dfrac{Ne^2 f_0 \Delta_{so}}{4m\varepsilon_0 \omega} \cdot \dfrac{(\omega_0 - \omega)^2 - \gamma^2}{\{(\omega_0 - \omega)^2 + \gamma^2\}^2}\end{array}\right\} \quad (4.46)$$

で表される．ここに f_0 は振動子強度である．これを図示すると，図4.7(b)のようになる．すなわち，ε_{xy} の実数部は分散型，虚数部は両側に翼のあるベル型を

示す.この形状を歴史的な理由で反磁性項という.

大きな磁気光学効果を示す物質では,ほとんど,ここに述べた反磁性型スペクトルとなっている.$\omega=\omega_0$ において ε_{xy}'' のピーク値は

$$\varepsilon_{xy}'' = \frac{Ne^2}{m\varepsilon_0} \cdot \frac{f_0 \Delta_{so}}{\omega_0/\tau^2} \tag{4.47}$$

で与えられる.この式から大きな磁気光学効果をもつ物質を探索するための指針として,振動子強度 f_0 が大きいこと,励起状態のスピン軌道分裂 Δ_{so} が大きいこと,遷移の周波数 ω_0 が観測している光の周波数 ω に近いことの3つが重要であることがわかる.式(4.47)を使って,Fe の場合に誘電率の非対角成分を計算してみよう.$N=10^{28}\,\mathrm{m}^{-3}$, $f_0=1$, $\hbar\Delta_{so}=0.05\,\mathrm{eV}$, $\hbar\omega_0=2\,\mathrm{eV}$, $\hbar/\tau=0.1\,\mathrm{eV}$ というきわめて常識的な数値を代入することにより,比誘電率の対角成分のピーク値と

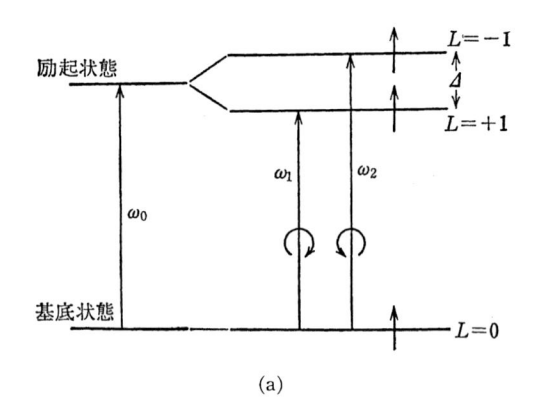

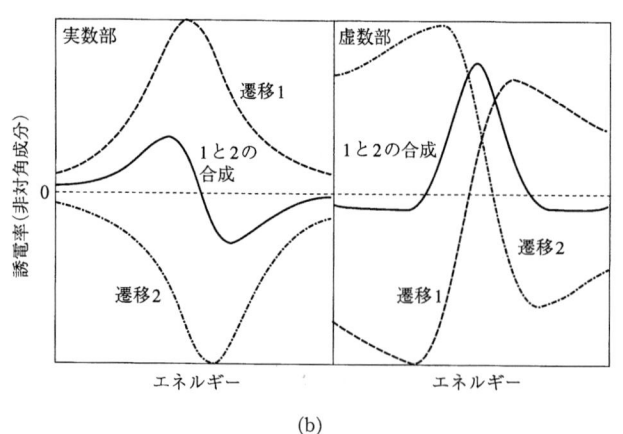

図4.7 二遷移型スペクトル(反磁性項)
(a) 反磁性型磁気光学スペクトルをもたらす電子構造モデル
基底状態に軌道縮退がなく,交換相互作用が十分大きく,↑スピンのみが占有されているとする.
また,励起状態がスピン軌道相互作用によって分裂しているとする.
(b) 反磁性型磁気光学スペクトル ε_{xy} の形状

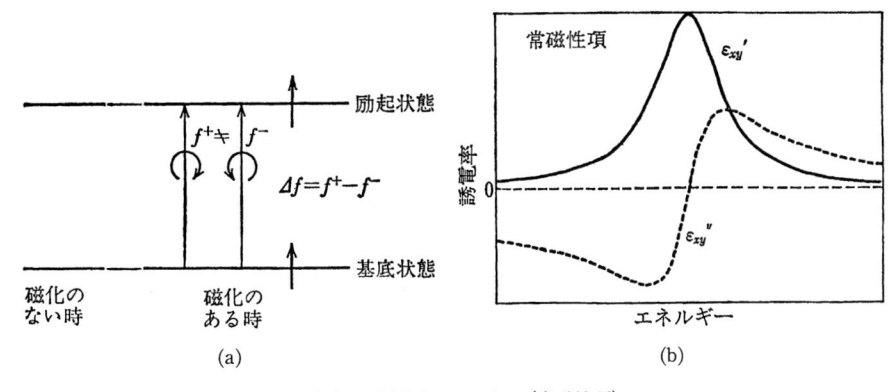

図 4.8 一遷移型スペクトル（常磁性項）
(a) 常磁性型磁気光学スペクトルをもたらす電子構造モデル
　　基底状態にも分裂がなく，両状態間の遷移強度にのみ違いがある場合．
(b) 常磁性型磁気光学スペクトルの形状
　　実線：ε_{xy}' の実数部，点線：ε_{xy}'' の虚数部．

して約 3.5 という数値が得られる．古典論では 3000 T という大きな磁界が必要であったのと対照的であることが理解されよう．

② 常磁性項（一遷移型スペクトル）

図 4.8 (a) に示すように，基底状態にも励起状態にも分裂はないが，両状態間の遷移の振動子強度 f_+ と f_- とに差 Δf がある場合を考える．このとき ε_{xy} は

$$\left.\begin{aligned}\varepsilon_{xy}' &= \frac{Ne^2 \Delta f}{m\varepsilon_0 \tau} \cdot \frac{\omega_0}{(\omega_0^2-\omega^2+\gamma^2)^2+4\omega^2\gamma^2} \\ \varepsilon_{xy}'' &= \frac{-Ne^2 \Delta f}{2m\varepsilon_0} \cdot \frac{\omega_0(\omega_0^2-\omega^2+\gamma^2)}{\omega\{(\omega_0^2-\omega^2+\gamma^2)^2+4\omega^2\gamma^2\}}\end{aligned}\right\} \quad (4.48)$$

このスペクトルを図 4.8 (b) に示す．この場合は実数部が（翼のない）ベル型，虚数部が分散型を示す．

③ 低温で常磁性項，高温で反磁性項

もし，図 4.9 のように基底状態にスピン軌道分裂があれば（希土類イオンのように固体中でも軌道角運動量が消滅していない場合にはこのようなことが起りえる），低温では 2 の準位は占有されていないので，図 4.9 (a) のように実数部がベル型をしたスペクトルを示すが，kT が Δ の程度になると 1 と 2 の準位が同じように占有され，図 4.9 (b) のように反磁性項に類似のスペクトル，つまり，実数部が分散型の形状となる．

温度変化の実験をしてスペクトルの形状の変化がみられれば，このタイプであ

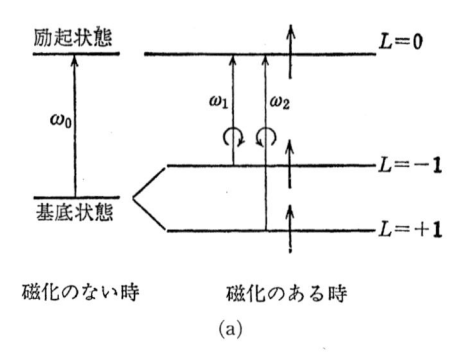

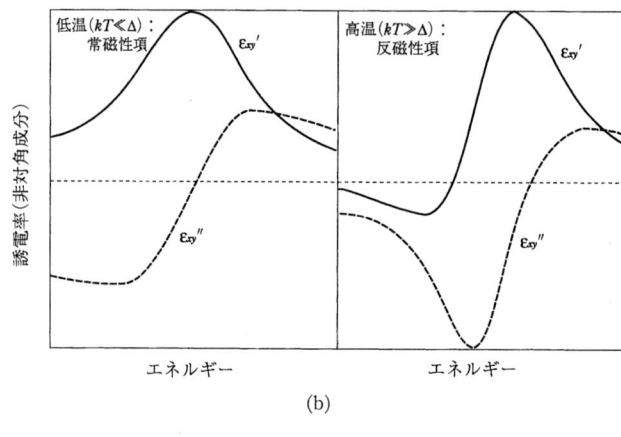

図4.9 スペクトル形状の温度変化がある場合の電子構造モデル
(a) 基底軌道分裂がある場合.
(b) (a)の電子構造をとる場合の磁気光学スペクトル形状

ると判断できる.

④ 一般の場合

実際の場合には, 電子準位はこのように単純ではなく, いくつもの準位からなっており, 選択則ももっと複雑なものとなる. そのような場合は, 式(4.40)にたちかえって, 1つ1つの遷移確率を計算して振動子強度を求めなければならない. 実例は, 第6章に示す.

● 4.4節のまとめ──

絶縁性磁性体の光学遷移は局在電子系の取り扱いがよい近似となる. 局在系の遷移には配位子場遷移, 電荷移動遷移, 軌道推進遷移の3種がある.
このような系での磁気光学スペクトルの形状は次のように表せる.
タイプI: $\varepsilon_{xy}{}'$ 分散型, $\varepsilon_{xy}{}''$ 翼のあるベル型: 電荷移動遷移など

$$\varepsilon_{xy}{}' = \frac{Ne^2 f_0 \Delta_{so}}{2m\varepsilon_0 \omega \tau} \cdot \frac{\omega_0 - \omega}{\{(\omega_0-\omega)^2+\gamma^2\}^2}$$

$$\varepsilon_{xy}{}'' = -\frac{Ne^2 f_0 \Delta_{so}}{4m\varepsilon_0\omega} \cdot \frac{(\omega_0-\omega)^2-\gamma^2}{\{(\omega_0-\omega)^2+\gamma^2\}^2}$$

タイプII：$\varepsilon_{xy}{}'$ ベル型，$\varepsilon_{xy}{}''$ 分散型：スピン禁止配位子場遷移など

$$\varepsilon_{xy}{}' = \frac{Ne^2 \Delta f}{m\varepsilon_0 \tau} \cdot \frac{\omega_0}{(\omega_0{}^2-\omega^2+\gamma^2)^2+4\omega^2\gamma^2}$$

$$\varepsilon_{xy}{}'' = \frac{-Ne^2 \Delta f}{2m\varepsilon_0} \cdot \frac{\omega_0(\omega_0{}^2-\omega^2+\gamma^2)}{\omega\{(\omega_0{}^2-\omega^2+\gamma^2)^2+4\omega^2\gamma^2\}}$$

4.5 磁気光学スペクトルの形（2）― 金属磁性体の場合 ―

4.3.5項に述べたように，金属の磁気光学効果をもたらす $\sigma_{xy}{}''$ を評価するには，スピン軌道相互作用を含めて，スピン偏極バンドを求め，ブリユアン域の各 k における ω_{nm}，および，π^+ と π^- を計算して，式（4.45）を用いて計算しなければならない．しかし，スピン軌道相互作用を考慮したスピン偏極バンド計算結果がどのような物質においても得られているわけではない．ここでは，厳密さには目をつぶって，バンド系の磁気光学スペクトルをもう少し見通しのよい描像で眺めてみたい（以下の手続きは Erskine に従う[11]）．

式（4.45）を積分形になおすと次式を得る．

$$\omega\sigma_{xy}{}''(\omega) = \frac{\pi q^2}{2m^2} \cdot \frac{1}{8\pi^3} \int F_{nl}(\omega)\delta(\omega-\omega_{ln})d^3k \tag{4.49}$$

ここに，

$$F_{nl}(\omega) = |\langle n\uparrow|\pi^-|\uparrow l\rangle|^2 - |\langle n\uparrow|\pi^+|\uparrow l\rangle|^2 + |\langle n\uparrow|\pi^-|\uparrow l\rangle|^2 - |\langle n\uparrow|\pi^+|\uparrow l\rangle|^2 \tag{4.50}$$

である．$\omega\sigma$ の形にしたのは表式をみやすくするためである．もし，遷移確率の平均値 $\bar{F}_{nl}$ を $\int F_{ln}(\omega)\delta(\omega-\omega_{nl})d^3k = \bar{F}_{nl}\int\delta(\omega-\omega_{ln})d^3k$ によって定義し，さらに $\bar{F}_{nl}$ が大きな ω 依存性をもたないと仮定し，一定値 F_{nl} とおくなら，式（4.49）は簡単になって，

$$\omega\sigma_{xy}{}''(\omega) = \frac{\pi q^2}{2m^2 h} F_{nl} J_{nl}(\omega) \tag{4.51}$$

となる．ここに，$J_{nl}(\omega)$ は結合状態密度といって，$J_{nl}(\omega) = \frac{1}{8\pi^3}\int\delta(\omega_{ln}-\omega)d^3k$ と表され，占有状態と非占有状態の状態密度のたたみこみを示している．

ここで，左右円偏光に対する振動子強度 $F_{nl}{}^\pm(\omega)$ を $F_{nl}{}^\pm(\omega) = |\langle n\uparrow|\pi^\pm|\uparrow l\rangle|^2 + |\langle n\downarrow|\pi^\pm|\downarrow l\rangle|^2$ と定義し，左右円偏光に対する結合状態密度 $J_{nl}{}^\pm(\omega)$ を $F_{nl}{}^\pm J_{nl}{}^\pm(\omega) = \frac{1}{8\pi^3}\int F_{nl}{}^\pm(\omega)\delta(\omega-\omega_{ln})d^3k$ で定義すれば，

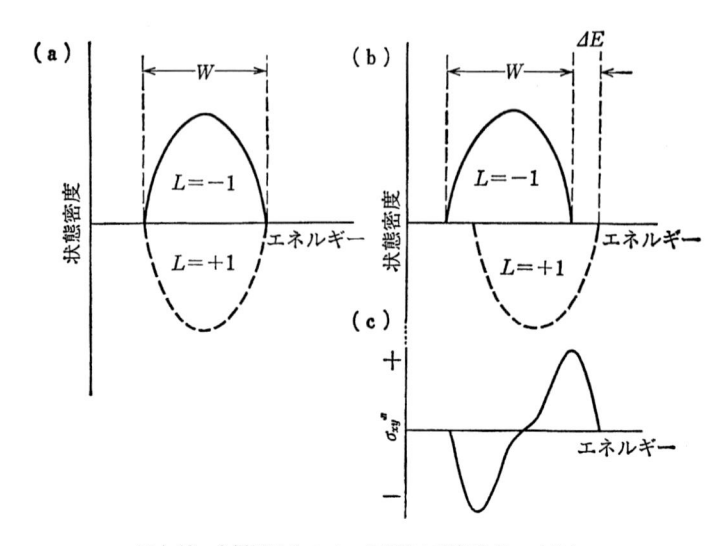

図 4.10 金属磁性体のバンド構造と磁気光学スペクトル
(a) 磁化のないときのバンド構造，(b) 磁化のあるときのバンド構造，
(c) 磁気光学スペクトル

$$\omega\sigma_{xy}''(\omega)=\frac{\pi q^2}{2m^2\hbar}(F_{nl}^-J_{nl}^-(\omega)-F_{nl}^+J_{nl}^+(\omega)) \tag{4.52}$$

を得る．このように書けば，$\omega\sigma_{xy}''$ が左円偏光と右円偏光に対するバンド間遷移のスペクトルの差として表されることがわかる．このように書けるためには原子状態にあった成分がバンド全体に均一に広がっていて，同じ遷移確率がこのバンド間遷移全体を通じて適用できるという仮定が必要である．Fe や Ni では実際にこれに近い状況が実現していることが証明されている．式 (4.52) から，$F_{nl}^+(\omega)$ と $F_{nl}^-(\omega)$ に差があるか，$J_{nl}^+(\omega)$ と $J_{nl}^-(\omega)$ の分布の重心に差があれば，磁気光学効果を生じることが示される．図 4.10(a) に示すように磁化が存在しないと左円偏光による遷移と右円偏光による遷移は完全に打ち消しあう．この結果 σ_{xy}'' は 0 になるが，磁化が存在すると図 4.10(b) のように J^- と J^+ との重心のエネルギーが ΔE だけずれて，σ_{xy}''（したがって ε_{xy}'）に分散型の構造が生じる．σ_{xy}'' のピークの高さは σ の対角成分の実数部 σ_{xx}'（左右円偏光に対する連結状態密度の和に比例）が示すピーク値のほぼ $\Delta E/W$ 倍となる．ここに，W は連結状態密度スペクトルの全幅，ΔE は正味のスピン偏極と実効的スピン軌道相互作用の積に比例する量となっている．たとえば，S → $P_{1/2}$, $P_{3/2}$ の遷移を考えると，$\Delta E=(2/3)\cdot\Delta_{so}\cdot(n_1-n_2)/(n_1+n_2)$ で与えられる．ここに，n_1 および n_2

は，それぞれ，多数スピンと少数スピンの電子の数である．したがって，σ_{xy}'' のスペクトルの分散型の符号からフェルミ面のスピン偏極をみることができる．また，バンド構造が変わらない範囲では，磁気光学効果が磁化の大きさに比例することも理解できる．

● **4.5節のまとめ**
金属磁性体の磁気光学効果のスペクトルは，定性的には左右円偏光に対するバンド間遷移の結合状態密度の差として表せる．磁化があると，スピン軌道相互作用のために，左右円偏光に対する状態密度のバンドのずれが起き磁気光学効果をもたらす．

4.6 遷移金属の自由電子と磁気光学効果

この節では遷移金属の伝導電子による磁気光学効果の分散式を，Erskine[12] の方法に従って量子論的に導いておく．

われわれは4.2節で磁界の中に置かれた金属の自由電子がもたらす磁気光学効果について古典論的に扱い，式 (4.17) に示すようなマグネトプラズマ共鳴という σ_{xy} の分散式を得た．また，これはホール効果と本質的に同じ起源をもつ効果であることを示した．

強磁性体においては異常ホール効果とよばれる効果があり，磁界がなくてもホール起電力が生じる．異常ホール効果は，通常のホール効果を表す式において $B=\mu_0 H$ を単純に $\mu_0 M_s$ に置き換えたものとはなっていない．それはこの効果がローレンツ力によって生じているのではなく，電子の散乱にスピン軌道相互作用が働いていることによるからである．

異常ホール効果の起源は次のように考えることができる．

インパルス的な電界 $\boldsymbol{E}=q\boldsymbol{E}_0\delta(t)$ がフェルミ波数 k_0 をもった伝導電子に加わったものとする．これによって電子はバンド内で励起されて $\boldsymbol{k}=\boldsymbol{k}_0+\Delta$ になるが，これがもとの値に戻るときには，$\boldsymbol{k}$ とスピンの両方に垂直な方向へ散乱を受ける．これを式で書くと，

$$-\frac{\mathrm{d}\boldsymbol{k}}{\mathrm{d}t}=\frac{\boldsymbol{k}}{\tau}+\frac{\boldsymbol{s}\times\boldsymbol{k}}{\tau_\mathrm{s}} \tag{4.53}$$

のように表される．第1項は通常の散乱であるが，第2項はスピン軌道相互作用によって生じる散乱で，斜め（スキュー）散乱とよばれる．この散乱によって，1次電流 J_x に垂直な電流成分 J_y が生じる．

$\boldsymbol{s}$ が z 方向を向いているとすると，この緩和現象は次式で表される．

$$\left.\begin{array}{l}-\dfrac{\mathrm{d}k_y}{\mathrm{d}t}=\dfrac{k_y}{\tau}+\dfrac{s}{\tau_\mathrm{s}}k_x \\ -\dfrac{\mathrm{d}k_x}{\mathrm{d}t}=\dfrac{k_x}{\tau}-\dfrac{s}{\tau_\mathrm{s}}k_y\end{array}\right\} \qquad (4.54)$$

これを初期条件

$$k_x(0)=\varDelta=\dfrac{qE_{0x}}{\hbar}+k_{0x}, \quad k_y(0)=k_{0y}$$

のもとに解くと,

$$\left.\begin{array}{l}k_x=\dfrac{qE_{0x}}{\hbar}\cos\varOmega t\cdot\exp\!\left(-\dfrac{t}{\tau}\right)+k_{0x} \\ k_y=-\dfrac{qE_{0x}}{\hbar}\sin\varOmega t\cdot\exp\!\left(-\dfrac{t}{\tau}\right)+k_{0y}\end{array}\right\} \qquad (4.55)$$

ここで, $\varOmega=s/\tau_\mathrm{s}$ である. 電流密度は, 電荷と速度(運動量/質量)の積をフェルミ分布のもとで平均したもので,

$$J=q\int vf(k)d^3k=\dfrac{q\hbar}{m^*}\int kf(k)d^3k \qquad (4.56)$$

で与えられる. 式(4.55)の k_x, k_y を式(4.56)に代入すると, フェルミ波数 k_0 の成分は消えて

$$J_y=-\dfrac{nq^2E_{0x}}{m^*}\sin\varOmega t\cdot\exp\!\left(-\dfrac{t}{\tau}\right)$$

となる. したがって, 伝導率テンソルの非対角成分は, J_y/E_{0x} のフーリエ変換をとって

$$\sigma_{xy}(\omega)=\int\dfrac{J_y(t)}{E_{0x}}\exp(\mathrm{i}\omega t)\mathrm{d}t=\dfrac{nq^2}{m^*}\cdot\dfrac{\varOmega}{(\omega+\mathrm{i}/\tau)^2-\varOmega^2} \qquad (4.57)$$

となる. この式は, マグネトプラズマ共鳴における σ_{xy} の古典論的分散式(4.17)において, サイクロトロン周波数 ω_c を $\varOmega=s/\tau_\mathrm{s}$ に置き換えた形になっている. もしも, ここで $\omega_\mathrm{c}=qB/m^*=\varOmega$ と置けば, $B=m^*\varOmega/q$ という実効的な磁界が加わっていると見なすこともできる. なお, Reimによると式(4.57)にはフェルミ面におけるスピン偏極率 $\langle\sigma_z\rangle=\varDelta n/n=(n_1-n_2)/(n_1+n_2)$ を掛けるべきであるとしている[13].

しかし, これだけでは, 遷移金属の伝導電子による磁気光学効果を説明するには不十分である. Smitによると波数 $\boldsymbol{k}$ で運動している電子はスピン軌道相互作用による分極 $\boldsymbol{P}(\boldsymbol{k})$ を受けているという. この $\boldsymbol{P}(\boldsymbol{k})$ は $\boldsymbol{k}\times\boldsymbol{M}$ に比例する量である. これが電界を加えたときの分布関数 $f(\boldsymbol{k})$ の変化を通じて全体として $\boldsymbol{P}_0=$

4.6 遷移金属の自由電子と磁気光学効果

$\int P(k)f(k)d^3k$ だけの巨視的分極をもっている．この分極の時間変化による分極電流を評価すると，M が z 軸に平行である場合，

$$\left(\frac{dP_0}{dt}\right)_y = \frac{d}{dt}\frac{\hbar|P_0'|}{m^*v_0}\int(-k_x\Delta n)f(k)d^3k$$

となる．ここに，$|P_0'|$ は $P(k)$ の最大値，v_0 はフェルミ速度 $\hbar k_0/m^*$ である．Erskine は，この式に式 (4.55) を代入し，$(dP_0/dt)/E_0$ をフーリエ変換することにより次式を導いた．

$$\sigma_{xy}(\omega) = \frac{nq^2}{m^*}\langle\sigma_z\rangle\frac{|P_0'|}{qv_0}\left(1 - \frac{\omega(\omega + i/\tau)}{(\omega + i/\tau)^2 - \Omega^2}\right) \qquad (4.58)$$

ここに，$\langle\sigma_z\rangle$ はスピン偏極率である．

したがって，伝導電子による磁気光学効果の分散式は，式 (4.57) と式 (4.58) の和の形で次式のように与えられる．

$$\sigma_{xy}(\omega) = \frac{nq^2}{m^*}\langle\sigma_z\rangle\left[\frac{\Omega}{(\omega + i/\tau)^2 - \Omega^2} + \frac{|P_0'|}{qv}\left(\frac{1}{\omega^2\tau^2} + \frac{1}{\omega\tau}\right)\right] \qquad (4.59)$$

ここに，第1項は，Reim に従って式 (4.54) に $\langle\sigma_z\rangle$ を乗じた形を採用した．

この式の光学周波数における寄与を考えよう．$\omega\tau \gg 1$，$\Omega \ll |P_0'|/qv_0$ と考えて第1項を無視し，第2項については $\omega \to \infty$ の極限をとることにより，

$$\sigma_{xy}(\omega) = \frac{nq^2}{m^*}\langle\sigma_z\rangle\frac{P_0'}{qv_0}\left(\frac{1}{(\omega\tau)^2} + \frac{i}{\omega\tau}\right) \qquad (4.60)$$

の式が得られる．すなわち，実数部は $(\omega\tau)^{-2}$，虚数部は $(\omega\tau)^{-1}$ の周波数依存性を示す．したがって，$\sigma_{xy}''(\omega)$ をプロットして一定値になれば伝導電子のスピン偏極の影響がみられるということになる．図 4.11 は金属 Gd について $\omega\sigma_{xy}''$ をプロットしたもので点線の下の部分が伝導電子の寄与であり，それより上の構造がバンド間遷移によるものであるとされている．

Reim は式 (4.59) の第1項が場合によっては大きな寄与をすると主張している．彼は Ω が

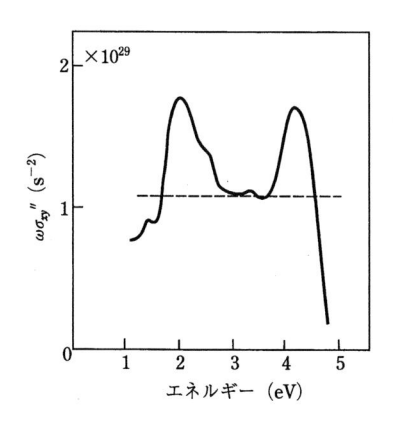

図 4.11 Gd (ガドリニウム) の磁気光学効果に対する伝導電子の寄与
$\omega\sigma_{xy}''$ スペクトルの点線の下が伝導電子の寄与である．

スピン軌道相互作用の大きさの程度であると考えており，希土類化合物のようにスピン軌道相互作用の大きな物質では第1項によってはっきりした分散型の磁気光学スペクトルが生じることがあると考えている．

● **4.6節のまとめ**
伝導電子のスピン偏極とスピン軌道相互作用に基づく散乱によって磁気光学スペクトルには，$\omega\sigma_{xy}''=$一定という寄与が生じる．

問　題

4.1 式(4.7)から式(4.9)が導かれることを確かめよ．
(ヒント) 式(4.7)に $u=U\exp(-i\omega t)$，$E=E_0\exp(-i\omega t)$ を代入すると
$$(-m^*\omega^2-im^*\omega\gamma+m^*\omega_0^2)(x\boldsymbol{i}+y\boldsymbol{j}+z\boldsymbol{k})$$
$$=q\{(E_x\boldsymbol{i}+E_y\boldsymbol{j}+E_z\boldsymbol{k})-i\omega(yB\boldsymbol{i}-xB\boldsymbol{j})\}$$
を得る．これを成分ごとに書いたものが式(4.8)である．これより x, y, z を求め，$P=nq\boldsymbol{u}$ の式に代入し式(4.9)を得る．

4.2 ローレンツの式(4.12)においてその虚数部がピークを示す角振動数 ω_p を求めよ．
(解) 式(4.13)の第2式を ω で微分し，0になるときの値を求めよ．およその値を求めるには，分母が最小となる場合を探せばよい．分母 $(\omega^2-\omega_0^2)^2+\omega^2\gamma^2$ の2つの項はいずれも正であるから，最小値は $(\omega^2-\omega_0^2)^2=\omega^2\gamma^2$ のときに得られ，$\gamma\ll\omega_0$ ならば，$\omega_\mathrm{p}=\sqrt{\omega_0^2+\gamma^2/4}+\gamma/2\approx\omega_0+\gamma/2$ で与えられる．

4.3 ドルーデの式(4.14)において，$\omega\to 0$ としたときの虚数部から直流電気伝導率 σ_0 を求めよ．
(解) $\varepsilon_{xx}=1+\dfrac{i\sigma_{xx}}{\omega\varepsilon_0}$ より，$\sigma_{xx}=-i\omega\varepsilon_0(\varepsilon_{xx}-1)$ となるので，この ε_{xx} に式(4.14)を代入し，$\omega\to 0$ とすると，$\sigma_0=\lim_{\omega\to 0}\sigma_{xx}(\omega)=\left(\lim_{\omega\to 0}i\dfrac{ne^2}{m}\right)\dfrac{1}{\omega+i\gamma}=\dfrac{ne^2}{m\gamma}=ne\cdot\dfrac{e\tau}{m}=ne\mu_\mathrm{e}$.
ここに μ_e は電子の移動度である．

4.4 ドルーデの式において，$\gamma=0$ のとき，$\omega<\omega_\mathrm{p}$ における反射率を求めよ．
(解) $\varepsilon_{xx}=1-\omega_\mathrm{p}^2/\omega^2$　$n^2=(\varepsilon_{xx}'+|\varepsilon_{xx}|)/2$；$\kappa^2=(-\varepsilon_{xx}'+|\varepsilon_{xx}|)/2$ より，$n=0$，$\kappa=\sqrt{\omega_\mathrm{p}^2/\omega^2-1}$．これを第3章の式(3.73)に代入して $R=1 (=100\%)$ を得る．

4.5 式(4.18)に与えられる伝導率テンソルの逆テンソルを計算し，式(4.19)を導け．
(ヒント) 伝導率行列 $\tilde{\sigma}$ の行列式を $|\tilde{\sigma}|$，要素 σ_{ij} の余因子 Δ_{ij} とすると逆行列 $\tilde{\rho}=\tilde{\sigma}^{-1}$ の要素は，$(\tilde{\sigma}^{-1})_{ij}=\Delta_{ij}/|\tilde{\sigma}|$ で与えられる．

4.6 電子密度 $n=10^{18}\,\mathrm{cm}^{-3}$，移動度 $5000\,\mathrm{cm}^2/\mathrm{Vs}$ の GaAs において，磁界5Tにお

いてマグネトプラズマ共鳴が現れる光子エネルギー $\hbar\omega_{MP}$ をもとめよ．ただし，電子の有効質量を $0.07\,m_0$ とせよ．ここに m_0 は自由電子の質量 $9.1\times10^{-31}\,\mathrm{kg}=9.1\times10^{-28}\,\mathrm{g}$ とする．

(解) $\mu=\mathrm{e}\tau/m^*$ より $\tau=4\times10^{-11}\,\mathrm{s}$ となり，プラズマ角周波数は $\omega_P=2.13\times10^{14}\,\mathrm{rad/s}$，サイクロトロン角周波数は $\omega_c=1.26\times10^{13}\,\mathrm{rad/s}$ であるから，$\omega_{MP}\approx(21.3\pm0.6)\times10^{13}$ rad/s $=(3.39\pm0.1)\times10^{13}\,\mathrm{Hz}$，これを eV に変換すると，$140\pm4\,\mathrm{meV}$ となる．

4.7 時間を含む摂動法において式 (4.24) の展開係数 $c_j(t)$ が式 (4.26) で与えられることを確かめよ．

(解) いま，式 (4.25) において，x 成分のみを書くと

$$\frac{\mathrm{d}c_{xj}(t)}{\mathrm{d}t}=\frac{1}{\mathrm{i}\hbar}\langle j|H'|0\rangle\exp\{\mathrm{i}\omega_{j0}t\}\equiv\frac{1}{\mathrm{i}\hbar}e\langle j|x|0\rangle\cdot E_x(t)\exp(\mathrm{i}\omega_{j0}t)$$

$$=\frac{1}{\mathrm{i}\hbar}\mathrm{e}\langle j|x|0\rangle\cdot E_{x0}\{\exp\{\mathrm{i}(\omega_{j0}+\omega)t\}+\exp\{\mathrm{i}(\omega_{j0}-\omega)t\}\}$$

これを積分したものが式 (4.26) になることは容易に確かめられる．

4.8 式 (4.26) で求められた展開係数を式 (4.24) に代入して，摂動系の固有関数 Ψ を書き下せ．

(解) $\Psi(r,t)=\phi_0(r)\exp(-\mathrm{i}\omega_0 t)+\sum_j c_j(t)\phi_j(r)\exp(-\mathrm{i}\omega_j t)$

$$=\phi_0(r)\exp(-\mathrm{i}\omega_0 t)+\mathrm{e}E_{0x}\sum_j x_{j0}\left[\frac{1-\exp\{\mathrm{i}(\omega_{j0}+\omega)t\}}{\hbar(\omega+\omega_{j0})}\right.$$

$$\left.+\frac{1-\exp\{\mathrm{i}(\omega_{j0}-\omega)t\}}{\hbar(-\omega+\omega_{j0})}\right]\phi_j(r)\exp(-\mathrm{i}\omega_j t)$$

$$=\left[\phi_0(r)+\mathrm{e}E_{0x}\sum_j x_{j0}\left\{\frac{\exp(-\mathrm{i}\omega_{j0}t)-\exp\{\mathrm{i}\omega t\}}{\hbar(\omega+\omega_{j0})}\right.\right.$$

$$\left.\left.+\frac{\exp(-\mathrm{i}\omega_{j0}t)-\exp\{-\mathrm{i}\omega t\}}{\hbar(-\omega+\omega_{j0})}\right\}\phi_j(r)\right]\exp(-\mathrm{i}\omega_0 t)$$

4.9 前問で得られた固有関数を用いて電気分極 P の期待値を計算し，入射光の角周波数と同じ成分が式 (4.27) で与えられることを示せ．

(解) $\langle P_x\rangle=\langle Nqx(t)\rangle=Nq\int\Psi^* x\Psi\,\mathrm{d}x$

$$=Nq\int\mathrm{d}x\left[\left\{\phi_0^*(r)+\sum_j c_{xj}^*(t)\phi_j^*(r)\exp(\mathrm{i}\omega_{j0}t)\right\}\exp(\mathrm{i}\omega_0 t)x\right.$$

$$\left.\times\left\{\phi_0(r)+\sum_j c_{xj}(t)\phi_j(r)\exp(-\mathrm{i}\omega_{j0}t)\right\}\exp(-\mathrm{i}\omega_0 t)\right]$$

$$=Nq^2 E_{x0}\sum_j\langle j|x|0\rangle\langle 0|x|j\rangle\left[\left\{\frac{1-\exp\{-\mathrm{i}(\omega+\omega_{j0})t\}}{\hbar(\omega+\omega_{j0})}\right.\right.$$

$$\left.\left.+\frac{1-\exp\{\mathrm{i}(\omega-\omega_{j0})t\}}{\hbar(-\omega+\omega_{j0})}\right\}\exp(\mathrm{i}\omega_{j0}t)+\mathrm{c.c.}\right]$$

$$=Nq^2 E_{x0}\sum_j|\langle j|x|0\rangle|^2\left[\left\{\frac{\exp(\mathrm{i}\omega_{j0}t)-\exp\{-\mathrm{i}\omega t\}}{\hbar(\omega+\omega_{j0})}\right.\right.$$

$$\left.+\frac{\exp(\mathrm{i}\omega_{j0}t)-\exp\{\mathrm{i}\omega t\}}{\hbar(-\omega+\omega_{j0})}\right\}+\left\{\frac{\exp(-\mathrm{i}\omega_{j0}t)-\exp\{\mathrm{i}\omega t\}}{\hbar(\omega+\omega_{j0})}\right.$$

$$+\frac{\exp(-i\omega_{j0}t)-\exp\{-i\omega t\}}{\hbar(-\omega+\omega_{j0})}\bigg\}\bigg]$$

このうちで $\exp(-i\omega t)+$cc. の項のみに注目すると式 (4.27) の最後の式を得る.

4.10 E_y (y 方向の電界) により生じた x 方向の分極 P_x を表す式 (4.34) を導け.
(ヒント)　前問において $\langle Nqx(t)\rangle$ を求める代わりに $\langle Nqy(t)\rangle$ を計算せよ. このとき, 前問同様, $\exp(-i\omega t)$ の項だけを考えればよい.

4.11　電気感受率の非対角成分を表す式 (4.35) を導け.
(ヒント)　式 (4.35) の前の式に $x=(x^++x^-)/2^{1/2}$, $y=(x^+-x^-)/2^{1/2}i$ を代入すると,

$$\frac{\langle 0|x|j\rangle\langle j|y|0\rangle}{\hbar(\omega_{j0}-\omega)}+\frac{\langle 0|y|j\rangle\langle j|x|0\rangle}{\hbar(\omega_{j0}+\omega)}=\frac{\langle 0|(x^++x^-)|j\rangle\langle j|(x^--x^+)|0\rangle}{2i\hbar(\omega_{j0}-\omega)}$$
$$+\frac{\langle 0|(x^--x^+)|j\rangle\langle j|(x^++x^-)|0\rangle}{2i\hbar(\omega_{j0}+\omega)}$$
$$=\frac{1}{2i}\bigg(\frac{(\langle 0|x^-|j\rangle+\langle 0|x^+|j\rangle)(\langle j|x^-|0\rangle-\langle j|x^+|0\rangle)}{\hbar(\omega_{j0}-\omega)}$$
$$+\frac{(\langle 0|x^-|j\rangle-\langle 0|x^+|j\rangle)(\langle j|x^-|0\rangle+\langle j|x^+|0\rangle)}{\hbar(\omega_{j0}+\omega)}\bigg)$$
$$=\frac{1}{\hbar i}(|\langle 0|x^-|j\rangle|^2-|\langle 0|x^+|j\rangle|^2)\frac{\omega_{j0}}{\omega_{j0}^2-\omega^2}-\frac{1}{\hbar}\mathrm{Im}(\langle 0|x^-|j\rangle\langle j|x^+|0\rangle)\frac{\omega}{\omega_{j0}^2-\omega^2}$$

もし, 状態 $|0\rangle$ と状態 $|j\rangle$ の間の遷移が右円偏光のみで許されるならば, 第 1 項は有限の値をとるが, 第 2 項は 0 になる. また, 左右円偏光に対する遷移行列があまり大きく違わないときにもやはり第 2 項は小さな値をとる.

4.12　式 (4.46) を確かめよ.
(解)　図 4.7(a) のような準位を考える. 式 (4.40) において絶対零度では $\rho_n=1, \rho_m=0$ を代入する. 2 遷移系では, 2 つの遷移についてのみ和をとればよいので, 式 (4.40) の第 2 式は,

$$\varepsilon_{xy}=\frac{iNq^2}{m\varepsilon_0\omega}\bigg\{\frac{f_0\omega_1}{(\omega+i\gamma)^2-\omega_1^2}+\frac{-f_0\omega_2}{(\omega+i\gamma)^2-\omega_2^2}\bigg\}$$
$$=\frac{iNq^2f_0}{m\varepsilon_0\omega}\bigg\{\frac{\omega_0-\Delta/2}{(\omega+i\gamma)^2-(\omega_0-\Delta/2)^2}-\frac{\omega_0+\Delta/2}{(\omega+i\gamma)^2-(\omega_0+\Delta/2)^2}\bigg\}$$
$$=\frac{iNq^2f_0}{2m\varepsilon_0\omega}\bigg\{\frac{1}{\omega+i\gamma-\omega_0+\Delta/2}-\frac{1}{\omega+i\gamma+\omega_0-\Delta/2}-\frac{1}{\omega+i\gamma-\omega_0-\Delta/2}$$
$$+\frac{1}{\omega+i\gamma+\omega_0+\Delta/2}\bigg\}$$
$$\approx\frac{iNq^2f_0}{2m\varepsilon_0\omega}\bigg\{\frac{1}{\omega+i\gamma-\omega_0+\Delta/2}-\frac{1}{\omega+i\gamma-\omega_0-\Delta/2}\bigg\}$$
$$\approx\frac{iNq^2f_0}{2m\varepsilon_0\omega}\bigg(\frac{\{1-\Delta/2(\omega-\omega_0+i\gamma)\}}{(\omega-\omega_0+i\gamma)}-\frac{\{1+\Delta/2(\omega-\omega_0+i\gamma)\}}{(\omega-\omega_0+i\gamma)}\bigg)$$
$$=-\frac{iNq^2f_0\Delta}{2m\varepsilon_0\omega}\frac{1}{(\omega-\omega_0+i\gamma)^2}=-\frac{iNq^2f_0\Delta}{2m\varepsilon_0\omega}\frac{(\omega-\omega_0)^2-\gamma^2-2i\gamma(\omega-\omega_0)}{\{(\omega-\omega_0)^2+\gamma^2\}}$$

参 考 文 献

1) B. Lax and G. B. Wright : Phys. Rev. Lett. **4** (1960) 16.
2) R. Kubo : J. Phys. Soc. Jpn. **12** (1957) 570.
3) 花村榮一:「固物理理学」(裳華房, 1986) p.132.
4) 近桂一郎, 上村 洸: 日本物理学会誌 **24** (1969) 713. この解説の式 (3.11) はわれわれの (4.39) 式と本質的に同じであるが, 一部に誤りがある. それは式 (3.7) で $J=dP/dt=i\omega P$ と置いたことによる. $J_{nm}=(1/i\hbar)[H_0, P]_{nm}=(\omega_n-\omega_m)P_{nm}=\omega_{nm}P_{nm}$ とすれば本書と同じ形になる.
5) Y. Shen : Phys. Rev. **133A** (1964) 551.
6) H. S. Bennett and E. A. Stern : Phys. Rev. **137** (1964) A448.
7) F. J. Kahn, P. S. Persian and J. P. Remeika : Phys. Rev. **186** (1969) 891.
8) 上村 洸:「磁性体ハンドブック」(近角他編, 朝倉書店, 1975) p.1014.
9) C. S. Wang and J. Callaway : Phys. Rev. **B9** (1974) 4897.
10) M. Singh, C. S. Wang and J. Callaway : Phys. Rev. **B11** (1975) 287.
11) J. L. Erskine and E. A. Stern : Phys. Rev. Lett. **30** (1973) 1329.
12) J. L. Erskine and E. A. Stern : Phys. Rev. **B8** (1973) 1239.
13) W. Reim, O. E. Husser, J. Schoenes, E. Kaldis, P. Wachter and K. Seiler : J. Appl. Phys. **55** (1984) 2155.

5. 磁気光学効果の測定法とその解析[1]

> これまでの章では磁気光学効果の理論について述べてきた．かなり数式が続いたので，第5章ではちょっと気分を変えて，磁気光学効果の具体的な測定の方法について述べる．単に測定の方法を示すだけでなく，その原理についての理解が得られるように配慮した．原理を知っていると測定法を改善したり，さらに広い応用を考えたりするときの助けになる．最初はスペクトルのことは考慮せずに述べ，続いて分光測定の方法を述べる．最後に測定によって得られたデータからどのようにして誘電率などのパラメーターを計算するかについて解説する．

5.1 測定の原理

この節では，ファラデー効果の測定法を例にとって，磁気光学効果の測定法およびその原理について解説する．カー効果の測定の場合も反射光に対しての測定になるだけで，基本的にファラデー効果の測定法と同じである．また，ここではスペクトルの測定は念頭に置かないので，光源としては He-Ne（ヘリウムネオン）レーザーのようなものを想定している．

5.1.1 直交偏光子法

最もオーソドックスな磁気旋光角の測定は図 5.1(a) に示した構成で行われる．試料を磁極に孔をあけた電磁石の磁極の間に置き，光の進行方向と平行に磁界が印加されるように配置する．2つの偏光子 P と A（試料の後におかれる偏光

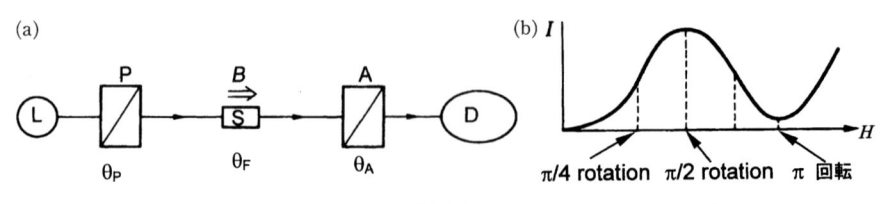

図 5.1

(a) 直交偏光子法の概略図
　L：光源，P：偏光子，S：試料，A：検光子，D：検出器．
(b) 直交偏光子法における検出器出力の磁界強度依存性

子は検光子とよばれることが多い)を用意し,磁界のないときに光検出器Dの出力が最小になるようAの角度を調整して,そのときの目盛 θ_0 を読み取る.次に磁界 H を印加して,Dの出力を最小とするAの目盛 θ_H を読み取り,$\theta_H - \theta_0$ を計算すると旋光角が得られる.読みとりの精度はAの微調機構の精度で決まり,あまり小さい旋光角を測定することはできない.

数式で説明すると,検出器に現れる出力 I は,偏光子の方位角を θ_P,検光子の方位角を θ_A,ファラデー回転を θ_F とすると,

$$I = I_0 \cos^2(\theta_P + \theta_F - \theta_A) \tag{5.1}$$

と表される.ここに θ_P, θ_A はそれぞれ偏光子と検光子の透過方向の角度を表している.直交条件では,$\theta_P - \theta_A = \pi/2$ となるので,この式は

$$I = I_0 \sin^2 \theta_F = \frac{I_0}{2}(1 - \cos 2\theta_F) \tag{5.2}$$

となる.θ_F が磁界 H に比例するとき,I を H に対してプロットすると図5.1(b)のようになる.θ_F が π の整数倍のとき I は0になるはずであるが,実際には磁気円二色性の存在のため,図のように右上がりの曲線となる.この方法は手軽であるが精度もあまり高くならない.そのため以下に述べるようないろいろの測定法が考案されている.

5.1.2 回転偏光子法[2,3]

この方法は,偏光子,または,検光子のいずれかを回転させる方法である.図5.2には偏光子Pを固定し,検光子Aを一定速度で回転させる場合を示してある.検光子が角周波数 p で回転するならば,$\theta_A = pt$ と書けるので,検出器出力 I_D は,

$$I_D = I_0 \cos^2(\theta_F - \theta_A) = \frac{I_0}{2}\{1 + \cos 2(\theta_F - pt)\} \tag{5.3}$$

と表される.すなわち,光検出器Dには回転角周波数の2倍の角周波数 $2p$ の電気信号が現れる.求めるべき回転角 θ_F は,出力光の位相が,磁界ゼロの場合か

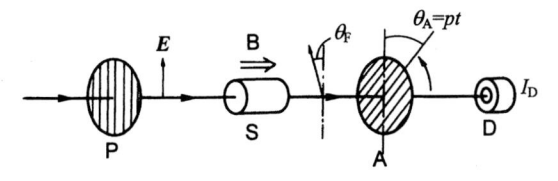

図5.2 回転偏光子法の説明図
P: 回転偏光子(方位角 θ_P), S: 試料(ファラデー回転 θ_F),
A: 検光子, D: 検出器(出力 I_D).

らずれの大きさ Ψ を測定すれば，$\Psi/2$ として旋光角が求まる．

位相の測定には，大きく分けて2つの方法がある．一つは位相の読み取りが可能なタイプのロックインアンプを用いるアナログ方式，もう一つは偏光子の回転角と出力の両方をメモリに蓄積しFFT（高速フーリエ変換法）などを用いて位相を解析するディジタル方式である．一般に後者の方が精度が高いとされている．検光子の回転ムラが誤差をもたらす原因となる．光軸と検光子の回転軸とが合致していないと，系統的な誤差を生ずる．

5.1.3 振動偏光子法

図5.3のように偏光子と検光子を直交させておき，偏光子を図のように

$$\theta = \theta_0 \sin pt \tag{5.4}$$

のように小さな角度 θ_0 の振幅で角周波数 p で振動させると，信号出力 I_D は，

$$I_D \propto I_0 \sin^2(\theta + \theta_F) = \frac{I_0}{2}\{1 - \cos 2(\theta + \theta_F)\}$$

$$= \frac{I_0\{1 - J_0(2\theta_0)\cos 2\theta_F\}}{2} - I_0 J_2(2\theta_0)\cos 2\theta_F \cdot \cos 2pt - I_0 J_1(2\theta_0)\sin 2\theta_F \cdot \sin pt \tag{5.5}$$

となる．ここに，$J_n(x)$ は n 次のベッセル関数である．θ_F が小さければ，角周波数 p の成分が光強度 I_0 および θ_F に比例し，角周波数 $2p$ の成分はほぼ光強度 I_0 に比例するので，この比をとれば θ_F を測定できる．

5.1.4 ファラデーセル法[4~7]

上に述べたように検光子を回転させて信号の最小値を探すかわりに，検光子は偏光子と直交するように固定しておき，試料のファラデー効果によって起きた回転をファラデーセルによって補償し，自動的に零位法測定を行うのが図5.4に示した方法の特徴である．この方法では，光検出器Dの出力が0になるようにファラデーセルに電流を流して偏光の向きを回転して試料による回転を打ち消している．感度を上げるために，ファラデーセルに加える直流電流に，変調用の交

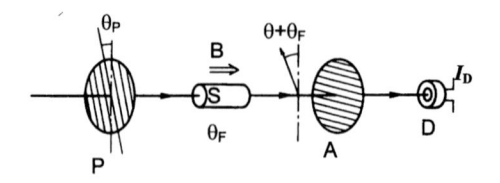

図5.3 振動検光子法の説明図
P：偏光子，S：試料，A：回転検光子，D：検出器．

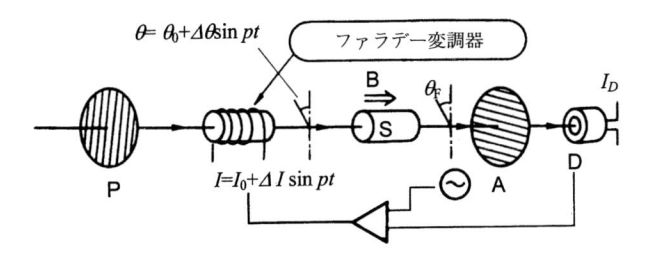

図 5.4 ファラデー変調器法の模式図
P：偏光子，S：試料，A：検光子，D：検出器．

流を重畳させておき，Dの出力をロックインアンプなどの高感度増幅器で増幅した出力をフィードバックする．このことを数式で示そう．図に示すように，ファラデーセルを用いて直線偏光に

$$\theta = \theta_0 + \Delta\theta \sin pt$$

だけの回転を与える．ここに，θ_0 は直流成分，$\Delta\theta$ は角周波数 p の交流成分の振幅で，コイルに流す直流および交流電流に比例する．このとき検出器出力 I_D は，

$$\begin{aligned}
I_D &= I_0 \sin^2(\theta_0 - \theta_F + \Delta\theta \sin pt) \\
&= \frac{I_0}{2}\{1 - \cos 2(\theta_0 - \theta_F)\cos(2\Delta\theta \sin pt) + \sin 2(\theta_0 - \theta_F)\sin(2\Delta\theta \sin pt)\} \\
&\approx \frac{I_0}{2}\{1 - \cos 2(\theta_0 - \theta_F)J_0(2\Delta\theta)\} + I_0 \sin 2(\theta_0 - \theta_F)J_1(2\Delta\theta)\sin pt \\
&\quad - I_0 \cos 2(\theta_0 - \theta_F)J_2(2\Delta\theta)\cos 2pt
\end{aligned} \tag{5.6}$$

となって，p 成分の強度は $\sin(\theta_0 - \theta_F)$ に比例する．この信号を0にするように（$\theta_0 = \theta_F$ となるように）ファラデーセルに流す電流の直流成分にフィードバックする．ファラデーセルの電流と回転角 θ_0 の関係をあらかじめ校正しておくと，電流を読めば回転角 θ_F を求められる．この方法は，零位法なので精度の高い測定ができる．実際この方法によって 0.001° 以下の小さな旋光角も読み取ることができる．

しかし，この方法は次のような欠点ももつ．①試料を磁化するための磁界が，ファラデーセルに影響を与えること，②大きな旋光性をもつ試料の場合，これを補償するためにセルに流す電流が大きくなり，これによる温度上昇のためにヴェルデ常数が変化して誤差の原因になること，③ファラデーセルのヴェルデ常数が波長 λ に対して $1/\lambda^2$ のような波長分散をもつので，長波長側での感度が低くなることである．

5.1.5 楕円率の測定法

5.1.1〜5.1.4項に述べた磁気光学効果の測定装置で磁気円二色性,あるいは,磁気光学楕円率を測定するにはどのようにすればよいだろうか.結果を先に書いておくと,楕円率は4分の1波長板($\lambda/4$板と略称)を用いて楕円率角を回転に変換して測定することが可能である.以下にはその原理について述べる.

図5.5に示すように楕円率角 η (rad) の楕円偏光が入射したとすると,その電気ベクトルは $\vec{E} = E_0(\cos\eta \boldsymbol{i} + i\sin\eta \boldsymbol{j})$ で表される ($\boldsymbol{i}, \boldsymbol{j}$ はそれぞれ x, y 方向の単位ベクトル).x 方向に光軸をもつ $\lambda/4$ 板を通すと,y 方向の位相は 90°遅れるので,出射光の電界は

$$\vec{E}' = E_0(\cos\eta \boldsymbol{i} + i\exp(-i\pi/2)\sin\eta \boldsymbol{j}) = E_0(\cos\eta \boldsymbol{i} + \sin\eta \boldsymbol{j}) \tag{5.7}$$

となるが,これは,x 軸から η (rad) 傾いた直線偏光を表している.したがって,入射楕円偏光の長軸の方向に $\lambda/4$ 板の光軸をあわせれば,上に述べたいずれかの回転角を測定する方法で楕円率角を測定できる.

$\lambda/4$ 板は通常結晶の屈折率の異方性を用いているので,原則として波長ごとに変える必要があるが,最近では屈折率の分散を利用した波長依存性の少ない $\lambda/4$ 板も市販されている.広い波長範囲で楕円率を測定するには,バビネソレイユ板とよばれる光学素子がある.これはくさび形の複屈折素子を2個使って,光路長をネジマイクロメーターで調整することによって,位相差の調整ができるようになっている.広い波長範囲で使うためには,波長に合わせて順次マイクロメーターを調整すればよい.

一般には,旋光性と磁気円二色性が同時に存在するのでやや複雑になるが,$\lambda/4$ 板の主軸を楕円の主軸に合わせれば直線偏光が出力されるので,上の場合と

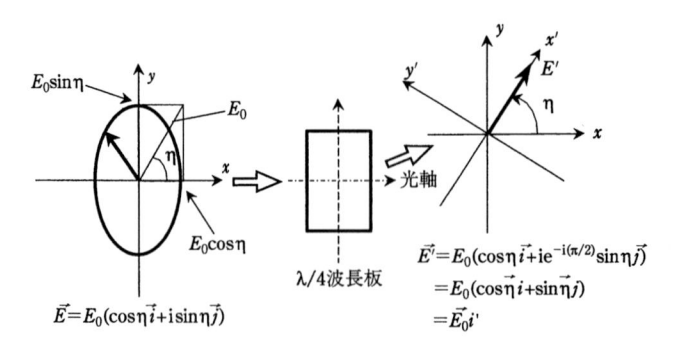

図5.5 $\lambda/4$ 波長板を用いて楕円率が測定できることの原理図

同様に取り扱える．したがって，$\lambda/4$ 板と検光子とを交互に調整して出力が最小になるようにすれば，$\lambda/4$ 板の主軸の角度から旋光角が，検光子の角度の余接 (cotangent) から楕円率が求められる．

5.1.6 光学遅延変調法（円偏光変調法）[8～11]

図 5.6 において P と A は直線偏光子，PEM は光弾性変調器[12～14]，D は光検出器である．ピエゾ光学変調器は，等方性の透明物質（石英，CaF_2 など）に水晶のピエゾ（圧電）振動子を貼り付けたものである．ピエゾ振動子に角周波数 p [rad/s] の高周波の電界を加えると，音響振動の定在波ができて透明物質に角周波数 p [rad/s] で振動する一軸異方性が生じ複屈折が現れる．その結果，光学遅延量 $\delta = \Delta nl/\lambda$ が p [rad/s] で変調される．すなわち，

$$\delta = \delta_0 \sin pt \tag{5.8}$$

この測定法の原理をまず定性的に説明しておこう．

図 5.7(a) は光弾性変調器によって生じる光学的遅延 δ の時間変化を表す．この図において δ の振幅 δ_0 は $\pi/2$ であると仮定すると，δ の正負のピークは円偏光に対応する．試料 S が旋光性も円二色性ももたないとすると，電界ベクトルの軌跡は (b) に示すように 1 周期の間に LP-RCP-LP-LCP-LP という順に変化する（ここに，LP は直線偏光，RCP は右円偏光，LCP は左円偏光を表す）．検光子の透過方向の射影は (c) に示すように時間に対して一定値をとる．旋光性があるとベクトル軌跡は (d) のようになり，その射影は (e) に示すごとく角周波数

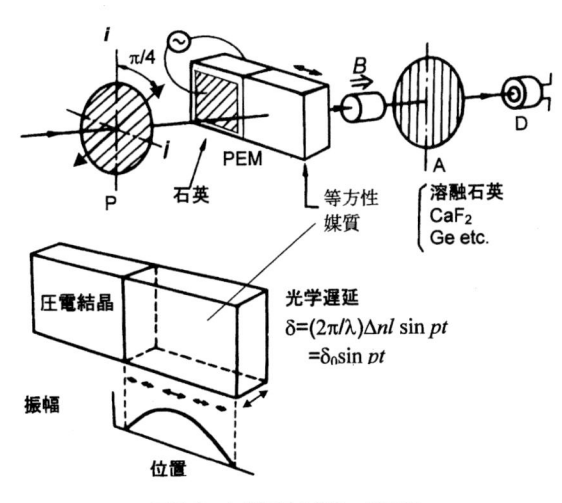

図 5.6 光学遅延変調法の説明図

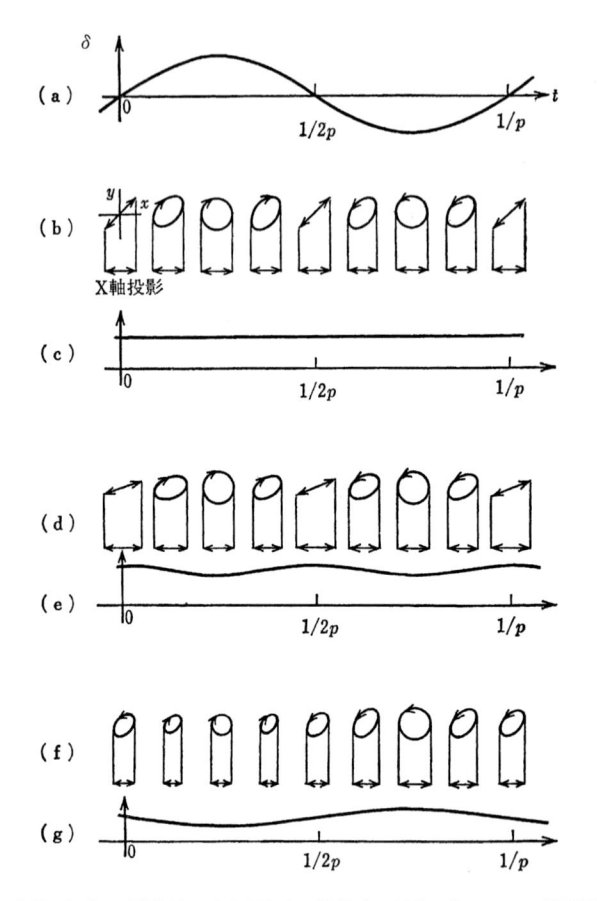

図5.7 光学遅延変調法により回転角と楕円率が測定できることの説明図[10]

$2p$ [rad/s]で振動する．一方，(f)のように円二色性があるとRCPとLCPとのベクトルの長さに差が生じ，射影(g)には角周波数 p [rad/s]の成分が現れる．

以上から，検光子を透過した光の出力の角周波数 p [rad/s]の成分を測定すれば円二色性が，$2p$ [rad/s]成分を測定すれば旋光性が求められる．

今度は，この方法の原理を数式を使って説明する．偏光子Pが x 軸と45°の角度をなす場合には，Pを通った光の電界 E は，

$$E_1 = \frac{1}{\sqrt{2}} E_0(\boldsymbol{i} + \boldsymbol{j}) \tag{5.9}$$

と表すことができる．ピエゾ光学変調器を通った光 E_2 の x 成分と y 成分の間に

は，δ の遅延があるので

$$\boldsymbol{E}_2 = \frac{E_0}{\sqrt{2}}\{\boldsymbol{i} + \exp(i\delta)\boldsymbol{j}\} \tag{5.10}$$

と表せる．これを 3.4.2 項で導入した右円偏光および左円偏光の単位ベクトル $\boldsymbol{r}, \boldsymbol{l}$ を使って書き直すと次のようになる．

$$\boldsymbol{E}_2 = \frac{E_0}{2}[\{1 - i\exp(i\delta)\}\boldsymbol{r} + \{1 + i\exp(i\delta)\}\boldsymbol{l}] \tag{5.11}$$

右円偏光および左円偏光に対するフレネル係数をそれぞれ $r_+ = |r_+|\exp(i\theta^+)$, $r_- = |r_-|\exp(i\theta^-)$ とすると，反射光 $\boldsymbol{E}_3$ は

$$\begin{aligned}\boldsymbol{E}_3 &= \frac{E_0}{2}[\{r_+(1 - i\exp(i\delta))\}\boldsymbol{r} + r_-\{1 + i\exp(i\delta)\}\boldsymbol{l}] \\ &= \frac{E_0}{2}[\{(r_+ + r_-) - i(r_+ - r_-)\exp(i\delta)\}\boldsymbol{i} + i\{(r_+ - r_-) \\ &\quad - i(r_+ + r_-)\exp(i\delta)\}\boldsymbol{j}] \end{aligned} \tag{5.12}$$

となる．次に，x 軸から φ の角度の透過方向をもつ検光子からの出力光の振幅 $\boldsymbol{E}_4$ は次のようになる．

$$\boldsymbol{E}_4 = \frac{E}{2\sqrt{2}}[r_+\{1 - i\exp(i\delta)\}\exp(i\varphi) + r_-\{1 + i\exp(i\delta)\}\exp(i\varphi)] \tag{5.13}$$

光の強度 I は，$|\boldsymbol{E}_4|^2$ に比例するので，

$$I \approx \frac{E_0^2}{2}\{R + \Delta R \sin\delta + R\sin(\Delta\theta + 2\varphi)\cos\delta\} \tag{5.14}$$

となる．ここに，$R, \Delta R$ および θ は

$$\left.\begin{aligned}R &= \frac{1}{2}(|r_+|^2 + |r_-|^2) \\ \Delta R &= |r_+|^2 - |r_-|^2 \\ \Delta\theta &= \theta_+ - \theta_-\end{aligned}\right\} \tag{5.15}$$

である．磁気光学効果のパラメーターは

$$\theta_K = -\frac{\Delta\theta}{2}$$

$$\eta_K = \frac{1}{4}\frac{\Delta R}{R}$$

なので，式 (5.14) は次のようになる．

$$I = \frac{1}{2}E_0^2 R\{1 + 2\eta_K\sin\delta + \sin(2\varphi - 2\theta_K)\cos\delta\} \tag{5.16}$$

検光子の透過方向を x 軸と合致させ $(\phi = 0)$，さらに，θ_K が小さい場合には

$$I \approx I_0 R(1 + 2\eta_K\sin\delta - 2\theta_K\cos\delta)$$

となる．ここで，$\delta=\delta_0\sin pt$ であることを考慮して，さらに
$$\sin(x\sin\phi)=2J_1(x)\sin\phi+\cdots$$
$$\cos(x\sin\phi)=J_0(x)+2J_2(x)\cos2\phi$$
というベッセル関数による展開式を用いると，光検出器の出力 I_D は

$$\begin{aligned}I_D&=\frac{I_0}{2}\{1+2\eta_K\sin(\delta_0\sin pt)-\sin2\theta_K\cos(\delta_0\sin pt)\}\\&=\frac{I_0}{2}\{1-2\theta_KJ_0(\delta_0)\}+I_0\cdot2\eta_KJ_1(\delta_0)\sin pt-I_0\cdot2\theta_KJ_2(\delta_0)\cos2pt+\cdots\\&\approx I(0)+I(p)\sin pt+I(2p)\cos2pt\end{aligned} \quad (5.17)$$

となる．ここに $I(0), I(p), I(2p)$ は，それぞれ，出力の直流成分，p [rad/s] 成分，$2p$ [rad/s] 成分を表し，

$$\left.\begin{aligned}I(0)&=\frac{I_0}{2}\{1-2\theta_KJ_0(\delta_0)\}\\I(p)&=2I_0\eta_KJ_1(\delta_0)\\I(2p)&=-2I_0\theta_KJ_2(\delta_0)\end{aligned}\right\} \quad (5.18)$$

と書けるので，p [rad/s] 成分と直流成分の比 $I(p)/I(0)$ から楕円率 η_K が，$2p$ [rad/s] 成分と直流成分の比 $I(2p)/I(0)$ から回転角 θ_K が求められる．

変調器による複屈折の変調振幅を Δn とすると，$\delta_0=2\pi\Delta nl/\lambda$ であるから，もし Δn が一定であれば δ_0 は波長依存性をもち，したがって，上式の $J_1(\delta_0), J_2(\delta_0)$ は波長依存性をもってしまう．しかし，PEM では複屈折の変調振幅 Δn を外部から電圧制御することによって，0.2 μm から 2 μm の広範囲にわたってリターデーションの変調振幅 δ_0 を一定に保つことができる．また，式(5.18)によると $I(0)$ は θ_K に依存するため，$I(p)/I(0), I(2p)/I(0)$ は η_K, θ_K に比例しない．$I(0)$ の θ_K 依存性をなくすには分母の $J_0(\delta_0)$ が 0 になるように，すなわち $\delta_0=2.4048$ となるように PEM の変調幅を制御すればよい．このとき $J_1(\delta_0)=0.5191, J_2(\delta_0)=0.4318$ であるから，楕円率 η_K および回転角 θ_K は

$$\left.\begin{aligned}\eta_K&=\frac{1}{4J_1(\delta_0)}\frac{I(p)}{I(0)}=0.4816\frac{I(p)}{I(0)}\\\theta_K&=\frac{1}{4J_2(\delta_0)}\frac{I(2p)}{I(0)}=0.5790\frac{I(2p)}{I(0)}\end{aligned}\right\} \quad (5.19)$$

として，[rad] 単位で求められる．以上の議論はカー効果を例にとって説明したが，ファラデー効果の場合にも同様に成り立つ．ただし，ファラデー効果の旋光角が大きい場合，式(5.17)の近似が成り立たないこともありえる．

このように，円偏光変調法は前節までに述べた方法と異なって，同じ光学系を

用いて旋光角と楕円率を測定できるという特徴をもっている.また,変調法をとっているため高感度化ができるという利点ももつ.しかしながら,この方法は零位法ではないので,何らかの手段による校正が必要である.

5.1.7 絶対値の校正について

ファラデーセル法のような零位法による測定の場合には,フィードバックして0にするのに必要な電流とファラデーセルの回転角との関係をあらかじめ校正しておけば,電流値を読むだけで回転角が求められる.

これに対し,光学遅延変調法の場合,回転角の校正には試料のかわりに鏡を置き,検光子を45°回転して通常と同様に測定し,係数などのパラメーターを決定する方法[10]や,検光子をわずかな角度回転したときの信号の変化をあらかじめ調べておき,それとの比較から決めるという方法が用いられる[11].また,楕円率の校正には,適当な厚みのサファイア板を使う.波長を変えた測定を行った場合,光学遅延が±90°のときに信号が正負のピークをもつことからその包絡線関数を校正に用いることができる[15].

● 5.1 節のまとめ――――
磁気光学効果の測定法・特徴
　直交偏光子法………簡便,高い精度が得られない.
　回転偏光子法………高感度,円二色性の測定には$\lambda/4$板が必要である.
　振動偏光子法………高感度,円二色性の測定には$\lambda/4$板が必要である.
　ファラデーセル法…高精度,ただし,利用できる波長領域が限られる.
　光学遅延変調法……高感度で広波長領域での測定に利用できる.
　　　　　　　　　　旋光角と円二色性とが同時に測定できる.

5.2 スペクトルの測定法

2.6節に述べたように,磁気光学材料の基礎研究および開発においてはスペクトルの測定が非常に重要である.この節ではスペクトルの測定法について述べる.

磁気光学スペクトルの測定には光源,偏光子,分光器,集光系,検出器の一式が必要であるが,各々の機器の分光特性が問題になる.さらに,試料の冷却が必要な場合,あるいは真空中での測定が必要な場合には,窓材の透過特性が問題になる.

磁気光学スペクトルを測定できる波長範囲は,ほぼ偏光子の利用できる範囲に限られるため,通常報告されているデータは $0.2\ \mu m$ から $2.6\ \mu m$ の範囲のもの

が多い.

以下に，磁気光学スペクトルの測定に用いる各種光学素子について，その分光特性などを紹介する．

5.2.1 光　源

ハロゲンランプは，図5.8に示すように0.35 μm から2.6 μm の範囲で比較的平坦な分光特性[16]を示すこと，および安価でかつ非常に安定性にすぐれているため可視～近赤外光源として広く用いられている．しかし，この光源の光強度はあまり大きくないので，透過率の小さな試料のファラデー効果を測定するときや，分光器の分解能を高くするためにスリットを狭めて用いるとき，光量が減って雑音の多いデータとなる．このようなとき光量の大きな光源としてキセノンランプがよく用いられる．

キセノンランプの分光特性は，図5.9に示すように可視領域にほぼ連続なスペクトルを有し，天然昼光に近い[17]．キセノンランプは波長200 nmくらいの短波長でも十分な強度がとれるが，赤外部0.8から1.1 μm には輝線があるので，細かい測定をする場合，注意が必要である．キセノンランプには紫外光を出さないような窓材が使われているオゾンレスというタイプと広帯域用として売られている溶融石英窓を使ったものがあるので，注意が必要である．また，分光用にはアーク長が数ミリのいわゆるショートアーク型がよく用いられる．キセノン光源は放電灯であるため，放電路の位置の変化にともなう光源強度の不安定性は避けられない．強度変化を常に補正しながら測定することが望まれる．

200 nmより短波長の近紫外の光源としては重水素ランプが使用される．重水素ランプは分光特性が比較的平坦である．このランプは大変強度が弱いが，可視

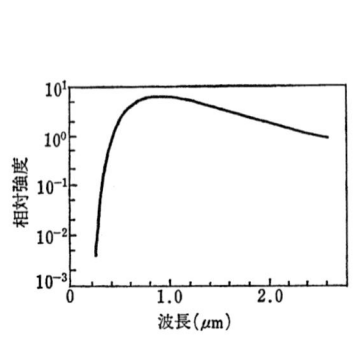

図 5.8　ハロゲンランプの分光強度分布[16]

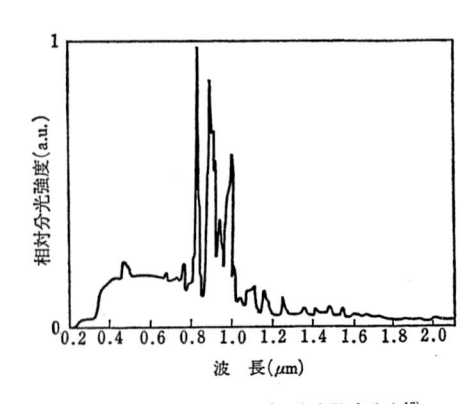

図 5.9　キセノンランプの分光強度分布[17]

光の出力がほとんどないので,キセノンと違って後に述べるような分光器内の迷光の心配はない.

また,2.5 μm より長波長の測定にはグローバーやニクロム線などの熱源が用いられる.赤外用にサファイア窓のハロゲンランプも市販されている.

5.2.2 偏 光 子[18,19]

偏光子には多くの種類があるが,大別すると二色性偏光子,複屈折偏光子,ワイヤグリッド偏光子およびブリュースター偏光子の4つがある.

a. 二色性偏光子[20] いわゆるポラロイド板とよばれるもので,有機分子を配向させて一軸異方性をもたせ,配向方向の偏光に対する吸収係数と,それに垂直な偏光に対する吸収係数が異なるようヨウ素系の化合物を吸着させ,大きな直線偏光二色性をもたせてある.低価格で大面積の偏光子が作れるので,偏光サングラス,液晶表示装置などに使われている.この種の偏光子では測定波長領域に吸収帯が存在することが必要である.ポラロイド社のHNシートは350~750 nm でのみ二色性をもち直線偏光子として働くが,それより長波長では偏光性が著しく低下する.同社のHRシートは 700~2300 nm の近赤外で使用できるが,これより短い波長の光は透過しない.二色性偏光子は消光比が高くとれないので,磁気光学効果測定にはあまり用いられないが,光学遅延変調法を用いる場合は消光比が多少劣っていても実用には差し支えない.

b. 複屈折偏光子 複屈折をもつ物質を三角柱状に切り出し,2つの三角柱を貼り合わせて作った偏光プリズムは,原理的には材料の透過波長領域の全範囲で使用できる.消光比が高いので,精密な測定にはこのタイプのものが使用される.透過波長領域はプリズムの貼り合わせのための糊(通常はカナダバルサムが用いられる)の吸収が問題になる.糊を使わない air gap 型のもの,optical contact のものなどもある.材質としては,水晶,方解石,フッ化マグネシウムなどが用いられている.表5.1に複屈折偏光子の一覧を示す[18,19,21,22].

250 nm より短波長では,方解石に含まれる不純物のために光が通らない.このため,石英やフッ化マグネシウム(MgF_2)を用いたロションプリズムが使用される.この偏光子の利点は貼り合わせに糊を使わず optical contact をとるため,紫外光のロスが少ないこと,光軸のずれが小さいこと,視野が広いことなどの特徴をもつ.この偏光子は複像であり,常光線と異常光線の両方が出るため,これらを分離しなければならない.この2つの光線のなす角 θ は,材質と光の波長とに依存する.赤外では θ は小さい.特に,MgF_2 のロションプリズムは常光線と異常光線の分離角がかなり小さいため,不要な偏光を取り除くためのスリッ

5. 磁気光学効果の測定法とその解析

表 5.1 複屈折偏光子の一覧[18,19,21,22]

名称	接着面	出射光	材質	角度 α	鋭鈍比	視野	複像の角度 θ λ	スペクトル範囲	透過率
ニコル	カナダバルサム	異常光線	方解石	22°	3.28	29° 45'	単像	210〜2700mm	50%
グラン・フーコー	空気間隙	異常光線	方解石	50° 18' 50° 15'	0.83 0.85	7° 54' 8° 06'	単像	210〜2700mm (214〜2300)	50%
グラン・テーラー*	空気間隙	異常光線	方解石	50° 18' 50° 15'	0.83 0.85	7° 54' 8° 06'	単像	210〜2700mm (214〜2300)	90%
グラン・トムソン	カナダバルサム	異常光線	方解石	20° 13° 55' 12° 06'	3.0 4.16 4.65	10° 41° 50' 35°	単像	300〜2700 (320〜2300)	33〜41%
フランシリッター	カナダバルサム	異常光線	方解石				単像	210〜3300	40%
アーレンス	カナダバルサム	異常光線	方解石			28°〜32°	単像	210〜2700	
ロション	光学接触およびカナダバルサム	異常	水晶 方解石 MgF₂	20° 10° 60° 40° 30° 11° 46'	2.7 5.7 0.57 1.4 1.7 4.8	〜60°	$\theta_{198}=2°05'$ $\theta_{198}=3°40'$ $\theta_{589}=5°50'$ $\theta_{589}=10°25'$ $\theta_{589}=22°35'$ $\theta_{548}=3°30'$	140〜7000	
セナルモン	光学接触	異常および常光線	水晶 方解石	45° 45°			θはロションの2倍		
ウォラストン		異常および常光線	水晶 方解石						
ジャマン	なし	異常および常光線	CS₂ 方解石						
ドーベ	なし	異常および常光線	水晶						
コットン		異常および常光線	方解石						
アッベ		異常および常光線	ガラス 方解石 ガラス						
タルボ		異常および常光線	ガラス 方解石						

*印のものが一般に用いられる。

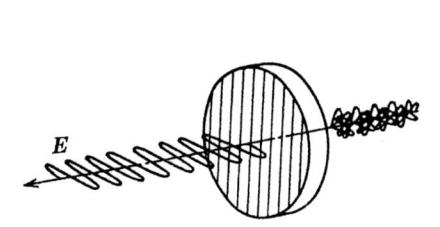

図 5.10 ワイヤグリッド偏光子の模式図 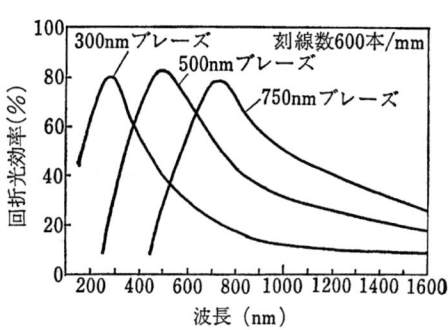　　**図 5.11** 回折格子分光器の分光能率[23]

トなどに工夫が必要である．

近赤外領域では，方解石の偏光子が $2.7\,\mu$m まで使用できる．紫外までの測定を必要としない場合は，ロションプリズムを用いなくともグラン-テーラーまたはグラン-トムソンプリズムが適している．

一般に，複屈折偏光子の視野角 (field of view) は狭く，それ以上の円錐角で入射した光は偏光とならないか，あるいは，透過しないので注意を要する．

c. ワイヤグリッド偏光子　　$2.5\,\mu$m より長波長の光に対する偏光子は，図 5.10 のように透明の基板 (臭化銀 AgBr，ポリエチレンなど) に微小な間隔で金やアルミニウムの線を引いたものである．この場合，線の間隔を d，波長を λ とすると，$\lambda \gg d$ の波長の光に対して，透過光は線に垂直な振動面をもつほぼ完全な直線偏光になることを利用している．

中赤外用 ($2.5\,\mu$m から $25\,\mu$m) としては臭化銀基板に $d=0.3\,\mu$m 間隔で金線を引いたものが，遠赤外用 ($16\sim1000\,\mu$m) としてはポリエチレン板に $d=0.7\,\mu$m でアルミニウム線を引いたものが用いられる．偏光度は 97% 程度といわれる．

d. ブリュースター偏光子　　赤外や紫外域で適当な偏光子のない場合にブリュースター角に置いた物質の反射，または透過光を用いることがある．赤外用のブリュースター偏光子としては次のようなものがある．

反射型：Se ($\theta=68°$，反射率 $R=51$ %)，Si ($\theta=74.5°$, $R=74.5$ %)
　　　　Ge ($\theta=76°$, $R=78$ %)

透過型：ポリエチレン ($\theta=55°$)，Se, AgCl

5.2.3 分　光　器

分光器は，測定する目的が高分解能を必要とする場合を除いて，分解能よりも

表5.2 波長域に応じた高次光遮断フィルターの選択
(*は東芝ガラスフィルターの型番)

波長域(nm)	フィルター名	カットオフ	2次光	3次光	4次光
350〜600	UV35*	350	175〜300		
500〜900	Y50*	500	250〜450	167〜300	125〜225
700〜1100	R67*	670	350〜600	233〜400	175〜300
1110〜2000	Si	1050	600〜1000	400〜667	300〜500
1900〜2600	Ge	1800	950〜1300	633〜867	475〜650

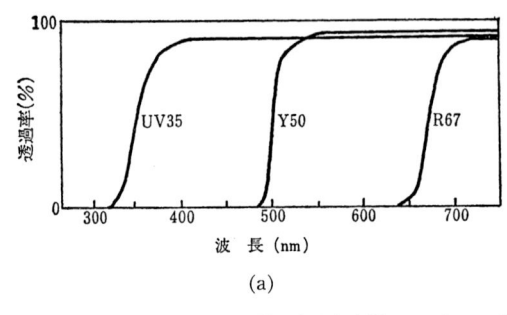

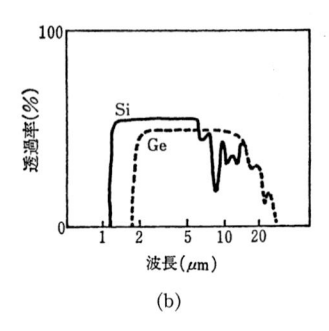

図5.12 高次光遮断フィルターの分光透過特性[24,25]

明るさに重点を置いて選ぶ必要がある．焦点距離25cm程度で，fナンバーが3〜4のものが望ましい．現在では，通常回折格子式の分光器が使われている．回折格子は刻線数とブレーズ波長によって特徴づけられる．たとえば「刻線数1200本/mm，ブレーズ750nm」というように表示されているが，この場合ブレーズ波長750nmのところで最も回折効率が高い．分解能は刻線数に比例する．図5.11はこのような回折格子分光器の効率の波長依存性を示している[23]．測定したい波長領域に応じて適当なブレーズ波長をもつ回折格子を選択することが望ましい．

回折格子分光器はその性質上必ず高次光が出力されるので，ローパスフィルターを用いて高次光の遮断を行う．ローパスフィルターとしては適当な色ガラスフィルター，半導体結晶フィルター，干渉フィルターなどが用いられる．高次光の遮断は特に赤外域で重要になってくる．たとえば，2μmに波長ダイアルを合わせて白色光を分光すると，同時に2次光1μm，3次光667nm，4次光500nm，5次光400nm，……が出力されており，2μmのみを取り出すためには1μmより短い波長の光を遮断するフィルターを用いる必要がある．高次光遮断フィルターは使用する波長領域に合わせて変えなければならない．表5.2には波長域に応じてどのようなフィルターを選択すべきかを示してある．図5.12に，

表5.2に示したフィルターの分光透過特性を掲げる[24,25]．

また，キセノンランプを光源として紫外領域の測定を行う場合，シングルモノクロメーターでは迷光の可視光が強いため，誤った測定結果をもたらす心配がある．バンドパスフィルターを注意深く選択するか，ダブルモノクロメーターを使用することをお勧めする．また，回折格子のブレーズ波長より短波長側では，回折能率が急落しているので測定に注意が必要である．

5.2.4 集 光 系

集光に用いる光学系は，測定波長範囲が可視光領域だけというように狭いときはレンズで十分である．しかし，近紫外から近赤外におよぶ広い波長範囲では色収差が無視できない．単レンズの色収差 δf は，焦点距離 f，屈折率 n を使って $\delta f/f = -\delta n/(n-1)$ で与えられる[26]．たとえば，石英ガラスのレンズを用いて，$0.4 \sim 2\,\mu m$ の間で測定するとすれば，$\delta f/f = -0.067$ となり，$f = 15\,cm$ ならば $\delta f \sim 1\,cm$ となる．

これに比して非球面鏡を用いた集光系では色収差はほとんど問題にならないので，可視域で調整してそのまま赤外でも用いることができる．また，レンズのように媒質の透過の問題がないので，近赤外から近紫外までの広い波長範囲で使用できる．非球面鏡，特に楕円面鏡は色収差がなく，像のゆがみも少ないという利点をもつが，高価であることが欠点である．また，きちんと調整しないと十分な性能を発揮しない．楕円面鏡は2つの焦点 F_1 と F_2 をもち，F_1 の像が F_2 に結ばれるが，像の歪みが小さいので分光測定用に推奨される．軸外し楕円面鏡は光を直角に曲げるのに適している．

鏡に蒸着する金属としてはアルミニウムを用いるのが普通であるが，800 nm 付近にわずかではあるが反射率の極小があるので注意しなければならない[25]．これに対して銀は反射率が高く，分光特性は 600 nm より長波長ではほぼ平坦であるから近赤外の測定に都合がよい[25]．金属膜は化学変化を受けやすいので MgF_2 などの保護膜をつける必要がある．この表面保護膜の厚みを正確に制御しないと，反射率が悪くなることがある．

鏡を用いるときに注意しなければならないのは光路を曲げるときに偏光が変わってしまうことで，偏光が関係する測定においては偏光子と試料との間にはけっして鏡を入れてはならない．特に，曲率をもった鏡を使うときは偏光が非常に乱されるので注意が必要である．

5.2.5 λ/4板

直交する2つの偏光成分の間に 90° の位相差 (光学的遅延とよばれる) を与え

る素子を四分の一波長板，または，λ/4板という．雲母や水晶などの複屈折を用いたものは特定の波長でのみ90°の位相差があるが，それから外れるとλ/4板として使えないので，いくつかのものを用意しておき，波長領域に応じて切り替えることが必要である．5.1.5項で述べたように，広い波長領域で使えるものとしてはバビネソレイユ板などがある．また，PVA(ポリビニルアルコール)膜を用いた簡易型のλ/4板も市販されている．最近は広い波長領域で使えるアクロマティックλ/4板も市販されている．

5.2.6 光検出器

光検出器としては，光電子増倍管と半導体検出器が使用されている．以下に両者について述べておく．

a. 光電子増倍管[27]　光検出器は，紫外から近赤外までの範囲で，光電子増倍管(PMT)が用いられる．分光感度特性がなるべく広いものが望ましい．PMTは光電面の違いにより，いくつかのタイプに分けられる．ここでは代表的な光電子増倍管であるS-1型，S-20型およびGaAs型について説明しておく．分光感度特性は図5.13に示した．

(1) S-1型：この型は，近紫外から近赤外におよぶ広い波長範囲に感度をもつが，感度が低く，暗電流が大きいので冷却して用いるなどの工夫を要する．可視-近紫外域にはより高感度の光電子増倍管が使えるので，S-1型は主に近赤外用となっている．

(2) S-20型：マルチアルカリ光電面を用いているため高感度で暗電流も小さく微弱光の検出に適している．しかし，近赤外の感度が低いので，半導体検出器

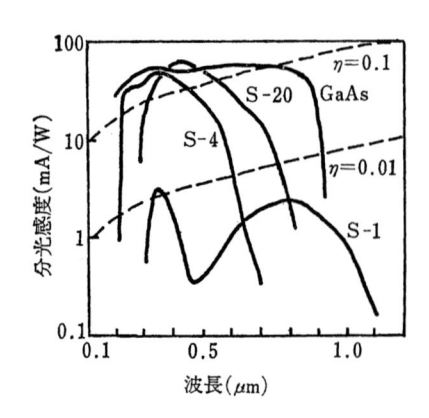

タイプ	光電面
S-1	Ag-O-Cs
S-4	Sb-Cs
S-20	マルチアルカリ
GaAs	GaAs結晶

図5.13　光電子増倍管(PMT)の分光感度特性[27]

との連続性がとりにくい．

(3) GaAs 型：光電面として Cs（セシウム）を薄く蒸着して親和力を下げた半導体（GaAs, GaInAs など）を光陰極として有する PMT が特に広い波長特性をもつ．現在では 1.8 μm の赤外線まで使える PMT が市販されている．GaAs を用いたものは図に示すように分光特性が紫外から近赤外（930 nm）まで広い波長範囲において平坦で使いやすい．しかし，光電面が小さいので集光上の注意が必要である．

光電子増倍管は磁界の影響を受けやすいので，磁気シールドをする必要がある．場合によっては光ファイバーで磁界から離す必要がある．

b. 半導体光検出器[28]　可視域の長波長側から赤外域にかけての光検出器としては半導体が用いられる．半導体の光伝導を用いるものと，pn 接合の光起電力効果を用いるものがある．前者としては PbS（硫化鉛），PbSe（セレン化鉛）があり，後者としては Si, Ge, InSb, InAs, GaAlAs, CdHgTe, PbSnTe などのフォトセルが用いられる．表 5.3 に種々の半導体検出器の特性の一例を一覧表の形で示す．これらの半導体検出器の感度を示す量としては，D^*（D スター），または，NEP（雑音等価光量）が用いられる．D^* は検出感度のよさを表す目安で，NEP の逆数に比例する．NEP には受光面の面積 A と増幅器のバンド幅 Δf の積の平方根 $\sqrt{A \Delta f}$ という量を含んでいるので，感度としては NEP の逆数に $\sqrt{A \Delta f}$ を掛けた形になる．単位は $cm \cdot Hz^{1/2} \cdot W^{-1}$ である．図 5.14 に種々の検出器について D^* の分光特性を示す．

0.8～1.8 μm で最も D^* の大きいのは，液体窒素冷却型 Ge pin フォトダイオードで，光電子増倍管なみの感度を有するといわれている．しかし，D^* の大きいものは応答速度が遅いので数十 kHz の変調光の検出には用いられない．応答速度の速い検出器は容量を下げるために，受光面の面積を小さくしてある．したがって，検出器の受光面にどのように集光するかが重要なポイントになる．

表5.3　半導体検出器の特性一覧

検出器	動作モード	動作温度 (K)	波長範囲 (μm)	ピーク波長 λ (μm)	ピーク感度 $D^*(\lambda p, 1000, 1)$	応答時間
Si	PV	295	0.3～1.1	0.7	$1\sim2\times10^{13}$	1ns～1μm
Ge	PV	77	0.8～1.8	1.2	$1\sim6\times10^{12}$	10ns～10ms
PbS	PC	195	0.4～3.3	2.5	$2\sim6\times10^{11}$	2ms
PbSe	PC	77	1～2.5	4.8	3×10^{10}	40μs
InAs	PV	77	1.2～3.5	2.8	8×10^{10}	0.5～2μs
InSb	PV	77	1.5～5.6	5.0	1×10^{11}	0.2μs
CdHgTe	PV	77	6～12	10.6	2×10^{10}	2μs
CdHgTe	PC	77	5～25	13	1×10^{10}	5～100ns
GeAu	PV	60	2.5～8.0	5.3	3×10^{10}	50ns

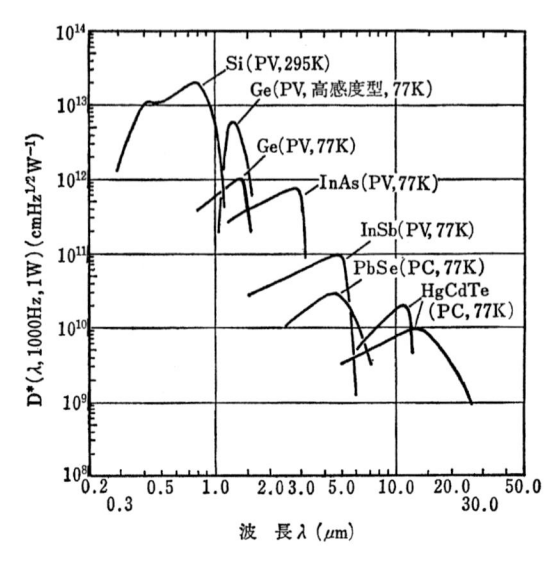

図5.14 半導体光検出器の分光感度曲線

2.5 μm より長波長に感度をもつ InSb などの赤外線検出器では，熱放射を非常に拾いやすい点が問題となる．これが暗電流による直流成分の大きな原因となる．また，チョッパーの羽からの熱放射を受けるので，切っているはずの時間帯に信号(逆位相の信号)をもたらすことになる．したがって，赤外線検出器のすぐ前にチョッパーを置いてはならない．

光検出器のプリアンプとしてはオペアンプを用いた電流電圧変換回路を採用する．このときの注意事項としては，入力バイアス電流の小さくて(10^{-12} A 程度)，入力換算雑音の低いオペアンプを選ぶことが挙げられる．電流電圧変換回路では入力インピーダンスが 0 であるから，浮遊容量がある場合でもそれを除くことができるので高速応答用のプリアンプとして適している．

5.2.7 電磁石と冷却装置

ファラデー効果や極カー効果の測定はファラデー配置で行う必要がある．弱い磁界($\mu_0 H = 0.01 \sim 0.1$ T 程度)の場合は空心のソレノイドでよいが，強い磁界が必要な場合，磁束密度 1~2 T ならば鉄心電磁石，5~10 T 程度必要な場合は超伝導電磁石を用いる．鉄心電磁石でファラデー配置を用いる場合，光の導入のために磁極に孔を空ける必要があるが，この孔は通常は内径 10 mm 以内なのでほとんど平行ビームしか導入できない．このことは，反射の磁気光学効果を測定す

る場合に深刻である．スプリット型の超伝導磁石なら比較的大きな視野角で光を導入できるというメリットがある．ただし，超伝導コイルは漏洩磁束が光学素子，変調器，光検出器などに影響を与えることがあり，注意しなければならない．

キュリー温度の低い材料の磁気光学効果を測定する場合には，冷却のために試料はクライオスタット中に保持される．試料冷却用クライオスタットは液体窒素，液体ヘリウムなど液体の寒剤を用いるものと，寒剤のガスを用いるもの，小型冷凍機で低温を作り出すものなどがある．また，室温から-50℃くらいまでなら，ペルチエ素子による電子冷却が使える．冷却装置を用いるときには必ず窓材が使われるが，その窓材のファラデー効果，および，冷却や真空排気にともなう歪みで光弾性的に発生する複屈折に注意を払わねばならない．

5.2.8 光学素子の配置

広い波長範囲にわたって極カー効果を正確に測定するには，偏光子-変調器-試料-検光子の間の光路にはレンズ，鏡などの光学素子は一切挿入しないようにしなければならない．しかし，極カー効果の場合にこれを守ろうとすると，図5.15(a)に示すように斜め入射の配置をとる必要がある．このことによる誤差は，斜め入射の場合の極カー効果を表す式(3.89)がどの程度垂直入射の式(3.82)に近いかで評価できる．例として，磁性体の屈折率を2.5とすると，入射角ϕ_0を10°としたときスネルの法則から$\cos\phi_0=0.9848$, $\cos\phi_2=0.9976$となり，式(3.89)において$\cos\phi_2/\cos\phi_0=1.013$とおくことができる．比誘電率を10とすると0.67％の誤差で垂直入射とみなせる．

一方，図5.15(b)には，縦カー効果の測定のための斜め入射磁気光学スペクトル測定用の配置が示されている．縦カー効果は磁性体が面内磁化をもつ場合に適しているので，磁性体薄膜の表面の磁化評価法としてよく用いられる．特に，

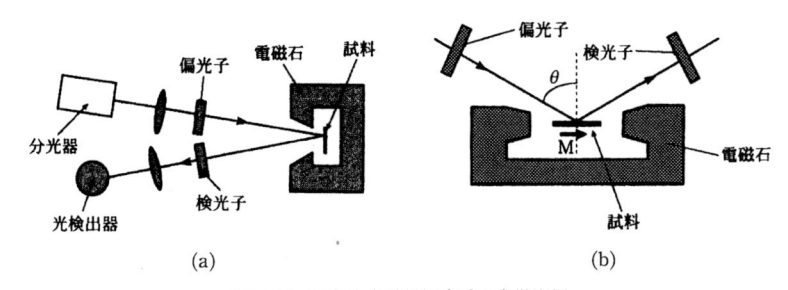

図5.15 磁気光学効果測定系の光学配置
(a) 極カー効果，(b) 縦カー効果

高真空の成膜装置において in situ で磁化を観察する手段として用いられる．

5.2.9 電気信号の処理

ここでは光学遅延変調法により磁気光学スペクトルを測定する場合の電気信号処理系について簡単に記述する．図 5.16 にこの測定系のブロック線図を示す．式 (5.19) からわかるように，磁気旋光角は変調周波数 p [rad/s] の 2 倍の成分と直流成分との比から，磁気円二色性は変調周波数成分と直流成分の比から求まる．直流成分を知るために，光を f [rad/s] で断続して交流信号として検出することもよく行われる (特に，半導体検出器を使うときは暗電流との分離のために交流にしなければならない)．したがって，p [rad/s] 成分と f [rad/s] 成分，あるいは $2p$ [rad/s] 成分と f [rad/s] 成分をロックインアンプの出力として求め，これらの比を計算する必要がある．

光電子増倍管を用いているときには，カソード電圧によって感度が変わるという性質を使って信号の直流分がいつも一定値をとるようにフィードバックをかけておけば，交流分を読み取るだけでこれらの比を求めることができる．半導体検出器を用いる場合には光源の強度にフィードバックをかける必要がある．

通常，測定にはコンピューターを使って各ロックインアンプのデータを収集し，所要の比を計算するとともに，分光器を制御したり，フィルターの選択をしたりするやり方が行われている．収集した実験データは，波長範囲に分けて測定されたデータの接続，校正，データの平滑化処理，ノイズの平滑化，データの保存，誘電率テンソルの解析に用いられる．また，このシステムを使うことにより

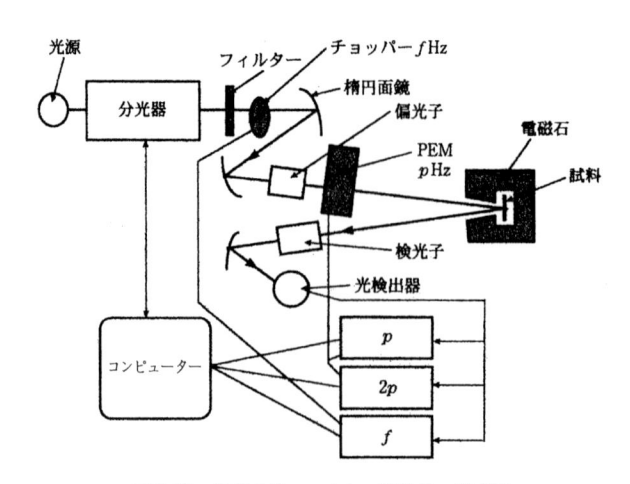

図 5.16 磁気光学スペクトル測定系の模式図

PEMの光学的遅延の変調振幅を波長にかかわらず一定に保つための制御も行うことができる[29].

● **5.2節のまとめ**
磁気光学スペクトルの測定
　光源,偏光子,分光器,λ/4板,光検出器,冷却装置の窓材などについてそれぞれ分光特性を検討しなければならない.
磁気光学測定系
　コンピューターを用いたデータ収集が解析や測定系の制御のために望ましい.

5.3 磁気光学スペクトルから誘電率テンソルの非対角成分を求める方法

　本節では,前節の測定によって磁気旋光角 θ と磁気楕円率角 η が得られた場合に,誘電率テンソルの非対角成分のスペクトルを計算する方法について述べる.巨視的に見た場合,磁気光学効果は誘電率テンソルの非対角成分に由来するが,第3章の式(3.54)(ファラデー効果)および式(3.82)(カー効果)に示すように,複素旋光角 Φ は誘電率テンソルの非対角成分 ε_{xy} だけでなく,対角成分 ε_{xx} にも依存する.

　したがって,誘電率テンソルによる解析のためには,何らかの方法で光学定数 n, κ または誘電率の対角成分 ε_{xx} の実数部および虚数部のスペクトルを求めることが必要である.

　光学定数 n, κ のスペクトルを直接求める方法としては,分光エリプソメトリーという方法がある.エリプソメトリーというのは斜め入射での反射の際にP偏光とS偏光が受ける光学的応答の違いを利用して物質の光学定数を求める方法で,偏光解析ともよばれる.ある物質のP偏光に対するフレネル係数を r_P, S偏光に対するそれを r_S とすると,$r_P/r_S = \rho \exp i\Delta = \tan \Psi \exp i\Delta$ と書けるが,エリプソメトリー装置で直接測定できるのはこの Ψ と Δ である.入射角がわかるとこれらの値から計算によって光学定数を求めることができる.分光エリプソメトリーは,この操作を波長を変えて行うものである.

　市販の分光エリプソメーターを使って測定できる領域は300 nm~800 nmの狭い波長範囲である.これより広い波長範囲で光学定数を求めるためによく用いられるのが,すでに紹介した反射スペクトルのクラマース-クローニヒ解析から求める方法である.この方法は,測定した反射スペクトル $R(\omega)$ に適当な外挿を行って,クラマース-クローニヒの関係式を用いて反射の際の位相変化(移相量) $\theta(\omega)$ を求め,$R(\omega)$ と $\Delta\theta(\omega)$ から式(3.74)を用いて $n(\omega), \kappa(\omega)$ を計算する.

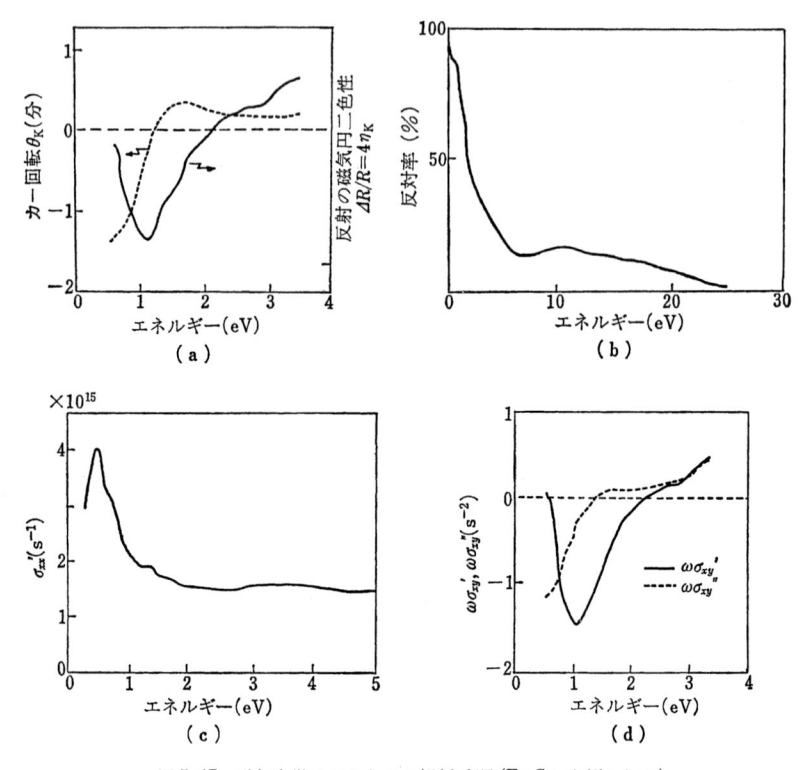

図 5.17 磁気光学スペクトルの解析手順（Fe_7Se_8 を例として）

実際に測定されるエネルギー範囲は有限であるから，それ以上のエネルギーの範囲については外挿を行う．このパラメーターを適当に調節して分光エリプソメーターの実験値を再現するようにしている．得られた $n(\omega), \kappa(\omega)$ を用いると，ε_{xy} の実数部と虚数部が次のように計算できる．

$$\left. \begin{array}{l} \varepsilon_{xy}' = n(1-n^2+3\kappa^2)\theta_K - \kappa(1-3n^2+\kappa^2)\eta_K \\ \varepsilon_{xy}'' = \kappa(1-3n^2+\kappa^2)\theta_K + n(1-n^2+3\kappa^2)\eta_K \end{array} \right\} \quad (5.20)$$

によって計算できる．ここに θ_K, η_K はカー回転角およびカー楕円率である．

解析の手続きの一例として，フェリ磁性体 Fe_7Se_8 について筆者らが行った一連のプロセスを図 5.17(a)〜(d) に示す[30]．この物質は金属伝導性をもつので，誘電率ではなく伝導率テンソルに変換する．(a) はカー効果の生のスペクトル (0.5〜3 eV) で，実線はカー回転 ϕ_K，破線はカー楕円率 η_K である．(b) は反射

スペクトルで、クラマース-クローニヒ解析のために十分広いエネルギー範囲(0.2〜25 eV)のスペクトルが測定してある。(d)はクラマース-クローニヒ解析で求めた n と κ を使って伝導率テンソルの対角成分 σ_{xx} に変換したものである。実線が実数部(吸収スペクトルに対応)、点線が虚数部である。(d)は(a)のカースペクトルと、n と κ を用いて計算した $\omega\sigma_{xy}$ のスペクトルである。実線が実数部、点線が虚数部を表す。

● **5.3節のまとめ**

磁気光学スペクトルから誘電率テンソルの対角成分への変換

磁気光学スペクトル $\phi_K(\omega), \eta_K(\omega) \longrightarrow \varepsilon_{xy}'(\omega), \varepsilon_{xy}'(\omega)$
$$(5.20) \uparrow$$
反射スペクトル $R(\omega) \longrightarrow n(\omega), \kappa(\omega) \longrightarrow \varepsilon_{xx}'(\omega), \varepsilon_{xx}''(\omega)$
$$(3.74) \qquad (3.39)$$

5.4 コットン-ムートン効果の測定[31]

3.7節で述べたように、コットン-ムートン効果は光の進行方向と磁界(磁化)の方向が垂直である場合の磁気光学効果である。この効果は、光学遅延として現れる。図5.18は、PEM(光弾性変調器)を用いた磁気複屈折の測定装置である。この測定装置は基本的には5.1.6項に述べた光学遅延変調法によるファラデー効果、カー効果の測定法と同じである。偏光子の偏光角はPEMの光学軸と45°になるように配置する。違う点は、ファラデー効果の場合、検光子の角度は光学軸と平行になるようにセットしたのに対し、コットン-ムートン効果の場合は光学

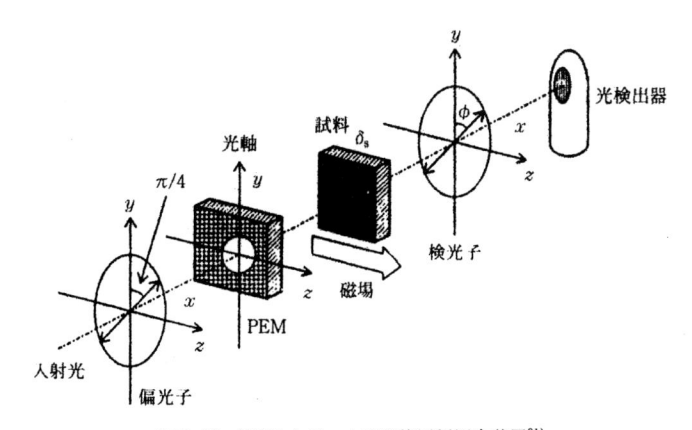

図5.18 PEMを用いた磁気複屈折測定装置[31]

軸と 45°の方向にセットすることである．

PEM による光学遅延 δ が

$$\delta = \delta_0 \sin pt \tag{5.21}$$

で表されると仮定し，試料による光学遅延を δ_s と仮定するならば，光検出器の出力 I_D は

$$\begin{aligned} I_D &= I_0\{1 + \cos\delta_s \cos(\delta_0 \sin pt) - \sin\delta_s \sin(\delta_0 \sin pt)\} \\ &\approx I_0 + I_p \sin pt \end{aligned} \tag{5.22}$$

ここに直流成分 I_0 および交流成分 I_p は

$$\left. \begin{aligned} I(0) &= 1 + J_2(\delta_0)\cos\delta_s \approx 1 + J_2(\delta_0) \\ I(p) &= -J_1(\delta_0)\sin\delta_s \approx -J_1(\delta_0)\delta_s \end{aligned} \right\} \tag{5.23}$$

で表される．したがって p 成分と直流成分の比をとることによって光学遅延 δ_s が得られる．

参考文献

1) 本章の記述の一部は，「光磁気ディスク材料」(佐藤勝昭他著：工業調査会，1993) 2.3 節，実験物理学講座 6「磁気測定 I」(近桂一郎・安岡弘志編：丸善，2000) 6-4 節 (佐藤勝昭分担執筆) による．
2) J. C. Suits : Rev. Sci. Instr. **137** (1971) 19.
3) 野村龍男：NHK 技研月報 **32** (1980) 30.
4) S. Wittekoek and G. Rinzema : Phys. Stat. Solidi (b) **44** (1971) 849.
5) G. Rinzema : Appl. Opt. **9** (1970) 1934.
6) 阿部正紀：応用物理 **50** (1981) 729.
7) J. Schoenes : "Handbook on the Physics and Chemistry of the Actinides", ed. by A. J. Freeman and G. H. Lander (Elsevier, 1984) chap. 5, p. 341.
8) L. F. Mollenauer, D. Downie, H. Engstrom and W. B. Grant : Appl. Opt. **8** (1969) 661.
9) S. N. Jasperson and S. E. Schnatterly : Rev. Sci. Instr. **40** (1969) 761.
10) K. Sato : Jpn. J. Appl. Phys. **20** (1981) 2403.
11) K. Sato, H. Hongu, H. Ikekame, Y. Tosaka, M. Watanabe, K. Takanashi and H. Fujimori : Jpn. J. Appl. Phys. **32** (1993) 989.
12) 小川智哉：応用物理 **26** (1957) 259；応用物理 **28** (1959) 321；J. Acoust. Soc. Am. **30** (1958) 46.
13) J. C. Kemp : J. Opt. Soc. America **59** (1969) 950.
14) 福田敦夫：固体物理 **8** (1973) 35.
15) G. A. Osborne, J. C. Cheng and P. J. Stephens : Rev. Sci. Instrum. **44** (1973) 10.
16) Electrooptics Associates 社 (米) の標準ハロゲン電球の校正グラフ．
17) Varian 社 (米) の VIX-150 型キセノン光源マニュアル．
18) 松井榮一：応用物理 **35** (1966) 55.
19) 国府田隆夫：応用物理 **36** (1967) 307.

20) Polaroid 社偏光子カタログ.
21) Halle 社精密光学素子カタログ.
22) Carl Lambrecht 社 (米) 偏光子カタログ.
23) ニコン社 P250 型分光器マニュアル.
24) 東芝色ガラスフィルターカタログ.
25) 工藤惠榮:「分光学的手法による物性基礎図表」(共立出版, 1972).
26) 村田和美:「光学」(サイエンス社, 1979) p. 162.
27) 浜松ホトニクス社光電子増倍管カタログ.
28) 浜松ホトニクス社, North Coast 社 (米), Infrared Associates 社 (米), Judson 社 (米) 赤外線検出器カタログ.
29) 佐藤勝昭:NHK 技研月報 **23** (1980) 434.
30) 貴田弘之, 佐藤勝昭, 阿萬康知, 上村 孝, 藤沢正美:日本応用磁気学会誌 **12** (1988) 273.
31) 佐藤勝昭, 阿萬康知, 玉野井健, 斉藤敏明, 品川公成, 対馬立郎:日本応用磁気学会誌 **13** (1989) 157.

6. 磁気光学スペクトルと電子構造

第6章ではこれまでに述べてきたような磁気光学スペクトル(あるいは誘電率テンソルの対角および非対角成分のスペクトル)を，いくつかの具体的な物質について示し，それがそれぞれの物質のどのような電子構造に基づいて生じているのかについて述べる．第6章で扱う物質の中には，磁気光学効果の原因となる電子構造がまだ十分には解明されておらず，むしろ電子構造を知るための手段として磁気光学効果を測定しているようなものもあることをお断りしておく．また，本書では磁気光学スペクトルが測定されているすべての物質を網羅することはせず，それぞれのカテゴリーで，典型的な物質について電子構造との関係を論じるにとどめる．

6.1 局在電子系の電子状態と光学遷移

酸化物やハライドなど絶縁性の磁性体では，磁性のもととなっている遷移元素の3d電子や希土類元素の4f電子は空間的に原子核のすぐ近くに局在しているため，固体中にあっても1電子的なバンド描像では表せず，多電子系の取り扱いを必要とする．一方，酸素などのアニオンの価電子は結晶全体に広がって半導体と同じようなバンド(価電子帯)をつくっていると考えられる．このように絶縁性の磁性体では，空間的に広がった電子系と，空間的に狭い領域に局在した電子系とが共存していることになる．

広がった電子系においてはハートリー-フォックモデルが成立し，自由電子を出発点として周期ポテンシャルを摂動として扱うことがよい近似となっているのに対し，局在電子系ではハイトラー-ロンドンモデルが成立し，孤立した原子中の束縛電子状態を出発点にとり結合を摂動として取り入れた状態がよい近似となっている．われわれはこのような共存系の中の光学遷移を取り扱おうとしているので，物理学の最も難しい領域に突き当たることになる．

ところが，幸いなことに絶縁性磁性体におけるd電子系が関与する光学遷移は空間的にみると比較的狭い領域で起きているので，電子系を局在近似で扱って実験結果をよく説明できる．例えば，遷移元素のまわりのアニオンのp電子系

から電子が1個遷移元素のd電子系に光励起されたとすると，p電子系にできたホールと励起されたd電子との間にクーロン力が働いて励起子が形成される．しかし，d電子が原子に強く束縛されているために，励起子は自由に動けない状態になっている．このため，この光励起を局在近似で取り扱える．

したがって，たいていの場合，遷移元素を中心とし隣接するアニオン（配位子）までを含めたクラスターを考え，その中での分子軌道で1電子状態を求めて，これをベースにして多重項のエネルギー準位を求めるというやり方で多くのスペクトルが説明される．

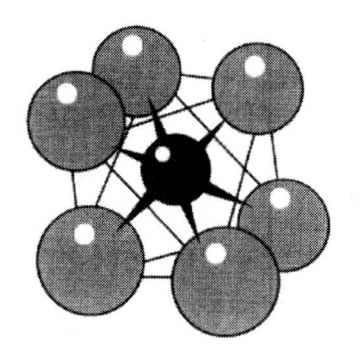

図6.1にはアニオンXのつくる八面体の中心に遷移元素MがおかれたMX_6クラスターを示す．このクラスターにおける電子準位を模式的に描いたものが図6.2である[1]．図の左側は遷移元素イオンの電子準位で，立方対称の結晶場を受けたd電子軌道は軸方向に伸びた$d\gamma$軌道の準位と2つの軸でつくられる平面内に伸びた$d\varepsilon$軌道の準位とに分裂する．一方，図の右端は配位子Xの電子軌道準位で，p軌道についてはMとXとを結ぶ直線の方向に伸びた$p\sigma$軌道と，それに垂直な方向に伸びた$p\pi$軌道とにエネルギーの分裂が起きる．中心に描かれているのが分子軌道をつくったときのエネルギー準位である．図中にt_{1u}, t_{2g}, e_gなどと記されているが，これは正八面体のもつ対称性に対応する点群O_hの既約表現の基底につけられた記号である．群論について論じるのは本書の範囲を越えるので，ここでは波動関数を対称性にしたがって分類し，目印をつけたものと理解されたい．t_{1u}はp電子のように空間的に奇関数で3重に縮退（同じ状態に3つの軌道が対応する）している．t_{2g}（3重縮退）とe_g（2重縮退）はいずれも偶関数で，それぞれ，$d\varepsilon, d\gamma$軌道と同じような対称性をもっている．また，右肩に*の

図6.1 アニオンXのつくる八面体の中心に遷移元素Mが置かれたMX_6クラスター

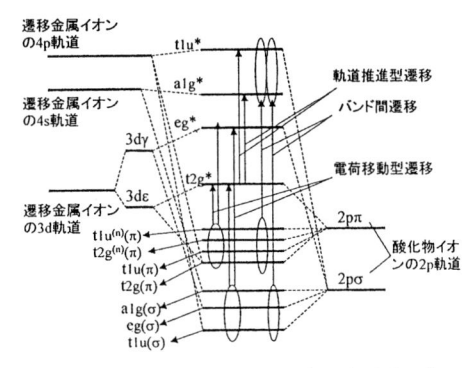

図6.2 図6.1のクラスターにおける電子準位図[1]

ついているのは反結合性軌道，なにもついてないのは結合性軌道である．

t_{2g} と t_{2g}^* 軌道は遷移元素 M の $d\varepsilon$ 軌道と配位子 X の $p\pi$ 軌道が混成したものであり，e_g と e_g^* 軌道は M の $d\gamma$ 軌道と X の $p\sigma$ 軌道とが混成したものである．t_{2g}^* 軌道と e_g^* 軌道との分裂を配位子場分裂と呼び，共有結合性が強いものほど大きな分裂を受けることが知られている[2]．分裂の大きさは歴史的に 10 Dq と表記される．

このような MX_6 クラスターの電子状態間の光学遷移を考えると，大きく分けて3種類の遷移がある．

① 配位子場遷移（結晶場遷移，d-d 遷移ともいう）

遷移元素の d 電子に由来した準位間の遷移である．この遷移は同じパリティ[*1]をもつ電子軌道間の遷移であるため，本来は禁止されているのであるが[*2]，p 電子との混成および奇パリティのフォノンとの結合によってはじめて許容される弱い遷移である．また，先に述べたようにこのような遷移は局所的に起きるので，多重項間の遷移としての取り扱いを必要とする．[2]

② 電荷移動遷移

配位子の p 電子に由来する準位から遷移元素の d 電子系への遷移である．この遷移において p-軌道に由来する奇パリティ状態から d-軌道に由来する偶パリティ状態への遷移が起きるので，パリティ許容となり，非常に強い振動子強度の吸収をもたらす．この型の遷移においては d^n 電子系から d^{n+1} 電子系への電子数の変化と同時に，p 電子からなる価電子帯に残されたホールとのクーロン相互作用も考慮せねばならない．

③ 軌道推進型遷移

遷移元素の d 電子系から，高いエネルギーをもつ s, p 電子系への遷移である．遷移元素の s, p 軌道と配位子の s, p 軌道は混成して伝導帯を形成しているから，この遷移においてもパリティ許容遷移が存在しうる．この遷移によって d^n 電子系から d^{n-1} 電子系への変化が起きるが，このことのほかに伝導帯に励起された電子と d^n 系に残されたホールとの間のクーロン相互作用についての考慮が必要である．

[*1] パリティというのは，波動関数の空間的な対称性が偶関数であるか奇関数であるかを示す言葉で，偶奇性ともいう．s 電子と d 電子は偶，p 電子と f 電子は奇である．

[*2] 始状態 $|n\rangle$ と終状態 $|m\rangle$ との間の電気双極子遷移の振動子強度 f_{mn} は

$$f_{mn} = \frac{2m\omega_{mn}}{\hbar q^2}|\langle n|qx|m\rangle|^2 = \frac{2m\omega_{mn}}{\hbar}\left|\int \varphi_n^* x \varphi_m d^3 r\right|^2$$

で与えられる．x が奇関数であるから，φ_n と φ_m が同じパリティをもつと全空間での積分は 0 になってしまう．積分が有限の値をもつためには，φ_n と φ_m のパリティが異ならねばならない．

磁気光学効果に大きな寄与をするのは，これらのうち②と③の遷移であることが，振動子強度についての考察から知られている．

次に，スピン許容であるかどうかに着目しよう．始状態と終状態のスピンが異なる場合，電気双極子遷移は本来禁止される．磁気双極子遷移は異なるスピン状態間を結びつけるが振動子強度が弱く，磁気光学効果にほとんど寄与しない．スピン軌道相互作用によって異なるスピン状態が混成することにより許容されることがあるが，この場合の強度はスピン軌道相互作用の大きさを Δ_so, 両状態のエネルギー間隔を W とすると，$(\Delta_\mathrm{so}/W)^2$ の程度の大きさである．したがって，このメカニズムによる振動子強度は弱い．

このようなわけで磁気光学効果に寄与するのは，スピン許容電気双極子許容遷移でなければならない．

磁気光学効果が最もよく研究され，かつ最もよく解明されているのは，一連の絶縁性の鉄酸化物磁性体である．このような結晶は光（可視～赤外光）を透過するので，透明磁性体とも呼ばれる．絶縁性の結晶では3d電子は遷移金属イオンの付近に束縛されており，その電子状態はバンドの描像を用いなくても，分子軌道法のようなイオン的なモデルによって説明できる．

ここでは，デバイス応用の進んでいる鉄ガーネットに焦点を当て，その電子構造と磁気光学効果の関係について述べる．

6.1.1 鉄ガーネット

イットリウム鉄ガーネット（$Y_3Fe_5O_{12}$：英語名 (yttrium iron garnet) の頭文字をとって YIG と略称される）は空間群 O_h^{10} をもち，立方晶系に属するガーネット構造をもつフェリ磁性体である．この結晶構造にはカチオン（陽イオン）の占める位置に四面体位置，八面体位置，十二面体位置の3つがある．単位胞には8分子が含まれるが，1分子あたり四面体位置に3個の Fe^{3+} が，八面体位置に2個の Fe^{3+} が存在する．四面体位置の Fe^{3+} と八面体位置の Fe^{3+} とは反強磁性的に結合している．この物質はマイクロ波の回路素子として，あるいは磁気バブルメモリー材料として用いられるが，大きなファラデー効果を有することから光アイソレーターなどの材料として研究されている．Y の位置を化学的性質と原子半径のよく似た希土類元素で置換した希土類鉄ガーネットも非常によく似た磁気光学的性質を示す．

図 6.3 は Kahn らが報告する YIG の誘電率テンソルの対角成分 ε_{xx}，および，非対角成分 ε_{xy} のスペクトルである[3]．ε_{xx}'' は 4.17 eV にピークをもつが，その付近のエネルギー位置に ε_{xy}'' のピークも現れる．透明領域のファラデー回転は

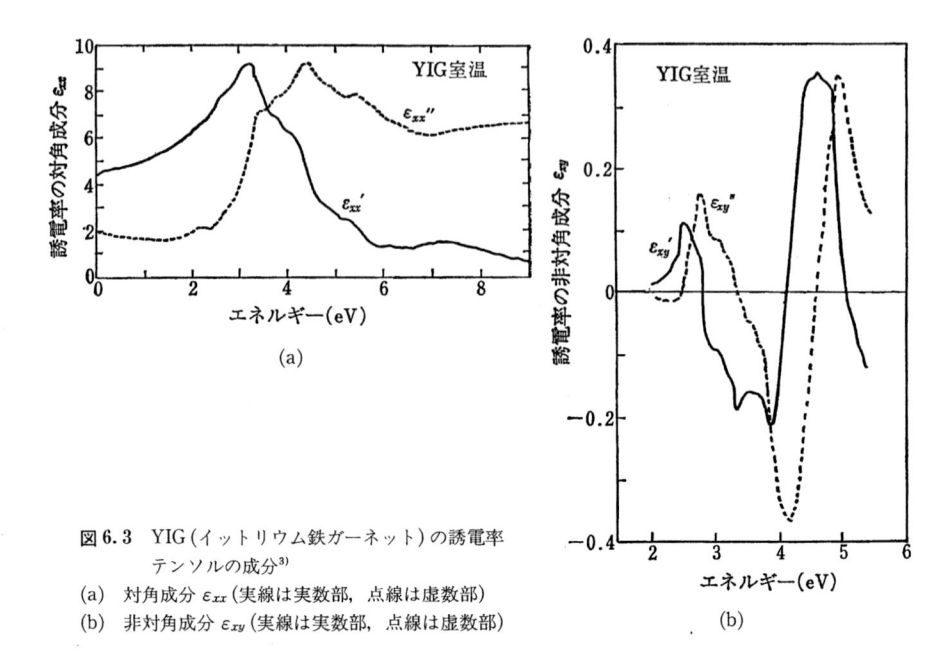

図 6.3 YIG(イットリウム鉄ガーネット)の誘電率テンソルの成分[3]
(a) 対角成分 ε_{xx} (実線は実数部, 点線は虚数部)
(b) 非対角成分 ε_{xy} (実線は実数部, 点線は虚数部)

式(3.57)に示したように ε_{xy}'' に対応するので,この 4 eV ピークの裾が観測されているものと考えられる.

図 6.4 は,品川による YIG の多電子準位図である[4]. YIG 中の Fe の占めるサイトには 2 種類がある.一つは 6 個の酸素イオンのつくる八面体で囲まれた八面体配位のサイトであり,もう一つは 4 個の酸素イオンのつくる四面体で囲まれた四面体配位のサイトである.両サイトの Fe スピンは反強磁性的に結合している.磁気光学効果に寄与するのは,振動子強度の大きい電荷移動遷移である. Fe-O における基底状態の電子配置は $^6S(3d^5 2p^6)$ である*. O^{2-} から Fe^{3+} への電荷移動が起きると励起状態の電子配置は $^6P(3d^6 2p^5)$ となる. YIG はフェリ磁性体である.分子場とスピン軌道相互作用によって基底,励起両準位ともに多数の準位に分裂する.図 6.4 の右端の 2 つの準位図は,八面体配位および四面体配位の多電子準位図となっている.図中に,右円偏光 P^+ および左円偏光 P^- で許される光学遷移が実線および点線で書き込まれている.

6.1.2 ビスマス添加希土類鉄ガーネット

希土類鉄ガーネットの希土類元素を Bi(ビスマス)で置換していくと図 6.5 に

---
* ここでは,多電子状態を表すのに点群の既約表現ではなく,それと等価な回転群の表現を用いている.

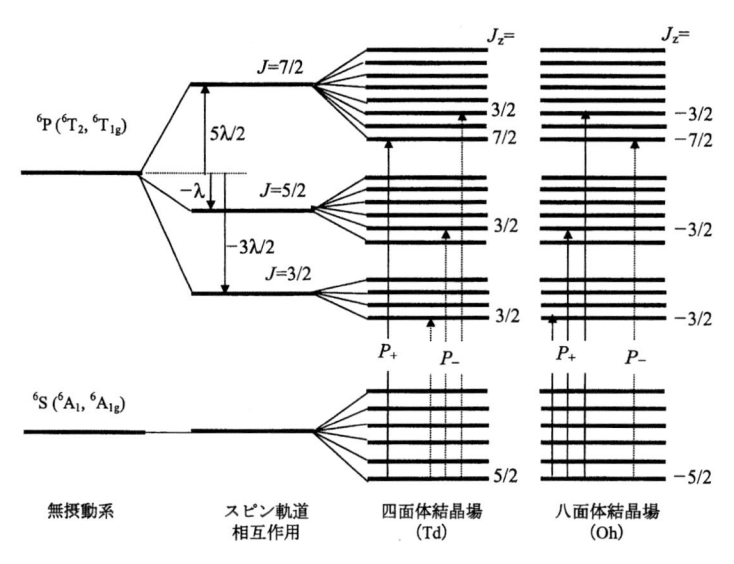

6.1 局在電子系の電子状態と光学遷移

図 6.4 電気双極子許容遷移に関する多電子状態[4]
励起状態 $^6T_{1u}$ はスピン軌道分裂を受けている.

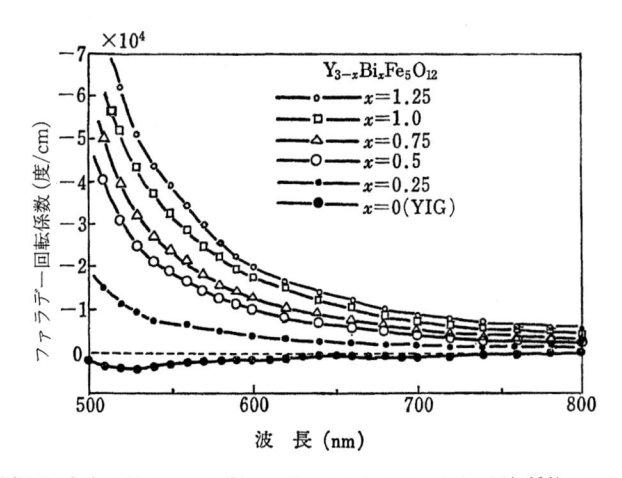

図 6.5 YIG($Y_3Fe_5O_{12}$) の Y サイトを Bi で置換したときのファラデー回転係数スペクトルの変化[5]

示すようにファラデー回転の符号が変わるとともに回転角が増加する効果がみられる[5]. 薄膜の実験によると，この効果は図 6.6(b) に示すように，2.8 eV (442 nm) と 3.4 eV (365 nm) を分散の中心とする遷移による磁気光学効果が強められているのである. Scott らの解析によれば，これらの遷移の振動子強度は 10^{-3}

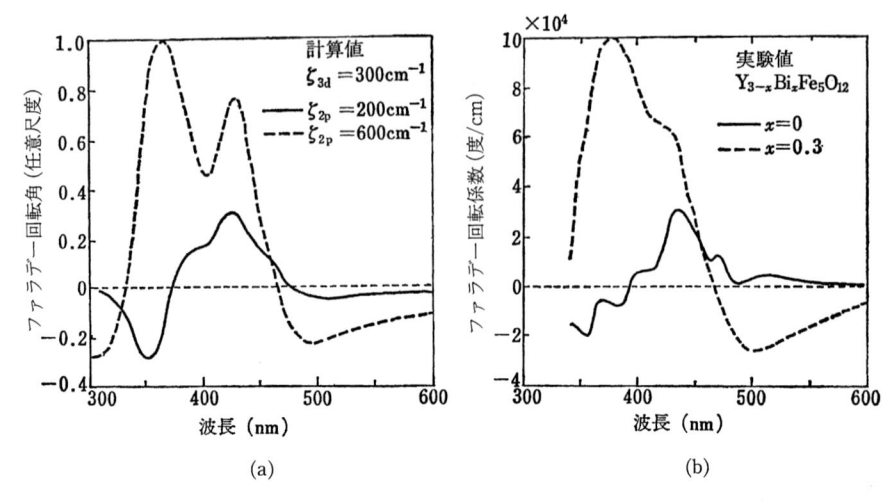

図6.6 Bi添加鉄ガーネットの磁気光学スペクトルの理論計算と計算結果[7)]
(a) 理論計算で得られたファラデー回転角のスペクトル
(b) 薄膜についての実験で得られたファラデー回転角のスペクトル

程度であって，電荷移動型遷移によると考えられる[6)]．八面体配位でのスピン許容の電気双極子許容遷移は $^6A_{1g} \to {}^6T_{1u}$，四面体配位でのそれは $^6A_1 \to {}^6T_2$．これらの遷移において $\lambda T \cdot S$ で表せるスピン軌道相互作用パラメーター λ を計算すると，八面体位置の Fe^{3+} の $t_{1u} \to t_{2g}^*$ 遷移においては $\lambda = -\zeta_{3d} - \zeta_{2p}$，$t_{2u}^n \to t_{2g}^*$ では $\lambda = \zeta_{3d} - \zeta_{2p}$，四面体位置での Fe^{3+} の $t_1^n \to e$ および $t_2 \to e^*$ 遷移では $\lambda = -\zeta_{2p}$ となる．したがって，最もエネルギーの低い八面体位置の Fe^{3+} の $t_{1u} \to t_{2g}$ 遷移が磁気光学効果に寄与しているものと判断している．

Biの添加による磁気光学効果の増強の効果については，品川が次のようなメカニズムで説明した[7)]．Biはガーネット構造の十二面体位置の希土類を置換し，Biの6p軌道は隣接する酸素イオンの2p軌道と分子軌道を作って，酸素の2p軌道の実効的なスピン軌道相互作用を変化させる．この実効的スピン軌道相互作用 ζ^*_{2p} は

$$\zeta^*_{2p} = \zeta_{2p} + S^2 \zeta_{6p}$$

のように表せる（$\zeta_{2p} \sim 0.03\,\mathrm{eV}$，$\zeta_{6p} \sim 2.1\,\mathrm{eV}$）．ここで S は酸素の2p軌道とBiの6p軌道との重なり積分である．いま，$S = 0.1$ とすると $\zeta^*_{2p} \sim 0.05\,\mathrm{eV}$ となる．このため四面体位置の Fe^{3+} による電荷移動遷移が磁気光学効果におよぼす寄与の相対的比重が高くなり，スペクトルの形に変化を生じる．遷移のパラメー

6.1 局在電子系の電子状態と光学遷移

表 6.1 YIG：Bi のファラデー回転スペクトルの計算に用いた光学遷移のパラメーター

	π型遷移とスピン軌道相互作用係数			ファラデー回転スペクトルの解析に用いたパラメーター			
	配位	π型遷移	スピン軌道相互作用係数 (λ)		ω_0 (cm^{-1})	f	γ_0 (cm^{-1})
A	oct	$t_{1u} \to t_{2g}^*$	$-\zeta_{3d}-\zeta_{2p}$	A	21640	(1.0×10^{-4})	1000
B	tet	$t_{1u} \to e^*$	$-\zeta_{2p}$	B	23110	1.8×10^{-3}	1800
C	tet	$t_2 \to e^*$	$-\zeta_{2p}$	C	25600	3.1×10^{-3}	2700
D	oct	$t_{2u} \to t_{2g}^*$	$-\zeta_{3d}-\zeta_{2p}$	D	27400	1.1×10^{-2}	2500

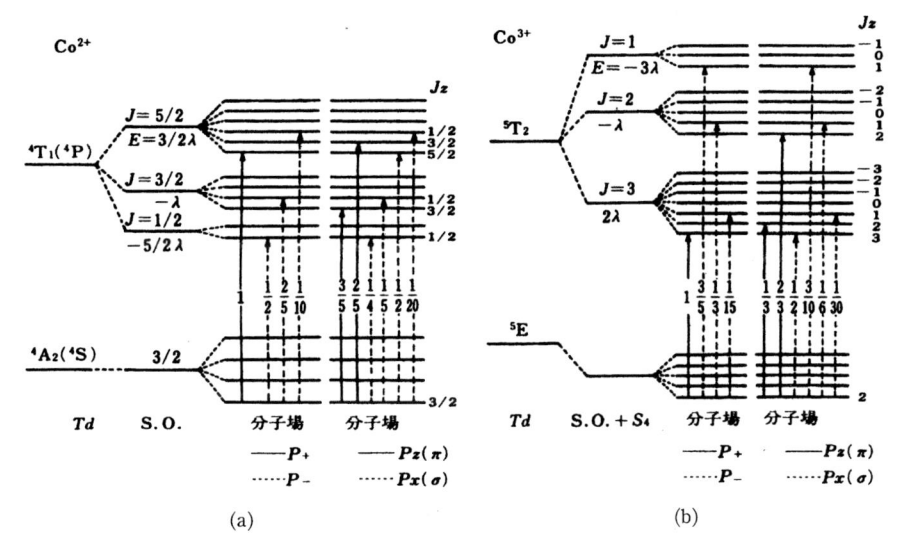

図 6.7 YIG：Co の多電子エネルギー準位図と直線偏光 (P_x, P_z) と円偏光 ($P_\pm$) に対する選択則[9]
 (a) Co^{2+}, (b) Co^{3+}.

ターとして表 6.1 に示すものを用い，ファラデー効果の分散曲線を計算すると図 6.6 (a) に示す実線 (無添加：$\zeta_{2p}\sim0.03$ eV) と点線 (Bi 置換：$\zeta^*_{2p}\sim0.05$ eV) のスペクトルが得られる．2p 軌道の実効スピン軌道相互作用の増加により ϕ_F の増大が説明できる．計算されたスペクトル形状の変化は Wittekoek が薄膜で得た実験結果[8] (図 6.6 (b)) の実線 (無添加) と点線 (Bi 置換) とよく対応する．

6.1.3 Co 置換磁性ガーネットの磁気光学効果

YIG に添加された Co イオンは YIG のいわゆるウィンドー領域に大きな磁気光学効果 (ファラデー効果，コットン-ムートン効果) をもたらすが，そのスペクトルは，Co イオンにおける，交換相互作用とスピン軌道相互作用で分裂した 3d 電子系の多重項間の光学遷移で説明される数少ない例の 1 つである[9]．Co イオ

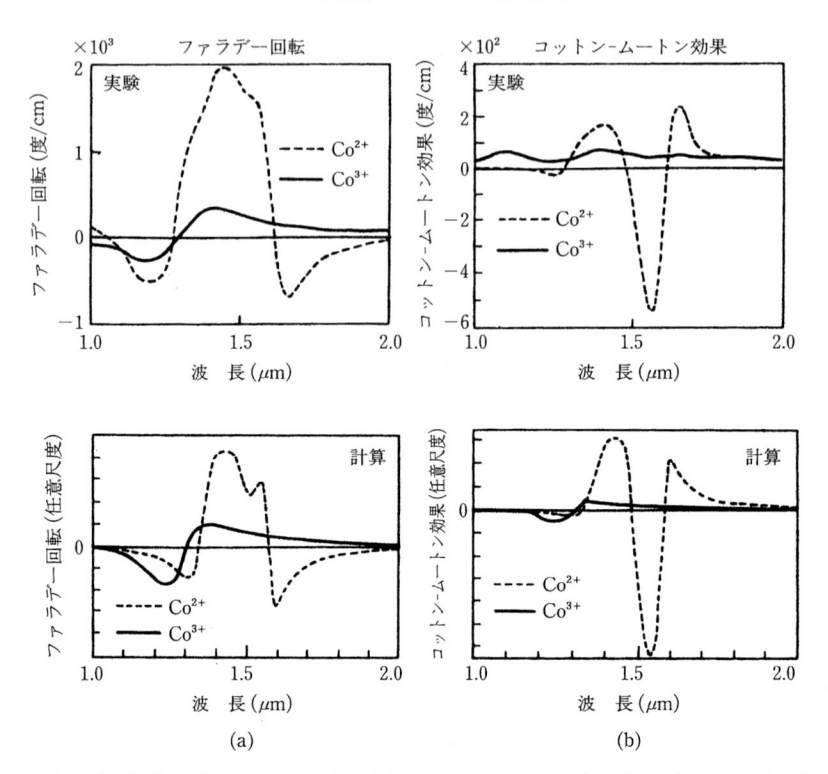

図6.8 $Y_3Fe_5O_{12}$:Co のファラデー回転(a)およびコットン-ムートン効果(b)のスペクトル[9] 上段は実験データ,下段は理論に基づく計算結果.また実線は Co^{3+},点線は Co^{2+} である.

ンは四面体位置に入り Fe を置換するが,Si を共添加すると 2 価 (Co^{2+}) に,添加しないと 3 価 (Co^{3+}) になる.四面体配位における $Co^{2+}(3d^7)$ と $Co^{3+}(3d^6)$ の電子準位のうち観測されるスペクトルに関連するものを図6.7(a), (b) に示す.右円偏光に対する遷移強度 P_+ と左円偏光に対する遷移強度 P_- の差がファラデー効果に寄与し,x 方向と z 方向の直線偏光に対する遷移強度 P_x と P_z の差がコットン-ムートン効果に寄与する.図6.8上段には実験で得られた(a)ファラデー回転スペクトルと(b)コットン-ムートン効果の複屈折のスペクトルが示されている.実線は Co^{3+},点線は Co^{2+} のスペクトルである.これに対して,理論的に計算されたスペクトルが図6.8下段(a), (b)に示される.実験と理論の対応は極めてよい.

磁性ガーネットの磁気光学効果の詳細な理論的取り扱いについては,品川の著書を参照されたい[10].

6.2 局在系とバンド系の中間の系：遷移元素カルコゲナイドとニクタイド
6.2.1 遷移元素カルコゲナイド

カルコゲンというのは広義では VI 族元素の総称であるが，狭義にはイオウ族，つまり，S, Se および Te の総称として使われることが多い．ここでは狭い意味で使うことにする．カルコゲンを含む化合物をカルコゲナイドという．

酸化物は一般にイオン結合性が強く，電気的には絶縁性，磁気的には局在モーメントによる磁性，光学的には透明であるのに対し，カルコゲナイドでは共有結合性が強く電気的には半導性～金属伝導性，磁気的には局在磁性～金属磁性（バンド磁性），光学的には赤外透明～不透明と，幅の広い物性を示す．S → Se → Te の順に周期表の下へいくほど共有性が強まり，金属伝導性に近づく傾向がみられる．これらの物質の中には温度変化，圧力印加，不純物の添加などによって金属・非金属転移を起こすものもある．非金属相では，カルコゲナイドイオンの p 軌道を主とする結合分子軌道（価電子帯）と，主として遷移元素の 3d 軌道に由来する反結合分子軌道の間に電荷移動ギャップが存在し，半導体となっている．

天然に存在する遷移元素の多くがカルコゲナイドとして見いだされる．その代表例はパイライト（黄鉄鉱 FeS_2）とカルコパイライト（黄銅鉱 $CuFeS_2$）である．どちらも金色の鉱物で fool's gold と呼ばれている．しかし，これらは Fe を含んでいるにもかかわらず磁石にはつかない．正確にいえば，FeS_2 は温度変化のない弱い常磁性であり，$CuFeS_2$ は反強磁性である．強磁性を示すカルコゲナイドは少なく，Cr を含む一連のカルコゲンスピネルとパイライト構造の CoS_2 など数えるくらいしかない．それらの磁気転移点は低温にある．ピロタイト（磁硫鉄鉱 Fe_7S_8），および，Fe_7Se_8 は室温で磁化を示すフェリ磁性体であるが，これはむしろ例外的なものである．

この節では，遷移元素カルコゲナイドの代表例として，スピネル型の強磁性半導体 $CdCr_2Se_4$ とパイライト型の金属伝導性強磁性体 CoS_2 について筆者が得た実験データと解析結果とを示す．

a. $CdCr_2Se_4$ の磁気光学スペクトル $CdCr_2Se_4$ はスピネル構造（空間群 Oh^7 (Fd3m)）を有し，T_c（キュリー温度）を 130 K にもつ強磁性体である．電気的には半導体で不純物の添加により p と n の両型が得られる．この物質は磁性と半導体性の絡み合った特異な性質を示すことが知られている[11,12]．

Bongers らは 1968 年，この物質が吸収端より低エネルギー側で大きなファラデー回転を示すことを報告した[13]．ファラデー回転角は $1.12\mu m$ において 9000 deg/cm であるという．筆者はこの大きなファラデー効果の原因を明らかにする

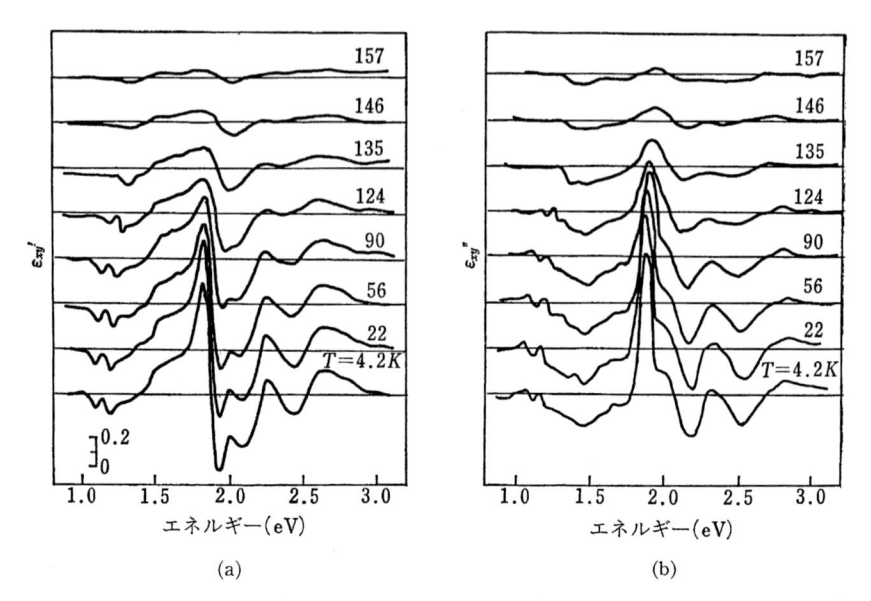

図 6.9　磁性半導体 CdCr$_2$Se$_4$ (4 セレン化 2 クロムカドミウム) の磁気光学スペクトルの温度変化[14]

ために，1～4 eV の波長領域でカー効果のスペクトルを測定した．

図 6.9 は p 型 CdCr$_2$Se$_4$ の磁気光学スペクトルの温度変化である[14]．この図には，4.3 節で述べた解析法によって求めた誘電率テンソルの非対角成分のスペクトルを示してある．スペクトルは大変複雑で多くの微細構造を示している．各構造のピークの半値幅は狭く，遷移が局所的に起きていることを示唆する．

最も低いエネルギーの位置にみられる 2 重項構造はこの物質の光学吸収端に対応し，温度の低下とともに低エネルギー側に移行する，いわゆる，magnetic red shift (赤色移行) を示している．このほかいくつかの強い磁気光学構造がみられる．これらが 4.3 節に紹介した反磁性スペクトルまたは常磁性スペクトルのどちらの構造であるかを判断するのは容易ではない．なぜなら非常に多くの構造が接近して存在するからである．そこで式 (4.40) にもどり，基底状態は 1 準位のみを考え，$A_m = (N_q^2/2m^*\varepsilon_0)\omega_m\{(f^+)_m - (f^-)_m\}$ のように置くと，

$$\varepsilon_{xy}' = \sum_m \frac{2A_m\gamma}{(\omega_m^2 - \omega^2 + \gamma^2)^2 + 4\omega^2\gamma^2}$$

$$\varepsilon_{xy}'' = \sum_m \frac{-A_m(\omega_m^2 - \omega^2 + \gamma^2)}{(\omega_m^2 - \omega^2 + \gamma^2)^2 + 4\omega^2\gamma^2}$$

を得る．これからベル型の ε_{xy}' の式によって実験にフィッティングをしてみれ

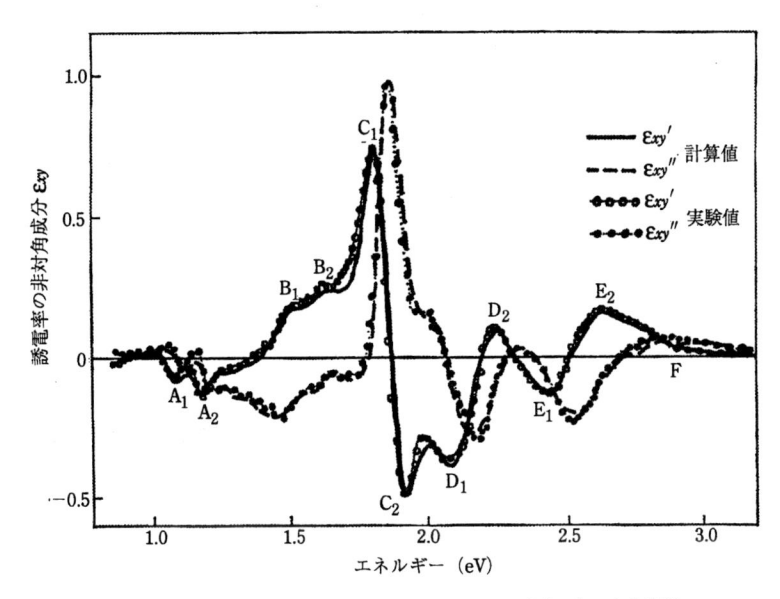

図 6.10 $CdCr_2Se_4$ の 4.2 K の ε_{xy}' スペクトルの式 (6.1) による分解

ばよいことがわかる．この結果，4.2 K のスペクトルについて図 6.10 のようなフィッティングを行うことができた．ローレンツ振動子の重ね合わせで，このようによいフィットが得られたことは磁気光学効果が局所的に起きていることを示唆している．分解した各構造の ω_m を温度に対してプロットすると図 6.11 のようになる．黒丸は $A_m<0$，白丸は $A_m>0$ である．C_1 と C_2，D_1 と D_2，E_1 と E_2 は，それぞれ，エネルギー位置の温度変化が同じでかつ A_m の符号が異なるのでスピン軌道分裂対（したがって Type I＝反磁性項）と見なすことができる．スピン軌道分裂の大きさは C が 0.1 eV，D と E が 0.15 eV である．一方，A_1 と A_2，B_1 と B_2 は Am が同符号であり常磁性項である．温度変化をみると，A と C は温度低下とともに低エネルギー移行 (red shift) するが，D，E，F は高エネルギー移行 (blue shift) する．B は温度変化しない．

図 6.12 には神原らの計算した $CdCr_2Se_4$ の多数スピンバンドと少数スピンバンドのバンド状態密度が示されている[15]．観測された構造 A の遷移は吸収端に対応する．これはバンド構造との比較から，L 点における満ちた d 電子の性質をもった t_{2g} 軌道から空いた e_g 軌道（d 電子と p 電子の混成軌道）への遷移に帰属できる．一方，最も顕著な反磁性スペクトルを示す構造 C は，吸収端と同じ温度移動を示すことから終状態が同じであると考えられる．スピン軌道分裂が大き

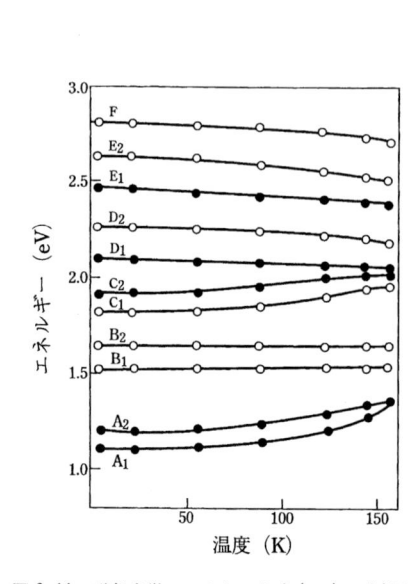

図 6.11　磁気光学スペクトルを式 (6.1) で分解したときの中心エネルギーの温度変化[14]

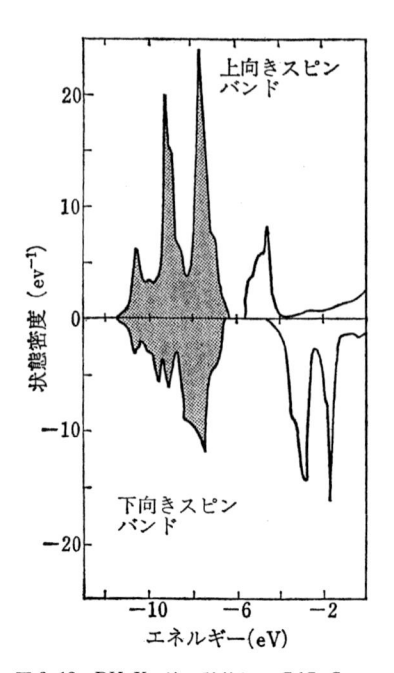

図 6.12　DV-Xα 法で計算した $CdCr_2Se_4$ のバンド構造 (状態密度図)[15]

いことから，始状態に Se の 4p の寄与があると想像される．Γ 点での価電子帯 → e_g 帯遷移の可能性が大きい．より詳細な実験結果とバンド構造の対応を論じるにはブリユアン域の対称点における波動関数を基底として，スピン軌道相互作用を取り入れた計算を行って磁気光学効果のスペクトルを評価する必要がある．また，遷移が局所的に起きている場合には多重項の取り扱いも必要と思われる．

b. CoS_2 の磁気光学スペクトル　FeS_2, CoS_2, CuS_2 などの一連のパイライト型化合物は，硫化物の中で電子構造と物性との関係の理解が最も進んでいる物質群である[16]．本書でその詳細を論じる余裕はないが，遷移元素あたりの 3d 電子の数が電気伝導性と磁性をコントロールしているという点で他に類をみない．

これらの物質では d 電子は低スピン状態にあると考えられている．通常は遷移元素の d 軌道にはフントの規則が働き，なるべくスピンを揃えて占有していくのであるが，低スピン状態ではフントの規則が破れ，配位子場分裂した t_{2g} 軌道 (スピンまで含めて 6 重) を先に満たしていくような電子の占有の仕方をする．

このため，FeS_2（Feは2価で$3d^6$と考えられる）では，価電子帯頂にある純粋なd状態に近いt_{2g}軌道が6個の電子（3個の↑スピン電子と3個の↓スピン電子）で満たされ，スピン磁気モーメントを完全に失う．また，伝導帯を構成するe_g軌道（d軌道とp軌道の混成軌道）は空いているため，ウィルソン型の半導体になっている．d電子の数が1つ多いCoS_2では，その電子がe_g軌道に入り，金属伝導性を示す．また，フェルミ面が狭いe_g帯の中にくるため，金属強磁性（キュリー温度は116 K）をもたらす．

図6.13は，光エネルギーが$0.2 \sim 25$ eVの範囲でのCoS_2の反射スペクトルである[17]．0.8 eV付近から低エネルギーに向かっての反射の立ち上がりは，自由電子の集団運動に基づく，いわゆるドルーデ項に起因するものであるが，それ以上のエネルギー位置において反射のスペクトルにみられる構造は，バンド間遷移によって生じていると考えられる．

図6.14は，Bullettによって計算されたCoS_2のバンドの状態密度である[18]．フェルミ面の約1 eV下には，非常に鋭い状態密度をもつ非結合性のt_{2g}が現れ，その下にSのpに基づく価電子帯が広がっている．伝導帯はFeの$d\gamma$とSのpとの混成したe_g帯からなり，底の部分と上の部分に2つのピークをもつ．このうち，底の方にあるd電子の性質を強くもった鋭いピークの中に，フェルミ面が位置する．上の部分はS_2分子のp軌道に由来する状態である．

反射スペクトルのクラマース-クローニヒ解析から求めた吸収スペクトルには2つの山がみられるが[19]，これらはt_{2g}帯を始状態とし，それぞれ伝導帯の底部の狭いバンドのフェルミ面より上の部分と，上部のp性のバンドとを終状態と

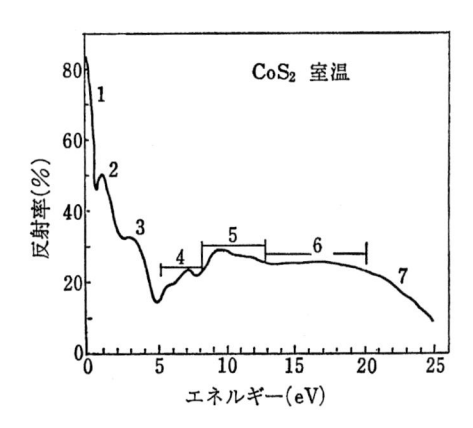

図6.13　CoS_2の室温における$0.2 \sim 25$ eVの反射スペクトル[17]

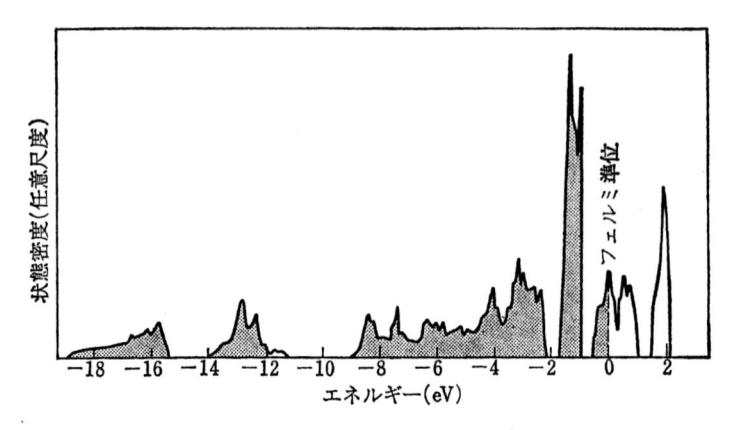

図 6.14 　CoS$_2$ のバンド状態密度[18]

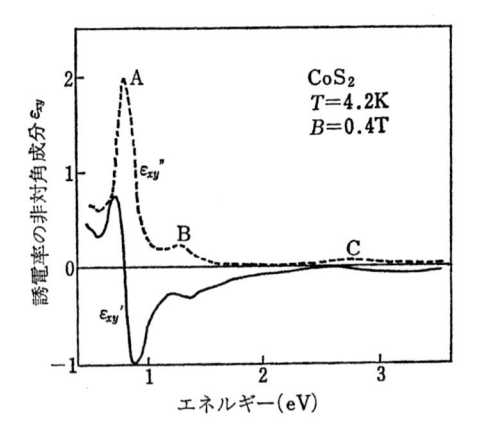

図 6.15 　CoS$_2$ の 4.2 K における誘電率テンソルの非対角成分のスペクトル[20]

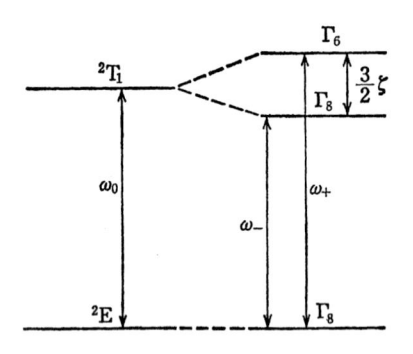

図 6.16 　CoS$_2$ の磁気光学効果に寄与する電子状態の模式図[20]

する遷移によって生じていると考えられる.低エネルギー側の遷移は同じ Fe イオンの局在した t$_{2g}$ 軌道から,やや広がった e$_g$ 軌道への遷移である.この遷移によってできる t$_{2g}$ 正孔は,スピン軌道相互作用を受けて軌道状態の縮退が解けるので,磁気光学効果が期待できる.

図 6.15 にはこの物質の 4.2 K における磁気光学スペクトルを誘電率テンソルの非対角成分の形で示してある[20].このスペクトルには,いくつかの構造がみられるが,そのうち最も強い 0.8 eV の構造は 4.4 節に述べた典型的な反磁性型のスペクトルである.0.8 eV におけるカー回転角の値はピークで 1.1°であり,遷

移元素硫化物としては異常に大きい．

この構造の幅の鋭さから，磁気光学効果に寄与する遷移は局在遷移であることが推測される．そこで関連する遷移を $^2E(t_2^6e^1) \to {}^2T_2(t_2^5e^2)$ 間の遷移と考えて解析を行った．基底状態 ^2E は1次の範囲ではスピン軌道分裂を受けない．励起状態 $^2T_2$ のみスピン軌道分裂を受けるので，4.4節に述べた反磁性項のような状況が実現する．それを図6.16に示す．この図において，十分低温では基底状態のスピンは↑のみであるので，その電子状態としては $|u\uparrow\rangle$ と $|v\uparrow\rangle$ が考えられる（u, v は E 状態の基底で $d\gamma$ のような対称性をもつ）．励起状態 $^2T_2$ がスピン軌道分裂してできた Γ_6, Γ_8 の基底のうち，スピン許容遷移に関与するのは

Γ_8 については

$$|\phi_1^+\rangle = \frac{1}{\sqrt{2}}(|\alpha,\uparrow\rangle + i|\beta,\uparrow\rangle) \quad (L=+1 \text{に相当})$$

$$|\phi_2^-\rangle = \frac{1}{\sqrt{6}}(|\alpha,\uparrow\rangle - i|\beta,\uparrow\rangle + 2|\gamma,\uparrow\rangle) \quad (L=-1, 0 \text{に相当})$$

Γ_6 については

$$|\phi_3^-\rangle = \frac{1}{\sqrt{2}}(|\alpha,\uparrow\rangle - i|\beta,\uparrow\rangle + |\gamma,\uparrow\rangle) \quad (L=-1, 0 \text{に相当})$$

である．ここに，$|\alpha\rangle, |\beta\rangle, |\gamma\rangle$ は T_2 の基底である．これらと $|u\uparrow\rangle$ および $|v\uparrow\rangle$ との間の右円偏光および左円偏光に対する電気双極子遷移の行列をウィグナー-エッカートの定理などを使って計算すると表6.2のようになる．Γ_6 と Γ_8 の分裂幅は $(3/2)\zeta$ である．

式に従って ε_{xy} を評価すると，ζ として Co^{2+} の自由イオンの値 $(0.066\,\mathrm{eV})$ をとり，線幅 γ として $0.124\,\mathrm{eV}\,(=1000\,\mathrm{cm}^{-1})$ をとると，図6.16のように実験で得たスペクトルをよく再現することができる（図では ε_{xy}' に適当な一定値を加えてフィットしてある．この値は自由電子の偏極による項が影響しているものと考えられるが，詳細は不明である）．以上の解析により，CoS_2 の磁気光学効果は Co^{2+} の d 電子のスピン軌道相互作用で決まっていることが判明した．

c. Cr_3Te_4 系の磁気光学スペクトル 一連のテルル化クロムは NiAs 構造に

表6.2 CoS_2 の d^7 の基底状態と励起状態の間の円偏光電気双極子遷移の行列要素

$P_{+m\alpha}$(RCP)				$P_{-m\alpha}$(LCP)				
		Γ_8		Γ_6			Γ_8		Γ_6
^2E	$^2T_1$	$|\phi_1^+\rangle$	$|\phi_2^-\rangle$	$|\phi_3^-\rangle$	^2E	$^2T_1$	$|\phi_1^+\rangle$	$|\phi_2^-\rangle$	$|\phi_3^-\rangle$
$|u,1/2\rangle$		0	$1/\sqrt{6}$	$1/\sqrt{3}$	$|u,1/2\rangle$		$1/\sqrt{2}$	0	0
$|v,1/2\rangle$		$\sqrt{3}/\sqrt{2}$	0	0	$|v,1/2\rangle$		0	$1/\sqrt{2}$	1

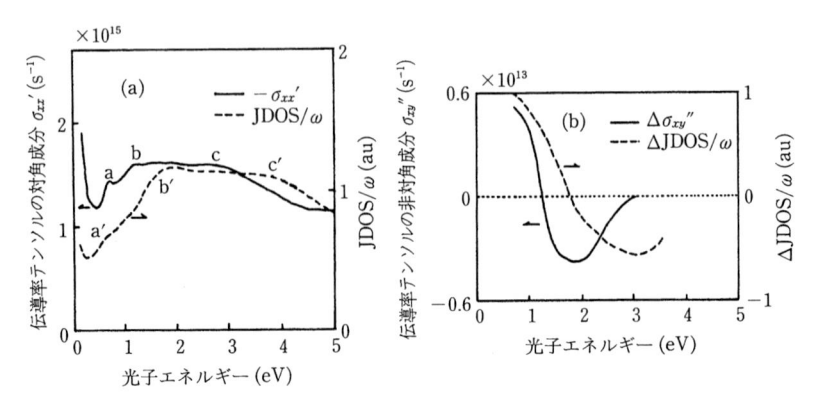

図 6.17 Cr_3Te_4 の伝導率テンソルの対角成分 (a) および非対角成分 (b)[22]
実線は実験結果,点線はバンド計算結果に基づいて推定した結合状態密度[23]に基づいて計算したスペクトル.

由来する結晶構造をもち,カチオン空孔のオーダーに伴う超構造を示すとともに多様な磁性を示す[21]. これらのうち,Cr_3Te_4 はキュリー温度 325 K をもつ強磁性体で,金属的電気伝導性を示す.筆者は Cr_3Te_4 単結晶の反射スペクトル,および磁気光学カースペクトルを報告した[22]. 図 6.17(a) の実線は室温における反射スペクトルから計算して求めた σ_{xx}' のスペクトル,点線はバンド計算結果[23]に基づいて推定した結合状態密度を角周波数で割ったスペクトルである.対応は極めてよい.図 6.17(b) の実線はカースペクトルから求めた δ_{xy}' のスペクトルである.構造 a′, b′ は占有状態密度の高い状態から,フェルミ面以上の非占有状態への遷移である.一方,構造 c′ は占有された 5p 状態から,非占有の 3d 状態への遷移に対応する.バンド計算では磁気光学スペクトルの評価は行われていないので,4.5 節に述べる方法で非対角成分を推測した.結果を同図に点線で示すが,0.5 eV 程度のシフトでほぼ一致する.

6.2.2 希薄磁性半導体の磁気光学効果

II-VI族半導体のカチオンを Mn など 3d 遷移金属で置換した化合物半導体は,伝導に与る電子をもつとともに局在磁気モーメントをもち,希薄磁性半導体 (DMS) または半磁性半導体と呼ばれる[24]. このうち最もよく研究されているのは,CdTe と MnTe の固溶体 $Cd_{1-x}Mn_xTe$ で,バルクでは $0 \leq x \leq 0.77$ の範囲で閃亜鉛鉱構造を保って固溶し,x を変えることによってバンドギャップを広い範囲で制御できる.CdTe にエピタキシャル成長させた場合,$0 \leq x \leq 1$ の全領域で固溶体を作ることができる.この物質の磁性は常磁性またはスピングラスであ

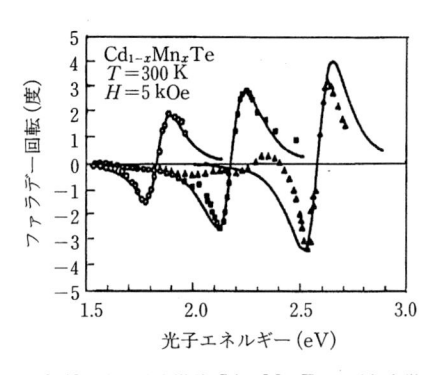

6.2 局在系とバンド系の中間の系：遷移元素カルコゲナイドとニクタイド   133

図 6.18 半磁性半導体 $Cd_{1-x}Mn_xTe$ の磁気光学スペクトル[25]

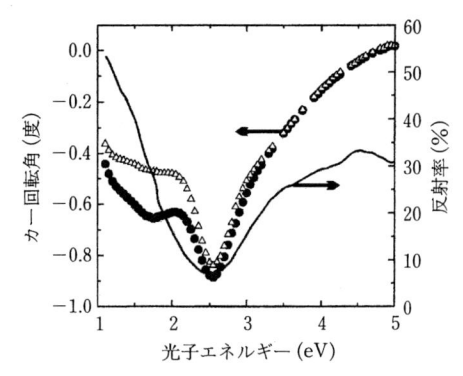

図 6.19 MnBi の極カー回転スペクトル[33]
●は GaAs 基板上にエピタキシャル成長した薄膜，△は SiO_x をバッファー層として石英上に作製した多結晶薄膜．
実線は石英基板上の MnBi の反射スペクトル．

る．図 6.18 に示すように，バンドギャップ付近の磁気光学効果は非常に大きい[25]．これは，磁気ポーラロンが存在し，これによってバンドギャップ付近で実効的な g 値が自由電子の 100 倍に達しており，これが大きな磁気光学効果の原因と考えられている．CdTe と $Cd_{1-x}Mn_xTe$ とからなる人工格子においては，井戸層である CdTe 中に閉じこめられた電子の量子サイズ効果による磁気光学効果が議論されている[26]．

最近，希薄磁性半導体の吸収端付近の大きな磁気光学効果を用いた光アイソレーターが発売された．特に，$0.9\mu m$ 帯においては，ガーネット系のものが挿入損失の大きさゆえに使用できないため，$(Cd_{1-y}Hg_y)_{1-x}Mn_xTe$ を用いたアイソレーターの出現は市場に大きなインパクトを与えた[27]．

6.2.3 遷移元素ニクタイド

ニクタイドというのは V 族 (N, P, As, Sb, Bi) 化合物の総称である．遷移元素ニクタイドのうちで，磁気光学効果が最もよく研究されているのは MnBi である．それは第 1 章に述べたように 1960 年代から 1970 年代のはじめにかけてこの物質が光磁気記録材料の候補としてよく研究されたからであった[28]．このほか，MnBi の仲間として MnSb と MnAs も研究されている．

1983 年にオランダの Buschow らは，室温で強磁性モーメントをもつ 200 以上の物質についての系統的な磁気光学的研究を発表した[29]．その中で MnSb, Mn_2Sb と Pt, Pd との合金が非常に大きな磁気光学効果を示すことを報告し，注目

を集めた．その後，このうちホイスラー合金として知られる構造をもった PtMnSb について実用化に向けた研究と，その磁気光学効果の原因を探る基礎研究とが進められている．

この節では，はじめに MnBi, MnSb, MnAs を，次に PtMnSb の磁気光学効果を取り上げる．

a. MnBi MnBi は室温で強磁性であるが，628 K で 1 次の相転移をして強磁性を失うとともに構造相転移を示す．この温度以下の低温相では六方晶系の NiAs 型の構造をとり，空間群は D_{6h}^4 ($P6_3/mmc$) である．高温相では Mn:Bi 比は化学量論組成からずれており，Bi が不足した $Mn_{1.08}Bi$ という組成比をもつが，過剰の Mn 原子は NiAs 構造の格子間位置に入り，ひずんだ NiAs 構造になると考えられている．高温相から急冷して作った準安定な相ではキュリー温度は 440 K にある．

低温相の磁気モーメントは Mn 原子 1 個あたり $(3.84\pm0.03)\mu_B$ で，Chen と Stutius はイオン的なバンドの遍歴電子モデルを扱い，Mn^{3+} ($3d^6$) として，ほぼ説明できるとしている[30]．MnBi は非常に強い一軸異方性と大きな磁気光学効果 (700 nm で 5.6×10^5 deg/cm におよぶ) をもつという特徴があるが，これは Bi の 6p 軌道の大きなスピン軌道相互作用 (~2.5 eV) に起因すると考えられる．

MnBi はよく調べられた物質であるにもかかわらず，磁気光学スペクトルについては，長らく Chen らによるファラデー回転 θ_F のスペクトルが 200～700 nm の範囲で報告されているのみであった[31]．これは，1960～1970 年当時には，MnBi は主に実用上の観点からのみ研究されていたので，電子構造との関連でみるという観点がなかったからである．その後，Di らは，Mn/Bi 多層膜をアニールして製作した $Mn_{1.22}Bi$ 多結晶薄膜について磁気光学スペクトルを報告した[32]．しかし，Schoenes のグループでは，酸素や水分の影響を極力排して超高真空で MnBi のエピタキシャル膜を作製し，図 6.19 に示すようなスペクトルを報告している[33]．このスペクトルには，Di の報告したスペクトルのうち 1.85 eV のピークは明確であるが，3.25 eV のピークが消滅し，3 eV 付近にはわずかな肩がみられるだけである．

MnBi のバンド計算は 1985 年に Coehoorn らにより初めて行われたが，当時の計算技術では磁気光学スペクトルを計算することは困難であった[34]．最近 Oppeneer らは第 1 原理計算により磁気光学スペクトルを計算し，図 6.20 に実線で示すスペクトルを得た[35]．Mn の 4p 軌道と Bi の 6p 軌道との間，および Mn の 3d 軌道と Bi の 6d 軌道の間には強い混成がみられ，2 eV 付近の磁気光

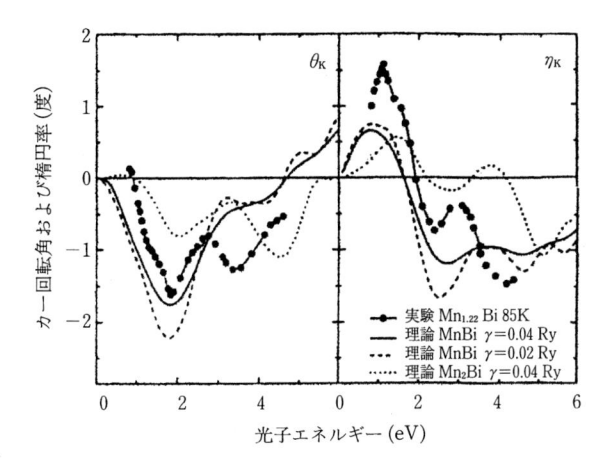

図 6.20 MnBi バルク単結晶のカー回転角 θ_K およびカー楕円率 η_K のスペクトル[35]

学効果を伴う遷移は主として Bi に由来する占有された 6p バンドと占有されていない 6d バンド (少数スピン) の間の遷移の寄与であると結論した．この計算結果を Di らの実験データと比較し，1.85 eV のピークはよく再現されるが，3.5 eV の構造については実験との一致が悪い．3.5 eV のピークは Cl_b 構造の仮想的な Mn_2Bi 相の存在によると考えている[35]．一方，Köhler らは 3 eV 付近のピークは酸化物の形成によるとしている[36]．

b. MnSb と MnAs MnSb は，古くから研究された化合物磁性体である[37]．MnBi 同様六方晶系の NiAs 構造をもち比較的大きな磁気光学効果を有するが，磁化容易軸が c 軸に垂直な面内にあるため光磁気記録材料としては研究されていない．MnSb バルク多結晶の比較的広いエネルギー範囲の磁気光学スペクトルは，Buschow らにより報告されている[29]．筆者らのグループではブリッジマン法で MnSb バルク単結晶を作製し，室温において磁気光学スペクトルを測定した．結果を図 6.21 に示す[38]．カー回転のスペクトルは 2 eV 付近および 3.5 eV 付近にピークをもち，4.8 eV 付近でゼロを横切り，6 eV 付近に逆極性のピークを示す．スペクトルは結晶方位によって微妙に異なる．一方，カー楕円率のスペクトルは，5 eV にピークをもつ．秋永らは MBE 法で GaAs 基板やサファイア基板上に MnSb をエピタキシャル成長させた[39]．池亀らは原子状水素援用ホットウォール法で MnSb を GaAs 上にエピタキシャル成長させ磁気光学スペクトルを測定した．薄膜のスペクトルはバルクと若干の違いがみられるが基

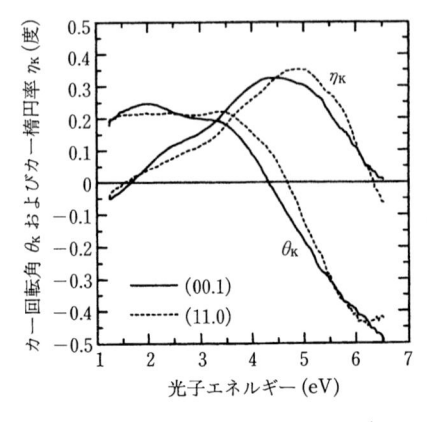

図 6.21 MnSb バルク単結晶のカー回転角 θ_K およびカー楕円率 η_K のスペクトル[38]

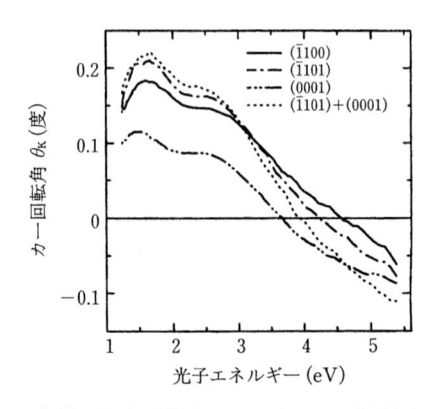

図 6.22 GaAs 基板上にエピタキシャル成長した MnAs[42] 薄膜のカー回転スペクトルの結晶方位依存性

本的な構造の違いはない[40]。

MnAs は，125℃ と 45℃ に構造相転移点をもち，125℃ 以上および 45℃ 以下では六方晶の NiAs 構造，中間の温度 (45℃ < T < 125℃) で斜方晶の MnP 構造をとる．45℃ 以下の相は強磁性であるが，それ以外の相は常磁性である．構造相転移のため，バルク単結晶の作製は困難であるが，GaAs 基板に作製した MnAs のエピタキシャル薄膜は，NiAs 構造が安定化し強磁性を示す[41]．図 6.22 は森下らの報告する MnAs の室温における磁気光学スペクトルである．カー回転スペクトルは MnSb に類似しており，1.7 eV と 2.7 eV にピークをもち，4 eV 付近でゼロを横切る[42]．

図 6.23 は Oppeneer らの計算した一連の NiAs 構造の磁気光学効果スペクトル (実線は CrBi，破線は CrTe，点線は MnAs，一点鎖線は MnSb) である[35]．計算された MnSb のカー回転スペクトルは 2 eV 付近と 3 eV 付近にピークを示し，4.5 eV 付近で 0 を横切る．楕円率スペクトルは 3.5 eV 付近にピークを示す．この傾向は図 6.21 の実験結果とほぼ対応している．一方，計算された MnAs のカー回転スペクトルは MnSb よりやや低エネルギーの 1.7 eV 付近にピークを示し，3.7 eV 付近で 0 を横切り，楕円率は 3.5 eV でピークになり，1.5 eV 付近で 0 をとる．この傾向も図 6.22 の実験結果をよく再現している．

c. PtMnSb X_2YZ, XYZ (X = Cu, Au, Pd, Ni, Co ; Y = Mn ; Z = In, Sn, Ga, Ge, Sb, Si) という組成の規則格子をもつ合金をホイスラー合金と総称する．Mn のように単体では強磁性を示さない元素を組み合わせて合金にすると強磁性

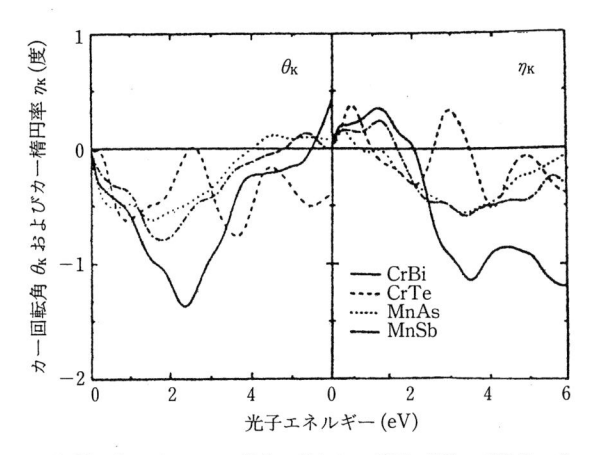

6.2 局在系とバンド系の中間の系:遷移元素カルコゲナイドとニクタイド 137

図 6.23 第 1 原理バンド計算で得られた NiAs 構造の磁性体の磁気光学スペクトル[35)]
実線は CrBi, 破線は CrTe, 点線は MnAs, 一点鎖線は MnSb.

になるということを,Heusler が 1903 年に発見した当時には非常に騒がれたものであったという[43)].

ホイスラー合金には $L2_1$ と $C1_b$ の 2 つの相がある.PtMnSb は $C1_b$ 相のホイスラー合金である.空間群は F 4̄3 m で 4 つの面心立方格子が互いに他と重なっている.$L2_1$ 構造では面心格子は $X_1(1/4, 1/4, 1/4)$, $X_2(3/4, 3/4, 3/4)$, $Y(0, 0, 0)$, $Z(1/2, 1/2, 1/2)$ の格子点で特徴づけられる.$C1_b$ では X_1 位置が空格子点になっている.Mn の位置は $L2_1$ では O_h (八面体配位),$C1_b$ では T_d (四面体配位)である.

PtMnSb のカースペクトルは van Engen らによって 0.5~4.5 eV の範囲で測定され 1.7 eV において 1.2°におよぶ大きなカー回転のピークが観測された[44)].筆者のグループでは,ブリッジマン法で作製された単結晶における磁気光学スペクトルとその解析を行った[45,46)].図 6.24 (a) のカースペクトルに示すように研磨したままの単結晶 (実線) では,1.75 eV におけるカー回転角のピーク値は 1.4°という値をとり,研磨後高真空中でアニールすると点線のように 2.1°に増強した.この試料の反射スペクトルからクラマース-クローニヒ変換して得られた誘電率の対角成分のスペクトルを図 6.24 (b) に示す.アニール前に比べアニール後のスペクトルでは誘電率の虚数部が大幅に減少していることがわかる.このデータを使って求めた ε_{xy} のスペクトルを図 6.24 (c) に示す.驚いたことに ε_{xy} のスペクトルはアニール前後でほとんど変化していないことがわかる.このこと

から，1.75 eVのピークは誘電率の対角成分の絶対値の減少によるエンハンス効果を反映していることが明らかになった．

PtMnSbのバンド構造はde Grootらによって初めて計算され，ハーフメタルであることが明らかにされた[47]．ハーフメタルとは，多数スピンバンドは金属的でフェルミ準位がバンドの中に存在するが，少数スピンバンドは半導体的で，フェルミ準位はバンドギャップの中に存在する．少数スピンバンドのギャップ間遷移が強い磁気光学効果をもたらすとされた．その後，Oppeneerらによって詳細な第1原理バンド計算が行われ，磁気光学スペクトルが評価された[48]．図6.25に引用するようにピークエネルギーの位置が一致していないことを除けば回転角の大きさ，ピーク形状は筆者らの実験結果をよく再現している．3.6節で

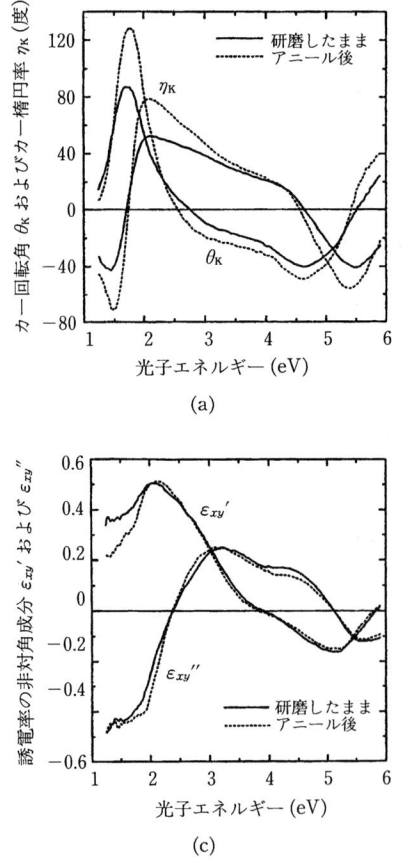

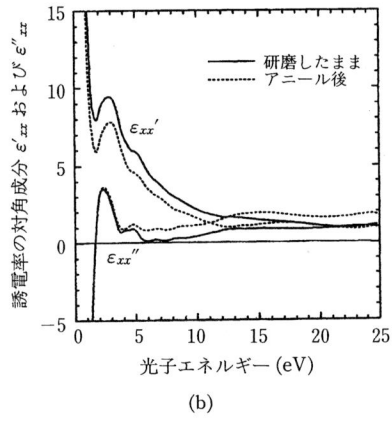

図6.24 PtMnSb単結晶の磁気光学スペクトルとその解析[46]

(a) カー回転角 θ_K とカー楕円率 η_K. 実線は研磨直後のスペクトル，点線は真空中でアニールした研磨直後のスペクトル．

(b) 放射光を用いて測定した反射スペクトルから求めた誘電率の対角成分のスペクトル．実線は研磨直後，点線はアニール後のスペクトル．

(c) 計算によって求めた誘電率の非対角成分のスペクトル．実線は研磨直後，点線はアニール後のスペクトル．

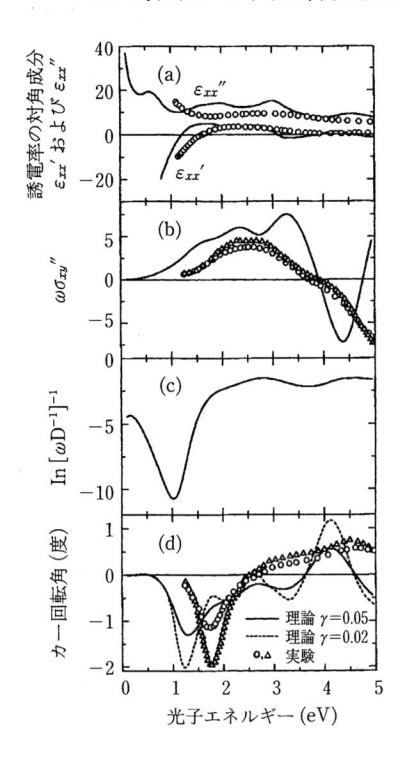

図 6.25 PtMnSb のカー回転スペクトルに対する対角・非対角成分の寄与の計算結果[48]
(a) 誘電率テンソルの対角成分の実数部 ε_{xx}' と ε_{xx}'' のスペクトルの計算結果と実験値[45]
(b) 伝導率テンソルの非対角成分の虚数部に角周波数を乗じた $\omega\delta_{xy}''$ の計算結果と実験値[45]
(c) 伝導率の対角成分によるカー回転の増強効果を表す量 $\mathrm{Im}[\omega D]^{-1}$
(d) 上の (c) と (d) を組み合わせて得られるカー回転スペクトルの計算結果（バンド間遷移の寿命が 0.05 R と 0.02 Ry について計算）と実験値（○は研磨したままの試料，△は真空アニール後の試料）

述べたように観測されるカー回転角と楕円率は式 (3.82) で $n_0=1$ とおいて，

$$\varPhi_\mathrm{K}=\theta_\mathrm{K}+i\eta_\mathrm{K}=\frac{\varepsilon_{xy}}{(1-\varepsilon_{xx})\sqrt{\varepsilon_{xx}}}=-\frac{\sigma_{xy}}{\sigma_{xx}\sqrt{1+i\sigma_{xx}/\omega\varepsilon_0}}$$

に示されるように，誘電率の非対角成分 ε_{xy} から単純に生じているものではなく対角成分 ε_{xx} の大きさにも依存するものとなっている．図 6.25 (c) の $\mathrm{Im}(\omega D)^{-1}$ は導電率テンソル対角成分の寄与による磁気光学効果の増強を評価したものである．ここに $D=\sigma_{xx}[1+(4\pi/\omega)\sigma_{xx}]^{1/2}$ である．明らかに 1 eV 付近のカー回転のピークは対角成分が小さくなることによる効果（プラズマエンハンスメント）である．このエネルギー領域の σ_{xy} は少数スピンバンドにおけるバンド間遷移による．一方 4 eV 付近のピークは σ_{xy} のピークに起因するものである．

6.2.4 希土類カルコゲナイド

希土類イオンは原子量が大きいためスピン軌道相互作用の大きさも大きい．このため大きな磁気光学効果が期待される．実際，Eu のカルコゲン化物は大きな磁気光学効果を示すことが知られ，Suits らは EuO を記録媒体とした光磁気記

録を1971年に発表した[49]．

TmS，TmSeも大きな磁気光学効果を示す材料として注目される．この物質の磁気光学効果についてはReimらが新しいメカニズムを提案している[50]．

この節では，はじめにEuカルコゲナイドのうち，磁気光学効果が最もよく理論的に説明されているEuSについて実験と理論とを紹介し，次いでTmカルコゲナイドの磁気光学スペクトルとその解析について述べる．

a. EuS EuSはNaCl型の面心立方格子をもち，空間群はOh^5-Fm3m，格子定数は5.957Åである．磁性的にはT_cを16.2Kにもつ強磁性体で，モーメントからはEuの状態はEu^{2+}($4f^7$：^8S)と考えられている．一連のEuカルコゲナイドの吸収スペクトルには，図6.26のように吸収端の付近に幅の広い吸収帯がみられるが，この吸収帯の裾がT_c以下で温度低下とともに低エネルギーへ移行するいわゆるred shiftを示す[51]．

三谷らはNaCl基板上にエピタキシャル成長させたEuS薄膜について，磁気光学スペクトルを測定し，図6.27の結果を得た[52]．上はファラデー回転スペクトル，下は磁気円二色性である．通常，円二色性は左右円偏光の吸収の差として測定されるが，EuSでは非常に大きいのでそれぞれの偏光状態で吸収スペクトルを測定している．

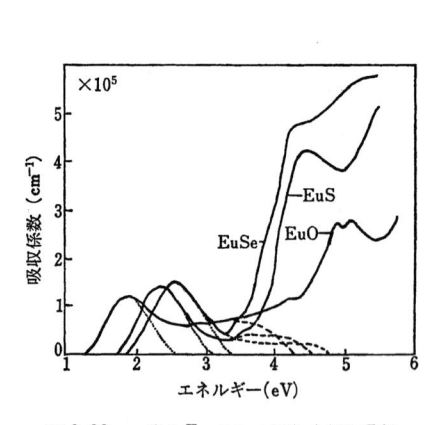

図6.26 一連のEuカルコゲナイドの吸収スペクトル

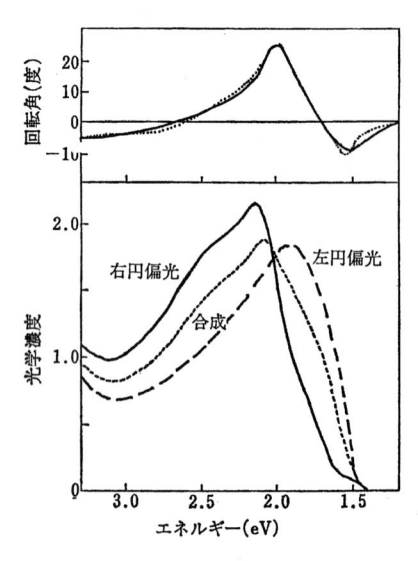

図6.27 EuSのエピタキシャル薄膜の磁気光学スペクトル[52]

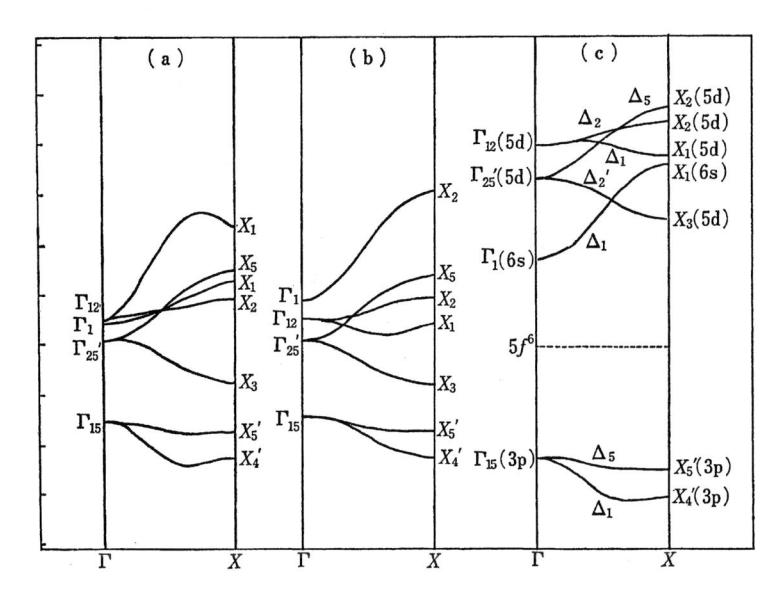

図 6.28 EuS のバンド構造[53]

一方, 図 6.28 は酒井らが報告した EuS のバンド構造である[53]. このバンドの特徴は, S の 3p 価電子帯と Eu の 5s および 5d 伝導帯の間に局在した 4f 準位が現れることである. したがって, 吸収端は 4f→5s または 4f→5d ということになる. バンド構造上はたしかに 5s の方がエネルギーが低いのであるが, 糟谷らは光学遷移のエネルギーは 5d 電子と 4f ホールとのクーロン引力のために, f→d 遷移の方が低くなることを示している. したがって, いま考えている吸収帯は, $4f^7(^8S_{7/2}) \to 4f^6(^7F_J)5d^1(T_{2g})$ 遷移に指定される. 酒井はこの励起状態において d-f の原子内交換相互作用, スピン軌道相互作用, 伝導帯の d 電子と隣接 Eu の f 電子との原子間交換相互作用などを摂動として, 多重項エネルギー準位を計算した. 図 6.29 はその結果に基づいて描いた円偏光吸収スペクトルである. (a) は $\Delta L=+1$ の吸収, (b) は $\Delta L=-1$ の吸収, (c) は $\Delta L=0$ の吸収である. (d) はこれらを合成した非偏光吸収である. (a) には温度とともに吸収端が red shift する様子がはっきりとみられる. また, この図で示した (a)〜(c) のスペクトルは図 6.27 の実験データをよく説明している.

このように EuS の磁気光学効果は 4f→5d 磁気励起子の多重項間遷移によって, よく説明されることがわかった.

b. TmS, TmSe　　TmS, TmSe は NaCl 型の結晶構造で, 金属伝導性を

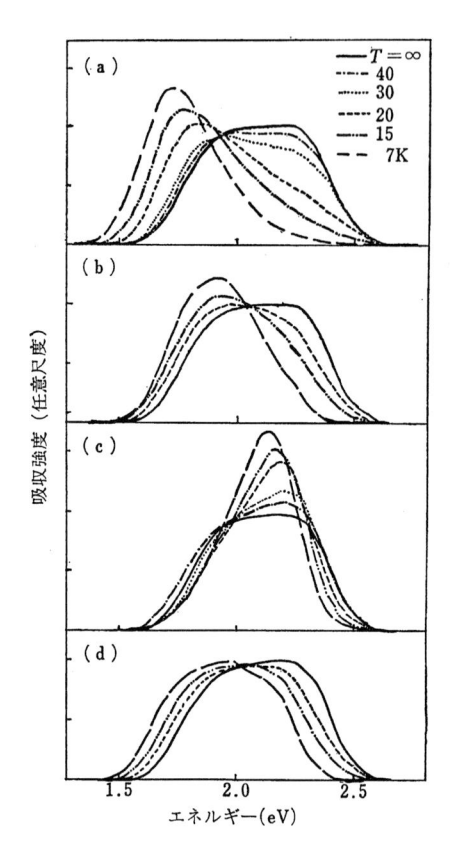

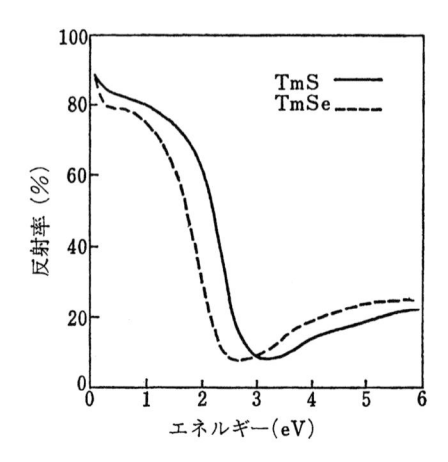

図6.30 TmS, TmSe の反射スペクトル[52]

図6.29 摂動計算に基づいて描いた円偏光吸収スペクトル[53]
(a) $\Delta L=+1$ の吸収スペクトル
(b) $\Delta L=-1$ の吸収スペクトル
(c) $\Delta L=0$ の吸収スペクトル
(d) 合成した非偏光吸収

示し，低温で磁気的に整列する．TmS の 4f 電子は局在した $4f^{13}$ と考えられるが，TmSe では f はフェルミ面の近くに現れ，いわゆる価数揺動状態になっている．磁性の違いにもかかわらず，図6.30の反射スペクトルにみられるように，両物質の光学的性質は非常に似通っていて，いわゆるプラズマ端がみられている．プラズマ周波数は TmS では 2.6 eV, TmSe では 2.35 eV である．図6.31の TmS のカー効果のスペクトルには強い構造がみられる．その中心は TmS で 2.6 eV である．TmSe も同様のカースペクトルを示し，その中心は 2.35 eV であった．この結果はプラズマの周波数で磁気光学効果が増強されることを示している[50]．観測された大きな磁気光学効果について，Reim らは 4.6 節で紹介したスキュー散乱のメカニズムで説明した．しかし，Haas らはこの効果を現象論的な効果として説明できることを明らかにした[54]．PtMnSb の場合と同様に，観測

6.2 局在系とバンド系の中間の系:遷移元素カルコゲナイドとニクタイド   143

されるカー回転角と楕円率は,誘電率の非対角成分 ε_{xy} から単純に生じているものではなく対角成分 ε_{xx} の大きさにも依存するものとなっている.彼らは式

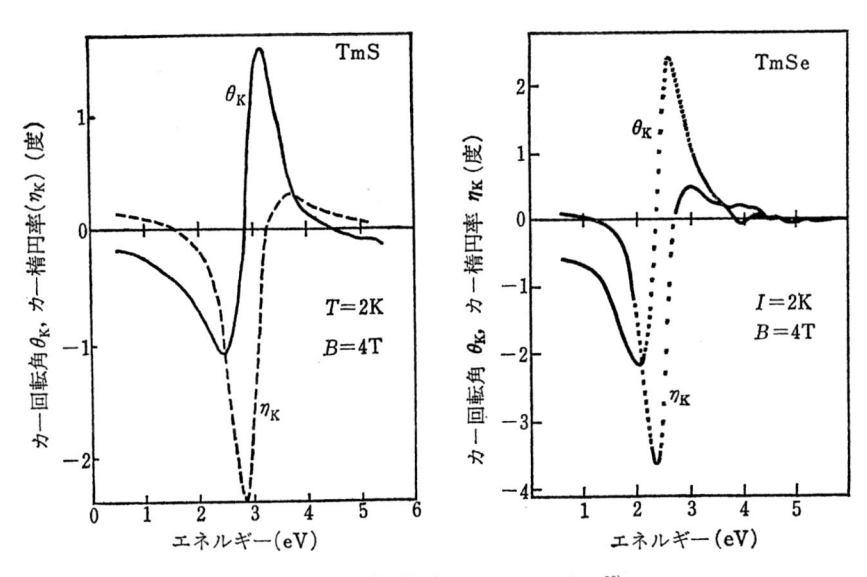

図 6.31 TmS, TmSe のカースペクトル[52]

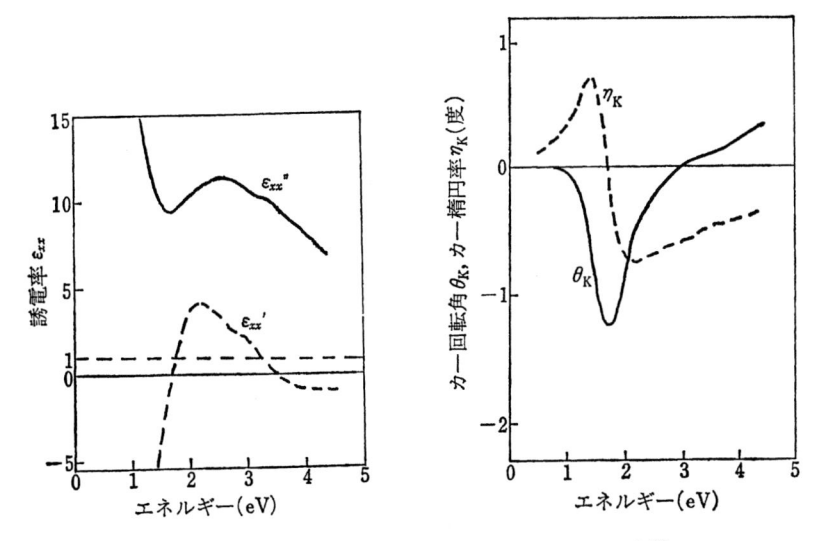

図 6.32 プラズマ共鳴によるカー効果のエンハンスメント[53]

(3.82) を出発点として，ε_{xx} に式 (4.14) で表されるドルーデ項をいれれば，たとえ $\sigma_{xy}=$ 一定であっても $\varepsilon_{xx}'=0$ となる周波数付近に大きなエンハンスメントが期待できることを示した．一例として，$\sigma_{xy}=1+i$ という一定値をとったとき，スクリーンされないプラズマ共鳴のエネルギー $\hbar\omega_p=5\,\text{eV}$，プラズマの緩和時間：$\tau_p=0.1\,\text{eV}$，バンド間遷移の中心：$4\,\text{eV}$，遷移の半値幅：$4\,\text{eV}$ として計算したときのカースペクトルを図 6.32 に示してある．混成プラズマあるいは結合プラズマといわれるドルーデ項とローレンツ項との重畳によって $\varepsilon_{xx}'=0$ になるエネルギーは $2.4\,\text{eV}$ となり，まさにその位置でエンハンスメントが起きている．このようなエンハンス効果はプラズマエンハンスメントと呼ばれている．TmS の大きな磁気光学効果は，現在ではプラズマエンハンス効果が主因であると考えられている．

6.2.5 希土類ニクタイド

希土類のニクタイドは重いフェルミ粒子 (heavy fermion) 系として詳細な研究がなされている．このうち，CeSb は現存するすべての物質の中で最大の 90° におよぶ巨大カー回転を示すことで注目される．図 6.33 にスペクトルを示す[55]．

6.2.6 ウラニウム化合物

ウラニウム化合物の磁気光学効果はスイスの ETH のグループ (Wachter, Schoenes, Reim ら) によって系統的に研究された[56~58]．この系列の中で最も大きなカー効果を示すのは $USb_{0.8}Te_{0.2}$ である．研究されているのは NaCl 構造の

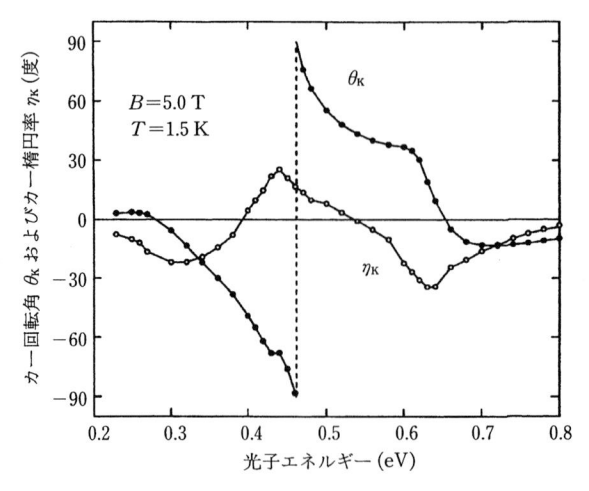

図 6.33 CeSb の $T=1.5\,\text{K}$，$B=5\,\text{T}$ における磁気光学スペクトル[55]

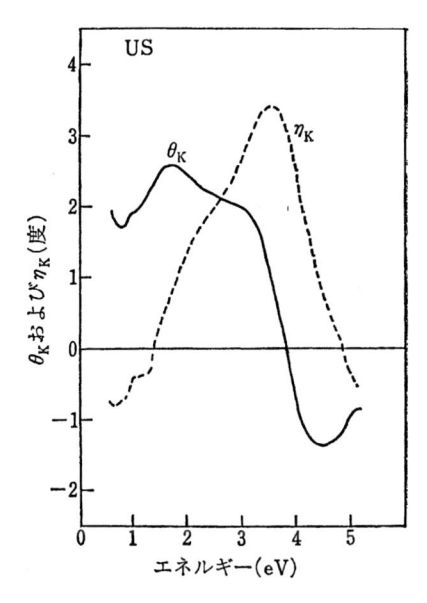

6.2 局在系とバンド系の中間の系：遷移元素カルコゲナイドとニクタイド 145

図 6.34 ウラニウムモノカルコゲナイドの
カースペクトル[56]

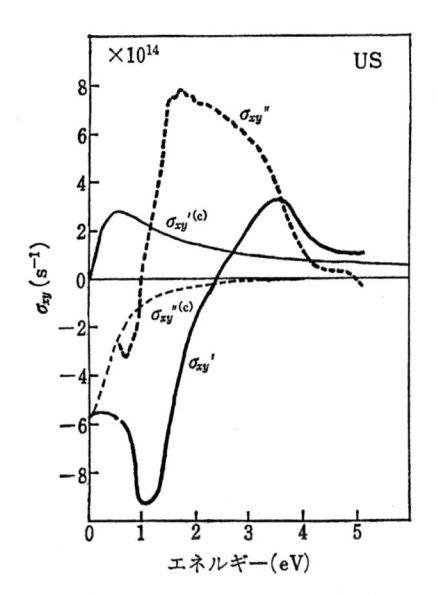

図 6.35 ウラニウムモノカルコゲナイドの
伝導率テンソルの非対角項[56]
実線は実数部，点線は虚数部．

モノカルコゲナイド US, USe, UTe とモノニクタイド UAs, USb およびその固溶体と Th_3P_4 構造の U_3P_4 などである．

この節ではウラニウムモノカルコゲナイドの磁気光学スペクトルとその解析について述べる．US, USe, UTe は金属伝導性の強磁性体で，キュリー温度はそれぞれ 180, 160, 102 K にある．図 6.34 には US の $T=15$ K, $B=4$ T におけるカースペクトルが掲げてある．US のカー回転の最大値は 2.7°，カー楕円率の最大値は 3.5°である．ちなみに USe ではカー回転は 3.3°，カー楕円率は 4°に達する．

このデータから，5.3 節に述べた解析を行った結果得られた伝導率テンソルの非対角成分を，図 6.35 に示す．図において実線と点線は自由電子の寄与を式(4.59) を用いて評価した非対角成分の実数部および虚数部である．これから，伝導電子の寄与はかなり大きな部分を占めることがわかる．

σ の対角および非対角成分を比較することによって，US の磁気光学スペクトルにみられる 1 eV 付近の反磁性型のスペクトルは，σ_{xx} の 1 eV 付近のバンド間遷移 $(5f(E_F) \to 6dt_{2g})$ においてスピン軌道分裂を考慮することで解釈できる．

一方，ウラニウムモノニクタイドUP，UAs，USbは反強磁性なので，通常は磁気光学効果が観測できないのであるが，10 Tを越える強磁界中でスピンフリップを起こしてやれば測定可能となり，UP→UAsの順に磁気光学効果が強まる傾向がみられた．そこで，モノニクタイドUSbとモノカルコゲナイドUTeの固溶体を作製することにより，$USb_{0.8}Te_{0.2}$で最大9°におよぶカー回転を得た[58]．

磁気整列温度が低いので実用性はないが，このようなスピン軌道相互作用の大きな物質で研究することは発見法的に重要である．McGuireらはこの物質にヒントを得て，アモルファス希土類・遷移金属合金においてf電子準位がフェルミ面近くにくる軽希土類の利用を検討している[59]．

6.3 金属および合金の磁気光学効果

金属の磁気光学効果が左右円偏光に対するバンド間遷移の差に基づいて生じることは，4.5節に説明したとおりである．強磁性遷移金属のバンド計算が進展し，最近では，計算結果に基づいて遷移行列を求め，伝導率テンソルの非対角成分のスペクトルを理論的に求めるところまで行われている．一方，希土類金属についてはバンド計算結果から磁気光学効果の大きさを直接計算するところまでに至っておらず，実験データとバンド構造との対応関係が検討されているのみである．この節では，はじめに，おなじみのFeとNiを例にとってバンドと磁気光学効果の関連について考察する．さらに，遷移金属と通常金属，3d遷移金属と4d・5d遷移金属との合金，遷移金属と希土類金属の合金などの磁気光学効果も研究されている．

6.3.1 鉄・コバルト・ニッケル

図6.36(a)には，Fe，CoおよびNiの伝導率の対角成分の実数部σ_{xx}'（吸収スペクトルに相当）[60]が，(b)には非対角成分の虚数部σ_{xy}''（磁気円二色性吸収に相当）[61]がプロットされている．ここではErskineのまとめたデータを示す[62]．非対角成分の1～2 eVのスペクトルはFe，CoとNiの3つでたいそう似通っているが，1 eV以下と2.5 eV以上で非常に異なっている．

Feの結晶構造はbcc（体心立方格子），Coはhcp（六方最密格子），Niはfcc（面心立方格子）である．Fe(bcc)のカー回転スペクトルとしては，図6.37に点線で示すKrinchikらのデータ(0.2～4.2 eV)[61]が長く引用されてきたが，最近になり，片山らによって図6.37に実線で示す広いエネルギー範囲(2～9 eV)のデータが報告された[63]．バンド計算からFeのカー回転スペクトルを求めること

6.3 金属および合金の磁気光学効果

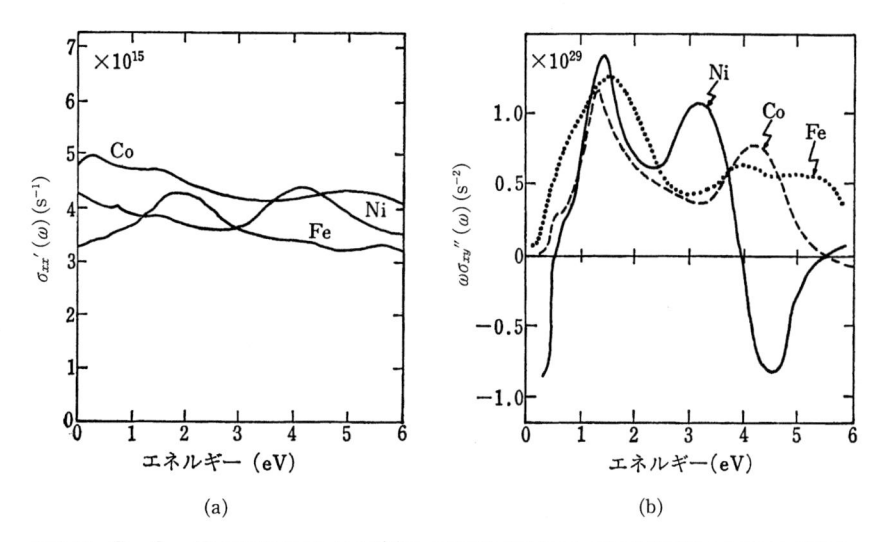

図6.36 Fe, Co, Ni の伝導率テンソル[61] (Ni の非対角成分については5倍に拡大して示してあることに注意)

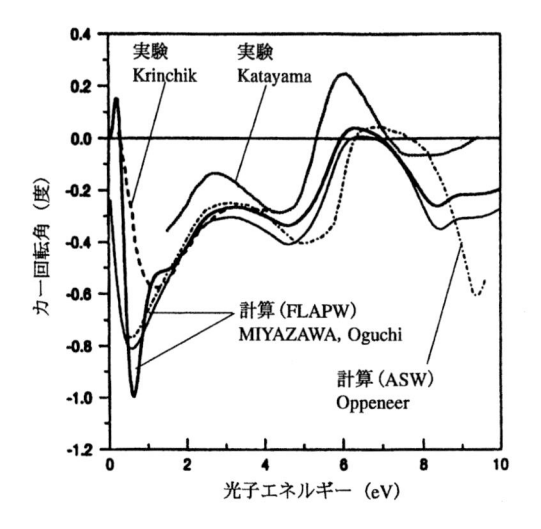

図6.37 バンド計算に基づいて求めた Fe のカー回転角のスペクトル
一点鎖線は ASW 法[65], 実線は FLAPW 法[66]. 比較のため実験結果を示す.
点線は Krinchik[61], 実線は Katayama[63] による.

は1970年代に Singh らによって行われたが[64], 最近になって第1原理計算によって計算されるようになり, 実験との一致も大幅に改善された. 図6.37には, Oppeneer らの ASW による計算結果[65]を一点鎖線で, 宮沢, 小口による FLAPW 法によって計算した bccFe の磁気光学スペクトル[66]を実線で示す. 細

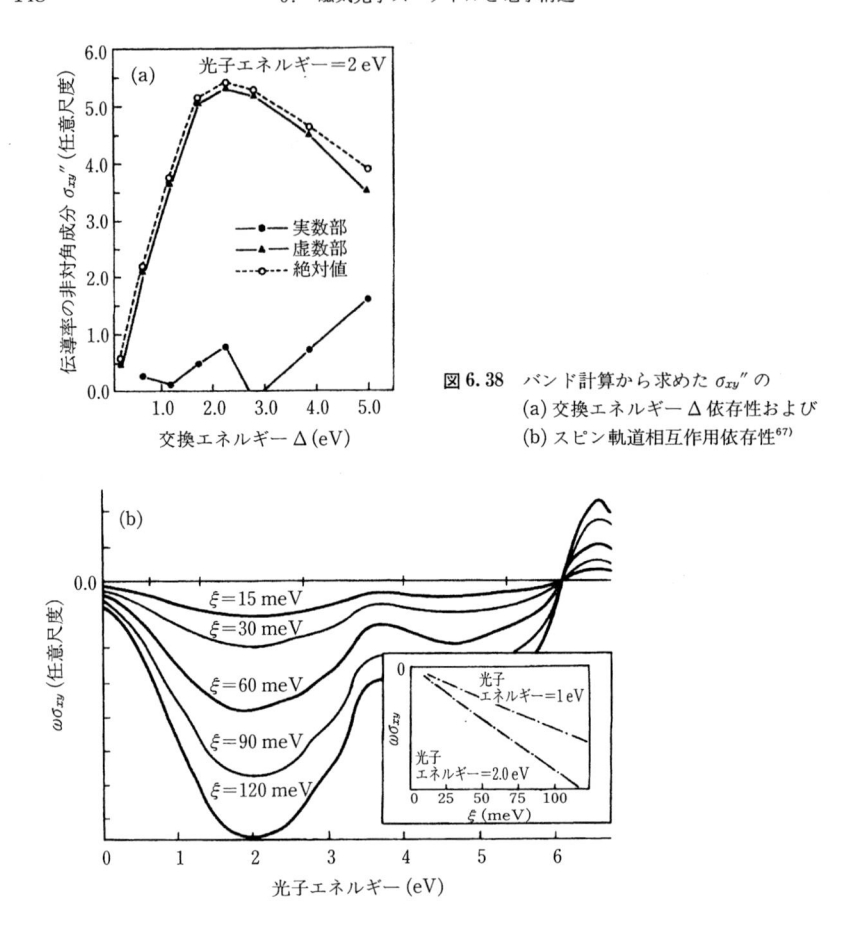

図 6.38 バンド計算から求めた σ_{xy}'' の (a) 交換エネルギー Δ 依存性および (b) スピン軌道相互作用依存性[67]

線は補正のない計算結果，太線は実験条件にあわせて補正した結果を表す．実験のスペクトルにみられている 7 eV 以下の構造は，少数スピン 3d バンドから sp バンド中にあるフェルミ面への遷移によると考えられる．

Fe の磁気光学効果に交換エネルギーとスピン軌道相互作用のいずれが効いているのであろうか．Misemer らは，Fe において交換分裂の大きさとスピン軌道相互作用の大きさをパラメーターとしてバンド計算を行い，磁気光学効果を表す σ_{xy}'' の大きさを見積もった．その結果，図 6.38 に示すようにスピン軌道相互作用には比例するが，交換エネルギー，したがって，磁化の大きさとは単純な比例関係はないことがわかった[67]．

Co の結晶構造は，バルク結晶では hcp であるが，超薄膜では fcc にもなると

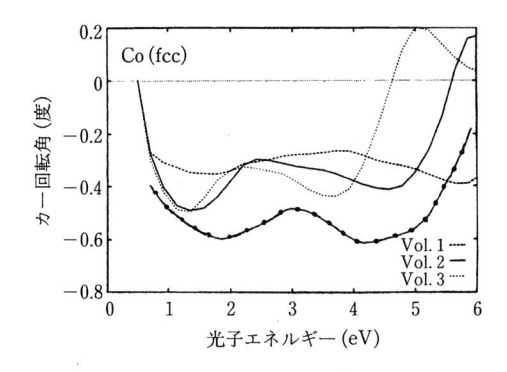

図 6.39 fcc Co のカー回転スペクトルの実験値(黒丸)[68]と，3つの単位胞体積(vol.2は実験で得られた体積を用いた場合，vol.1は体積を縮小して計算した場合，vol.3は体積を拡大して計算した場合)について計算されたスペクトル[69]

考えられている．図6.39にfcc Co薄膜のカー回転スペクトルの実験値[68]が，理論計算値[69]とともに示されている．カー回転のピーク値は fcc Co の方が hcp Co より大きい．一方，Niについても同様の計算が行われていて，定性的にスペクトル構造を説明することができる[70]．

6.3.2 ガドリニウム

Erskineらは一連の希土類金属の磁気光学効果を解析した[71]．図6.40(a), (b)には前項と同様，σの対角および非対角成分のスペクトルが示されている．バンド状態密度の計算によればE_F以下の満ちた伝導帯状態はほとんどd性であるが，d電子帯はp軌道との混成によって大きく2つのグループに分裂する．4f準位はE_Fより7eVも深いところにあると考えられる．磁気光学スペクトルにみられる2つのピークはE_F付近の満ちたp状態から分裂した2つの5d状態への遷移に対応するものと考えられている．

6.3.3 希土類遷移金属のアモルファス合金

希土類と遷移金属のアモルファス合金は光磁気材料として，主に実用的観点から研究が進められた[72]．その対象はGdCoとTbFeを中心として，それらの間の合金系が対象である．希土類と遷移金属が合金をつくった場合，バンド構造がどのようになるのか，フェルミ面はどこにくるのかについては理論的にも実験的にも確実なことはなにもわかっていない．田中らは，アモルファス希土類遷移金属合金のバンド状態密度を計算した[73]．しかし，磁気光学スペクトルは計算されていない．

図6.41は高周波スパッター法で作製され，室温付近に補償温度をもつGdCoのアモルファス薄膜について，ガラス基板側から測定したカースペクトルである[74]．この系の物質で磁気光学効果が誘電率テンソルの非対角要素として報告さ

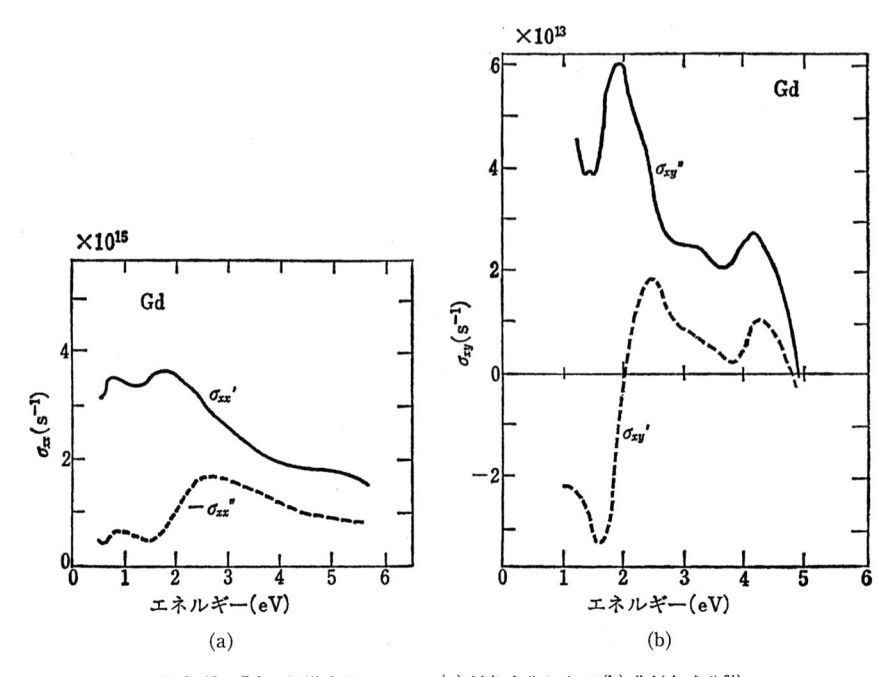

図 6.40 Gd の伝導率テンソルの (a) 対角成分および (b) 非対角成分[71]

れている例は非常に少ない．そのわずかな例として図6.42にTbFeのデータを掲げる[75]．

アモルファス希土類遷移金属合金の磁気光学効果は，500 nm より長波長では主に遷移元素のそれから由来すると考えて差し支えないことが，これまでの研究によって明らかになっている．しかし，短波長になると希土類からの寄与が重要になることが結晶性の合金の研究から明らかにされており[76]，さらには，軽希土類のf準位がフェルミ面に近いことからf→d遷移によるカー効果の増大が期待されるなど[59]，希土類の寄与についても研究が進められている．Choeらは，軽希土類と遷移金属のアモルファス合金である Nd-Co 系，Ce-Co 系合金についてカー回転スペクトルを測定し，Tb-Co，Gd-Co など重希土類と遷移金属の合金，および，f電子をもたないYとCoの合金のスペクトルと比較した[77]．その結果，図6.43に示すように軽希土類は短波長側のカー回転を増強することが明らかになった．Y-Co では 4f 電子の寄与がないと考えられるので，長波長側で増大するスペクトルは Co に由来していると考えられる．希土類の違いは短波長に現れている．Tb では 4f 電子系の寄与が Co の寄与を打ち消す方向に働くが，

6.3 金属および合金の磁気光学効果

図 6.41 アモルファス GdCo 薄膜の磁気光学スペクトル[74]

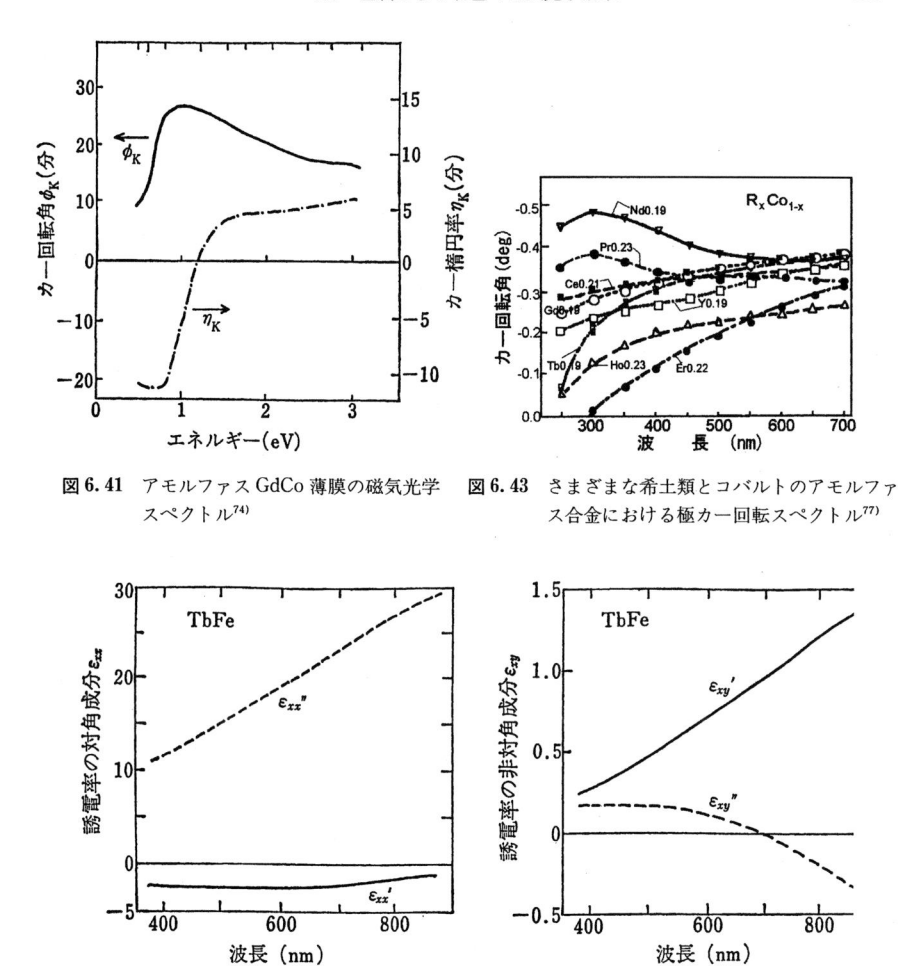

図 6.43 さまざまな希土類とコバルトのアモルファス合金における極カー回転スペクトル[77]

図 6.42 アモルファス TbFe 薄膜の誘電率テンソルの非対角成分[75]
実線は実数部,点線は虚数部.

Nd では Co のスペクトルに加わる方向に働く.この現象は,重希土類と遷移金属とは反強磁性的に結合しているのに対し,軽希土類と遷移金属とは強磁性的に結合するため軽希土類と遷移金属の磁気光学的寄与が足しあわされるとして説明することができる.

6.3.4 遷移金属と貴金属の合金

遷移金属 Fe, Co, Mn と白金族 Pt, Pd の合金は $L1_0$ 型の規則合金を形成し,

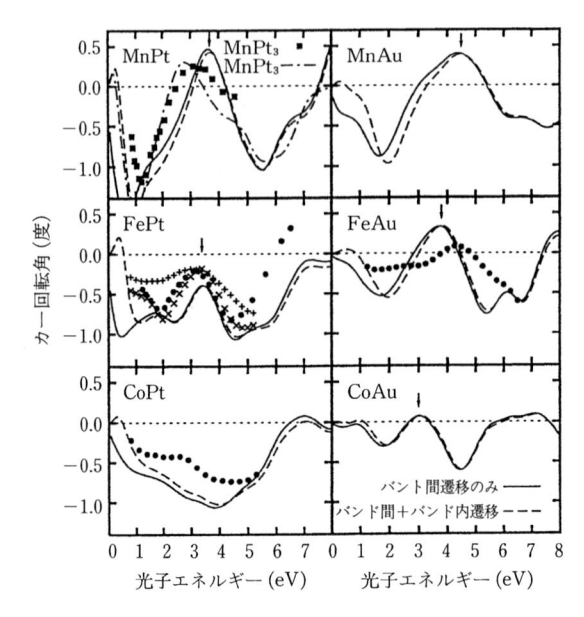

図6.44 $L1_0$構造をもつ遷移金属とPtの合金および遷移金属とAuの人工規則合金のカー回転スペクトルの理論計算値[79] (実線はバンド間遷移のみ,破線はバンド間遷移の寄与を加えたもの)と実験値(●, ×, +) MnPtについては$C1_b$構造のMnPt$_3$についての実験値と計算値を示す.FePtについては不規則合金(+:fcc)と規則合金(×, ●:$L1_0$)の実験値を示す.FeAuについてはFe/Au人工規則合金のスペクトルを示す.

室温で強磁性を示す.また,FeとAuとは非固溶であるが,非平衡状態で人工的に積層したFeAuは$L1_0$型の規則合金を形成することが,実験的に確かめられている[78].山口らは,バンド計算に基づいて$L1_0$型をもつ一連のTM-PtおよびTM-Au合金(TMは遷移金属を表す)の磁気光学スペクトルを求めた[79].計算結果を図6.44の実線に示す.●印,×印および+印が実験値である.MnPtについては,MnPt$_3$の計算結果(一点鎖線)と実験データ[80,81]を示す.CoPtについては$L1_0$相の実験結果[82]を,FePtについては$L1_0$規則合金(●, ×)とfcc不規則合金(+)の実験結果を示す[83,84].FeAuについては[Fe(1ML)/Au(1ML)]$_{100}$人工格子のスペクトルを掲げる[85].これらの系ではプラズマエンハンスメント効果はあるとしても低エネルギー領域にあり,伝導率テンソルの非対角成分の寄与が大きいことが導かれている.

参 考 文 献

1) D. S. McClure: "Electronic Spectra of Molecules and Ions in Crystals" (Academic Press, 1959).
2) 上村 洸,菅野 暁,田辺行人:「配位子場理論とその応用」(裳華房, 1969).
3) F. J. Kahn, P. S. Pershan and J. P. Remeika: Phys. Rev. **186** (1969) 891.
4) 品川公成:応用磁気セミナー「光と磁気―その基礎と応用―」テキスト(日本応用磁気

参 考 文 献

学会, 1988.12.8) p. 11.
5) H. Takeuchi : Jpn. J. Appl. Phys. **14** (1975) 1903.
6) G. B. Scott, D. E. Lacklison, H. I. Ralph and J. L. Page : Phys. Rev. **B12** (1975) 2562.
7) 品川公成：日本応用磁気学会第38回研究会資料(1985.1) p. 7.
8) S. Wittekoek, T. J. A. Popma and J. M. Robertson : Proc. MMM Conf. (1973) 944.
9) 佐藤勝昭, 阿萬康知, 玉野井健, 斉藤敏明, 品川公成, 対馬立郎：日本応用磁気学会誌 **13** (1989) 157.
10) K. Shinagawa : "Magneto-Optics", ed. by S. Sugano and N. Kojima (Springer, Berlin, 1999) chap. 5, p. 137.
11) 増本　剛, 対馬立郎, 関沢　尚, 清沢昭雄：日本金属学会会報 **10** (1971) 113.
12) 増本　剛, 寺西暎夫, 対馬立郎, 関沢　尚：日本金属学会会報 **10** (1971) 183.
13) P. F. Bongers, G. Zanmarchi : Solid State Commun. **6** (1968) 291.
14) K. Sato and T. Teranishi : Nuovo Cimento. **2D** (1982) 1803.
15) T. Kambara, T. Oguchi, G. Yokoyama and K. I. Gondaira : Jpn. J. Appl. Phys. **19** Suppl. 19-3 (1980) 223.
16) K. Sato : Prog. Cryst. Growth and Charact. **11** (1985) 109.
17) S. Suga, K. Inoue, M. Taniguchi, S. Shin, M. Seki, K. Sato and T. Teranishi : J. Phys. Soc. Jpn. **52** (1983) 1848.
18) D. W. Bullett : J. Phys. **C15** (1982) 6163.
19) K. Sato : J. Phys. Soc. Jpn. **53** (1984) 1617.
20) K. Sato and T. Teranishi : J. Phys. Soc. Jpn. **51** (1982) 2955.
21) Landolt-Börnstein III/27a, Magnetic Properties of Pnictides and Chalcogenides, ed. by K. Adachi and S. Ogawa (Springer, Berlin, 1989) p. 70.
22) K. Sato, Y. Aman and H. Hongu : J. Magn. Magn. Mater. **104-107** (1992) 1947.
23) J. Dijkstra : J. Phys. Condens. Matter **1** (1989) 9141.
24) J. K. Furdyna : J. Appl. Phys. **64** (1988) R29.
25) 小柳　剛, 中村公夫, 山野浩司, 松原覚衛：日本応用磁気学会誌 **12** (1988) 187.
26) 岡　泰夫：日本応用磁気学会誌 **17** (1993) 869.
27) K. Onodera and H. Oba : Cryst. Res. Technol. **31** (1996) S29.
28) R. L. Aagard, F. M. Schmidt, W. Walters and D. Chen : IEEE Trans Mag. **MAG-7** (1971) 380.
29) K. H. J. Buschow, P. G. van Engen and R. Jogerbreur : J. Magn. Magn. Mater. **38** (1983) 1.
30) Tu Chen and W. E. Stutius : IEEE Trans. Mag. **MAG-10** (1974) 581.
31) D. Chen, J. F. Ready and E. Bermal : J. Appl. Phys. **39** (1968) 3916.
32) G. Q. Di and S. Uchiyama : Phys. Rev. **B53** (1996) 3327.
33) K. -U. Harder, D. Menzel, T. Widmer and J. Schoenes : J. Appl. Phys. **84** (1998) 3625.
34) R. Coehoorn and R. A. de Groot : J. Phys. **F15** (1985) 2135.
35) P. M. Oppeneer, V. N. Antonov, T. Kraft and H. Eschrig : J. Appl. Phys. **80** (1996) 1099.
36) J. Köhler and J. Kübler : J. Phys. Cond. Matt. **8** (1996) 8681.
37) T. Okita and Y. Makino : J. Phys. Soc. Jpn. **25** (1968) 120.
38) K. Sato, Y. Tosaka and H. Ikekame : J. Magn. Soc. Jpn. **20**, Suppl. S1 (1995) 255.
39) H. Akinaga, K. Tanaka, K. Ando and T. Katayama : J. Cryst. Growth **150** (1995) 1144.

40) H. Ikekame, Y. Morishita and K. Sato : J. Magn. Soc. Jpn. **20** (1996) 181.
41) M. Tanaka, J. P. Harbison, T. Sands, T. L. Cheeks, V. G. Keramidas and G. M. Rothberg : J. Vac. Sci. Technol. **B12** (1994) 1091.
42) Y. Morishita, K. Iida, J. Abe and K. Sato : Jpn. J. Appl. Phys. **36** (1997) L1100.
43) F. Heusler : Verh. Dtsch. Phys. Ges. **5** (1903) 219.
44) P. G. van Engen, K. H. J. Buschow, R. Jungebreur and M. Erman : Appl. Phys. Lett. **42** (1983) 202.
45) H. Ikekame, K. Sato, K. Takanashi and H. Fujimori : Jpn. J. Appl. Phys. **32** Suppl. (1993) 32-3, 284.
46) K. Sato, H. Ikekame, H. Hongu, M. Fujisawa, K. Takanashi and H. Fujimori : Proc. 6th Int. Conf. Ferrites (ICF6) Tokyo and Kyoto, 1992, p. 1647.
47) R. A. de Groot, F. M. Mueler, P. G. van Engen and K. H. J Buschow : J. Appl. Phys. **55** (1984) 2151.
48) V. N. Antonov, P. M. Oppeneer, A. N. Yaresko, A. Ya. Perlov and T. Kraft : Phys. Rev. **B56** (1997) 13012.
49) J. C. Suits : IEEE Trans. Magn. **MAG-8** (1972) 421.
50) W. Reim, O. E. Husser, J. Schoenes, E. Kaldis, P. Wachter and K. Seiler : J. Appl. Phys. **55** (1984) 2155.
51) S. Methfessel and D. C. Mattis : "Handbuch der Physik", ed. by S. Flugger (Spriner, Berlin, 1968) vol. XVIII/1, p. 399.
52) T. Mitani, M. Ishibashi and T. Koda : J. Phys. Soc. Jpn. **38** (1975) 731.
53) O. Sakai, A. Yanase and T. Kasuya : J. Phys. Soc. Jpn. **42** (1977) 596.
54) H. Feil and C. Haas : Phys. Rev. Lett. **58** (1987) 65.
55) R. Pittini, J. Schoenes, O. Voigt and P. Wachter : Phys. Rev. Lett. **77** (1996) 944.
56) J. Schoenes : "Handbook of Physics and Chemistry of Actinides", ed. by A. J. Freeman and G. H. Lander (North-Holland, Amsterdam, 1984) vol. 1 chap. 5 p. 341.
57) W. Reim : J. Magn. Magn. Mater. **58** (1986) 1.
58) J. Schoenes and W. Reim : J. Magn. Magn. Mater. **54-57** (1986) 1371.
59) R. J. Gambino and T. R. McGuire : J. Magn. Magn. Mater. **54-57** (1986) 1365.
60) P. B. Johnson and R. W. Christy : Phys. Rev. **B9** (1974) 5056.
61) G. S. Krinchik and V. A. Artemjev : Sov. Phys. JETP **26** (1968) 1080.
62) J. L. Erskine : AIP. Conf. Proc. No. 24 (1975) 190.
63) T. Katayama, N. Nakajima, N. Okusawa, Y. Miyauchi, T. Koide, T. Shidara, Y. Suzuki and S. Yuasa : J. Magn. Magn. Mater. **177-181** (1998) 1251.
64) M. Singh, C. S. Wang and J. Callaway : Phys. Rev. **B11** (1975) 287.
65) P. M. Oppeneer, T. Mauer, J. Sticht and J. Kübler : Phys. Rev. **B45** (1992) 100924.
66) H. Miyazaki and T. Oguchi : J. Magn. Magn. Mater. **192** (1999) 325.
67) D. K. Misemer : J. Magn. Magn. Mater. **72** (1988) 267.
68) T. Suzuki, D. Weller, C. A. Chang, R. Savoy, T. Huang, B. A. Gurney and V. Speriosu : Appl. Phys. Lett. **64** (1994) 2736.
69) T. Gasche, M. S. S. Brooks and B. Johnson : J. Magn. Soc. Jpn. **19**, Suppl. S1 (1995) 303.
70) C. S. Wang and J. Callaway : Phys. Rev. **B9** (1974) 4897.
71) J. L. Erskine and E. A. Stern : Phys. Rev. **B8** (1973) 1239.

72) 今村修武：日本応用磁気学会誌 **8** (1984) 345.
73) H. Tanaka and S. Takayama : J. Appl. Phys. **70** (1991) 6577.
74) K. Sato and Y. Togami : J. Magn. Magn. Mater. **35** (1983) 181.
75) R. Allen and G. A. N. Connell : J. Appl. Phys. (Part 2) **53** (1982) 2353.
76) T. Katayama and K. Hasegawa : Proc. 4th Int. Conf. Rapidly Quenched Metals, Sendai (1981) p. 915.
77) Y. J. Choe, S. Tsunashima, T. Katayama and S. Uchiyama : J. Magn. Soc. Jpn. **11**, S1 (1987) 273.
78) K. Takanashi, S. Mitani, M. Sano, H. Fujimori, H. Nakajima and A. Osawa : Appl. Phys. Lett. **67** (1995) 1199.
79) M. Yamaguchi, T. Kusakabe, K. Kyuno and S. Asano : Physica **B270** (1999) 17.
80) T. Kato, H. Kikuzawa, S. Iwata, S. Tsunashima and S. Uchiyama : J. Magn. Magn. Mater. **140-144** (1995) 713.
81) 岩田　聡，加藤　剛，綱島　滋：日本応用磁気学会誌 **20** (1996) 27.
82) G. P. Harp, D. Weller, T. A. Rabedeau, R. F. C. Farrow and R. F. Marks : Mater. Res. Soc. Symp. Proc. **313** (1993) 493.
83) A. Cebollada, D. Weller, J. Sticht, G. R. Harp, R. F. C. Farrow, R. F. Marks, R. Savoy and J. C. Scott : Phys. Rev. **B50** (1994) 3419.
84) S. Mitani, K. Takanashi, H. Nakajima, K. Sato, R. Schreiber, P. Grunberg and H. Fujimori : J. Magn. Magn. Mater. **156** (1996) 7.
85) K. Sato, J. Abe, H. Ikekame, K. Takanashi, S. Mitani and H. Fujimori : J. Magn. Soc. Jpn. **20** (Suppl. S1) (1996) 35.

7. 光磁気デバイス

第7章では，磁気光学効果を用いたいくつかのデバイスについて，その原理と構成などを解説する．磁気光学効果の応用としては，光磁気記録，光アイソレーター，電流磁界センサーなどがある．初版以来この分野の研究開発は大きな進展があったが，ここではこれらの技術的進展のすべてをフォローすることはせず，デバイス技術がいかに材料開発や物性研究に支えられているかを中心に述べる．

7.1 光磁気ディスク
7.1.1 光ディスク概説[1)]

光磁気ディスクは，多くの光ディスクの一種である．光ディスクには，再生専用型 (CD-ROM, DVD-ROM など)，追記型 (CD-R, DVD-R など)，書き換え可能型 (CD-RW, DVD-RAM, DVD-RW, MO, MD) に分類される．ここでは，光ディスク全般について解説しておく．まず，CD-ROM でおなじみの再生専用ディスクであるが，ディジタル情報 (0, 1) はピット（くぼみ）として記録されている．ピットは，型を作ってプレスするか，型にプラスチックを流し込んで固める方法（射出成形）によって作られる．ピットの直径は光をレンズで絞ったときに回折限界で決まるサイズより小さく，深さは半波長 $\lambda/2n$ となっている（n は基板の屈折率で，基板面から光が入るので基板内の波長は基板の屈折率分の 1 になっている）．ピットの底からの反射とまわりからの反射が干渉して打ち消しあい，ピットのある部分の反射率は低くなっている．追記型 (DRAW : direct-read-after-write) というのは，消去や書き換えはできないが記録が可能なディスクである．現在では，追記型として色素を用いた熱変形タイプのものが CD-R という形で定着した．CD-R はポリカーボネート基板に色素層を塗布し，その上に金の反射層を蒸着した単純な構造をもつため，低価格で製造できる点が特徴である．色素の吸収帯の波長をもつレーザービームが照射されると，色素が光を吸収し熱エネルギーに変わり色素が分解し気体が発生，その圧力で，熱的に軟化した基板に変形が生じることが記録の原理である．再生のときには，基板変形によっ

て戻り光の位相が周辺より進むことで，CD-ROM のピットと同様に位相差によって反射光の強弱がもたらされる．

　書き換え可能型には，結晶-アモルファスの構造相変化を利用した相変化光ディスク(CD-RW, DVD-RAM, DVD-RW)と，熱磁気記録と磁気光学再生を利用した光磁気ディスクとがある．そのうち相変化光ディスクでは，GeSbTe，AgInSbTe などの多元化合物を用い，結晶状態にあるものを融点(600℃程度)以上に加熱して急冷するとアモルファスに相変化し，アモルファス状態にあるものを結晶化温度(400℃)以上に加熱し徐冷すると結晶化することを利用し，レーザー光強度の強弱によってアモルファス相と結晶相とを制御して情報を記録している．再生には，レーザーの反射光強度がアモルファスと結晶とで異なるという性質を利用する．

　相変化ディスクは，直接重ね書きが容易であること，光磁気ディスクと異なり偏光を使わず反射光強度を利用するので，信号強度が大きく光ヘッド構造が単純で，かつ再生専用ディスクとの両立性があるという利点をもつ一方で，媒体ノイズが多い，消え残りをなくすことが困難，600℃近くに加熱するため消費電力が大きい，媒体の変形が起きやすい，融解の際に融液の移動が起きて膜が薄くなるため書き換え可能回数が小さい(1000～10万回)などの欠点がある．

　これに対し光磁気ディスクでは，物質の磁性を光(正しくは熱)により変化させて磁気記録し，磁気光学効果を用いて磁化状態を読みとり電気信号に再生するので，構造変化を伴わずに消去・書き込みができるため繰り返し耐性が高い(1000万回以上)こと，本質的に磁気記録であるため記録密度を高くできることなどの利点をもつ一方，再生に偏光を利用しているため光ヘッドが複雑になること，CD-ROM や DVD との互換性がないことなどの欠点もある．本書は「光と磁気」が主題なので相変化記録にはこれ以上ふれず，光磁気記録について詳しく述べる．

7.1.2　光磁気記録の歴史

　光磁気記録の歴史は古く，1957 年に遡る．Williams は MnBi に熱ペンで記録した磁区を磁気光学効果で観測することに成功した[2]．1967 年にはビームアドレス方式の光磁気ディスクが提案されている[3]．

　光磁気記録の方法として歴史的には表 7.1 に示すような 4 つの種類が研究された[4]．いずれもレーザー光の照射による媒質の温度上昇に基づく磁性の変化を利用して磁気記録しており，正しくは熱磁気記録と呼ぶべきものである．

　1971 年になるとハネウェル社から MnBi 薄膜のキュリー温度記録を用いた光

表7.1 4種類の光磁気記録

記録方式	代表的な材料	磁気特性の変化
キュリー温度記録	TbFe, GdTbFe	キュリー温度T_cに近づくにつれて保磁力が低下し, T_c以上の温度で常磁性になる
補償温度記録	$Gd_3Fe_5O_{12}$, GdCo	補償温度T_{comp}以上の温度で保磁力が急激に減少する
保磁力の温度変化	CoP	上記以外の原因で保磁力が温度とともに減少する
熱残留磁化記録	CrO_2	残留磁化の温度変化

磁気ディスクが発表された[5]. 1972年には磁気光学効果の大きい磁性半導体EuOのキュリー温度記録を用いた光磁気ディスクがIBM社から発表されている[6]. EuOはキュリー温度が低い(68 K)ので,冷却装置の中で記録再生が行われた. 大きなブレークスルーは1973年IBM社のChaudhariと大阪大学の桜井らが独立にアモルファスGdCo合金薄膜が補償温度記録に使えることを報告し[7,8], これがきっかけとなって,実用性のある光磁気ディスクの開発へとつながった.

その後,地道な研究が実を結び,1988年以来ISO規格の光磁気(MO)ディスクとして市販され,日本においては,書き換え型光ディスクのうち最もポピュラーなメディアとして普及した. 記録容量も,第1世代の5インチ(両面)650 MB, 1991年に市販された3.5インチ(片面)128 MBから,第2世代(230 MB),第3世代(640 MB)を経て,さらに第4世代のGIGAMO(1.3 GB)まで着実に増加している. この間,光強度変調型直接重ね書き(LIMDOW)[9], 磁気誘起超解像(MSR)[10]など,磁性物理に基づくさまざまな工夫と発明がなされ,それらが直ちに実用化され製品として市場に送り出されてきた. さらに1997年には次世代のMOとして5インチ6 GBのASMO規格が発表され[11], 2001年にはこの規格に従った初の製品として,ディジタルカメラ用途のiD-Photoとよばれる2インチ(780 MB)のMOディスクが市販された. さらにMAMMOS[*1], DWDD[*2]など新しい高出力再生技術が開発され続けている. 青紫色レーザーの開発にともない3倍〜4倍の高密度記録が可能となってきた. 一方,1994年にはオーディオ用のミニディスク(MD)が開発され,2000年には容量が4倍のMD-LPも登場,今日ではステレオプレーヤーからカセットテープを駆逐してしまった. また,ファイルメモリー用のミニディスクMD-Data(記録容量140 MB), MD-Data2(記録容量650 MB)も販売されている.

以下では光磁気記録について,技術的な詳細は専門書[12〜14]に譲り,記録再生

[*1] magnetic amplification magneto-optical system
[*2] domain wall displacement detection

の原理に重点をおいて紹介するとともに，さまざまな磁性物理の利用によりどのように記録密度の向上が図られてきたかについても紹介したい．

7.1.3 記録および再生の原理

a. 記録の原理　光（熱）を使って磁気記録するために，媒体がもつ「磁化の温度特性」を用いている．熱磁気記録には，表7.1のように4つの方式があるが，このうち，実際に使われているのは希土類[*1]と遷移金属[*2]のアモルファス合金薄膜（以下ではアモルファスR-TM膜と略称）を使用したキュリー温度記録である．これには，下に示すように補償温度記録の特性も組み合わせている．

図7.1に，光磁気ディスクの記録の原理図を示す．記録のメカニズムの詳細は7.1.5項に述べるので，ここではその概略のみを紹介する．磁気記録媒体としては保磁力の大きな垂直磁化R-TM膜が使われる．この膜はあらかじめある方向（図では下向き）に $10\,\mathrm{kOe}\,(\fallingdotseq 800\,\mathrm{kA/m})$ 程度の強い磁界で磁化してあり，記録したい部分のみをレーザー光で局所的に加熱する．図7.2にアモルファスTbFe

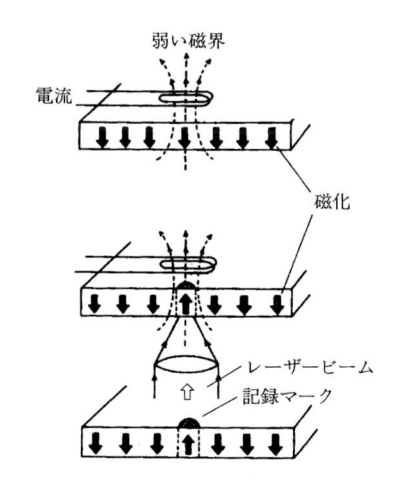

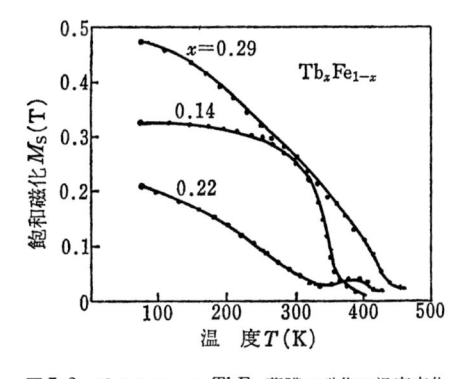

図7.1　光磁気ディスクにおける記録の原理図　　図7.2　アモルファスTbFe薄膜の磁化の温度変化

[*1] 希土類（rare earth）というのは，ランタノイド系列（原子番号57から71までの15個の元素は，化学的な性質が似ているため周期律表では一括して扱われる）に属する元素（La, Ce, Pr, Nd, Pm, Sm, Eu, Gd, Tb, Dy, Ho, Er, Tm, Yb, Lu）に，Sc, Yを加えた17の元素の総称である．ランタノイド系列の原子は不完全4f殻を有し，これらf軌道の電子が磁性に寄与する．光磁気記録材料として用いる希土類は，大きい磁気モーメントを示すGdおよびTbが主である．Gdはキュリー温度が307.7 Kの強磁性体であるが，Tbは常磁性体である．

[*2] 不完全d殻をもつ元素，および不完全d殻をもつイオンを作る元素を遷移元素と総称する．これらはすべて単体では金属的性質をもつので，遷移金属とも呼ぶ．不完全3d殻をもつ遷移金属のうち単体で強磁性を示すのはFe, Co, Niのみである．光磁気記録材料では遷移元素として主にFeとCoが用いられる．

薄膜の磁化の温度変化を示す．自発磁化はキュリー温度 T_c 付近で急激に減少して0になってしまう．T_c 以上の温度では長距離の磁気秩序がなくなり常磁性となる．このとき逆方向の磁界を与えておくと，T_c 以上に加熱された部分のみ冷却時に磁化が反転して，マークが記録される．これが光磁気記録の原理である．この記録方式は熱磁気記録，あるいはキュリー温度記録とよばれる．

光磁気記録に用いられているアモルファス R-TM 膜は一種のフェリ磁性体である（フェリ磁性については，付録 A.5 参照）．フェリ磁性体では互いに逆向きの磁気モーメントをもつ2つの副格子が存在するが，それら2つの副格子磁化の温度依存性が異なっていて，ある温度で打ち消しあって巨視的な磁化が0になる場合がある．この打ち消しあいの温度を補償温度 T_{comp} という．保磁力 H_c は，磁化を反転させるに要する磁界の強さで，巨視的な磁化 M_s にほぼ反比例するので，補償温度付近で非常に大きくなる．補償温度が室温付近にある材料を使い，レーザー光で加熱すると，保磁力が小さくなって外部磁界の方向に磁化が向けられ磁気記録できる．これを補償温度記録という．補償温度は組成比に非常に敏感であるため制御が困難で，純粋な形での補償温度記録は使われていない．しかし，室温付近に補償温度を示す膜を用いてキュリー温度記録すると，記録後は大きな保磁力をもつため記録された磁区が容易に反転しないので，記録されたマークは安定に存在する．このように，現在の光磁気記録ではキュリー温度記録と補償温度記録を組み合わせて用いている．光磁気記録は外部磁界によって記録するのであるが，記録される磁区はレーザーで加熱された微小部分に限られている点が特徴である．光磁気ディスクの記録メカニズムは後述する．

b. 再生の原理 光磁気記録された情報の再生には，磁気光学効果を利用している．反射の磁気光学効果であるカー効果，または透過の磁気光学効果であるファラデー効果が用いられる．磁気光学効果の大きさは，磁化の向きと光の進行方向とが平行なとき最も大きくなる．したがって，媒体の面に垂直な磁化をもつ材料が望まれる．面に垂直な磁化という条件は垂直磁気記録の要件も満たしているため，高密度記録にも適する．

再生の仕組みを図 7.3 に模式的に示す．半導体レーザー光を偏光子によって直線偏光とし，レンズにより光磁気膜に焦点を結ばせる．媒体で反射されて戻ってきた偏光が，記録された磁区の磁化の向きに応じて磁気旋光を受けて回転することを利用して電気信号に変えて再生する．

再生の際のレーザー光は，記録のときに比べて1桁程度弱いものを用いる．レーザー光は偏光子とビームスプリッターを通して直線偏光で媒体面に集光され

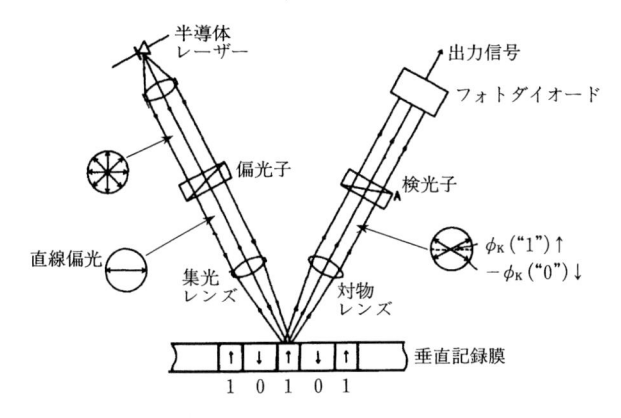

図7.3 光磁気ディスクにおける再生の原理図

る．媒体から戻ってくる光の振動面は磁気光学効果によって回転を受けている．この光はビームスプリッターで入射方向と直角方向に曲げられて光検出系に導かれる．検出系では偏光ビームスプリッターで直交する2つの偏光成分に分け，それぞれを光検出器で電気信号に変換し，その差を増幅する(差動検出方式[15])．

7.1.4 光磁気記録媒体材料

a. 光磁気記録媒体に要求される条件 光磁気記録媒体に用いる材料は，熱磁気記録特性と磁気光学再生特性の両方の要請を満たしていなければならない．したがって，次のような条件が必要である．

(1) 記録特性からの要請として，① T_c が低くレーザー加熱によって容易に磁化を失う，② M_s が低く，かつ小さな記録磁区が安定に存在する，③ 熱的安定性が高い，④ 熱伝導率が大きくレーザー光が離れるとすぐ冷却される，などが要求される．一方，(2) 再生特性からの要請として，① 媒体ノイズが低い，② 磁気カー回転角が大きい，③ 垂直磁化で極カー効果が使える，④ 反射率が高く検出に十分な反射光強度がある，などが望まれる．さらに，(3) 記録媒体としての要請として，① 大面積で均質な膜が容易に低価格に製作できる，② 化学的，構造的に安定である，という点があげられる．

磁気特性からみた場合，特に重要なものは，まず磁化が膜面に垂直に向いており，小さな磁区が安定に存在できることである．すなわち，垂直磁気異方性エネルギー (K_u) が反磁界の静磁エネルギー ($2\pi M_s^2$) より大きく，さらに磁化 M_s と保磁力 H_c の積が大きいことが必要である．これは最小円筒磁区の大きさ d が $M_s H_c$ 積に逆比例するからである．

表7.2 これまでに研究された光磁気記録材料

形状	材料	組成	特性
単結晶	エピタキシャル磁性ガーネット	$(BiGdLuSm)_3(FeAl)_5O_{12}$ $(BiSmEr)_3(FeGa)_5O_{12}$ $(TbYb)_3(FeGa)_5O_{12}:Co$	化学的に安定 大きな磁気光学性能指数 t 高コスト
アモルファス	アモルファス薄膜	R-TM (Gd-Co, Gd-Fe, Tb-Fe, Gd-Tb-Fe, Tb-Fe-Co, Nd-Dy-Fe-Coほか)	キュリー温度・補償温度記録 高感度,低雑音 回転角小,化学的に不安定
複合材料	複合薄膜	ガーネット/CrO_2 ガーネット/R-TM R-TM/R-TM R-TM/Pt-Co	研究開発中
多結晶	MnBi系薄膜	MnBi MnBiCu	磁気異方性大,磁気光学効果大 媒体雑音大 繰り返し耐性小
	MnMGe系薄膜	MnAlGe MnGaGe	磁気光学効果適当 媒体雑音大
	酸化物	$(BiDy)_3(FeGa)_5O_{12}$ $Bi_3Fe_5O_{12}$ $(CeY)_3(FeGa)_5O_{12}$ $CoFe_2O_4$	磁気光学性能指数大 雑音やや大 プロセス温度高い
	人工格子	Pt/Co, Pd/Co, Pt/Fe, Au/Coほか	短波長磁気光学効果大 高CNR 低Hc
	その他の材料	PtCo, PtMnSb, USe, CeSb, UCo_5, $CoCr_2Se_4$	面内磁気異方性 (PtCo, PtMnSb) 低キュリー温度 (USe, CeSb, UCo_5, $CoCr_2Se_4$)

また,記録したマークを効率よく読み出すためには,媒体の再生性能が高いことと,媒体の表面が一様であることが要求される.このため磁気光学効果が大きいばかりでなく,表面の凹凸やピンホールがなく,記録マークの形状が歪んでいない材料が望ましい.

光磁気材料としては,表7.2に示すように歴史的にさまざまな材料が検討されたが,現在ではアモルファス R-TM 膜が定着している.アモルファス材料は,大面積を均一に作ることができること,低基板温度で製膜するのでプラスチック基板が使えること,粒界がないので光散乱によるノイズレベルが低いことなどの特徴をもつ.さらに,アモルファス R-TM 膜は垂直磁化膜なので,記録密度の向上が見込めること,極カー回転が比較的大きいこと,キュリー温度が低く弱いレーザーでも十分な記録感度をとれること,補償温度をもち室温付近で記録磁区が安定であるなど多くの長所がある.また,アモルファス合金では任意の組成比を作れるので材料設計上の自由度が大きい点も工学的に好都合である.

b. アモルファス希土類遷移金属合金薄膜の物性 アモルファス R-TM 薄膜の磁性を典型的なものについて表7.3に示す.この材料においては,TM の

表 7.3 アモルファス希土類遷移金属合金の物性一覧

物質	キュリー温度(℃)	カー回転角(度)
TbFe	~130	0.30
GdFe	~220	0.35
GdFeBi	~160	0.41
(Gd,Tb)Fe	~160	0.40
Tb(Fe,Co)	~280	0.44
(Gd,Tb)(Fe,Co)	~200	0.45

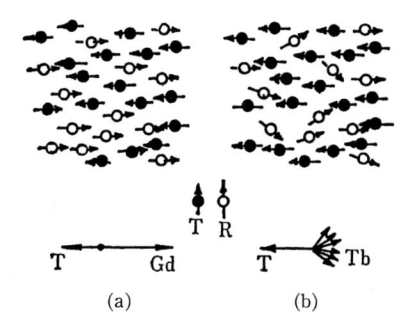

図 7.4 アモルファス希土類遷移金属合金薄膜における希土類と遷移金属モーメントの向き (a) GdCo の場合, (b) TbFe の場合.

磁気モーメントは強磁性的にそろい副ネットワーク磁化 M_{TM} をもっているのに対し，R の磁気モーメントの向きは一般には分布をもち，その合成磁気モーメントが作る副ネットワーク磁化 M_R は R が軽希土類 (f 電子の数が 7 未満のもの，たとえば，Nd, Pr) のときは反平行に結合するのに対し，重希土類 (f 電子の数が 7 以上のもの，たとえば，Gd, Tb) では平行に結合する．その結果，R と TM のモーメントは軽希土類で平行，重希土類で反平行になる．光磁気記録に使われる膜は主として重希土類を用いているので，以下，希土類という場合，重希土類を指すものとする．GdCo など Gd 合金に関しては，図 7.4(a) に示すように Gd と遷移元素のモーメントは同一方向を向くが，その他の希土類合金，たとえば，光磁気記録に用いられる TbFeCo では，図 7.4(b) に示すように R のモーメントの向きに広がり (spray) がみられる．Gd では軌道角運動が消滅しているため原子配置の乱れの影響を受けないが，Tb などでは軌道角運動量が消滅していないため配置の乱れの影響を受けてさまざまの方向を向くものと考えられる．図 7.5 に TbFeCo の磁化の温度依存性を模式的に示す[1]．実線で示すように M_{Tb} と M_{FeCo} とは温度依存性が異なるので，両者を合成した全磁化 M_s (太い実線) には，打ち消しあってゼロになる補償温度 (T_{comp}) が存在する．T_{comp} 以上では TM の磁化が優勢となり，全体の磁化の向きは TM の磁化と同じ向きになる．一方，T_{comp} 以上では R の磁化が優勢となり，全体の磁化は R の磁化方向を向くので，これと反強磁性的に結合している TM の磁化は全体の磁化とは逆方向になる．T_{comp} が室温付近にあるもの (R が約 25%) を補償組成，T_{comp} が室温より高いものを希土類リッチ組成，低いものを遷移金属リッチ組成と呼ぶ．図 7.5 にみられるよ

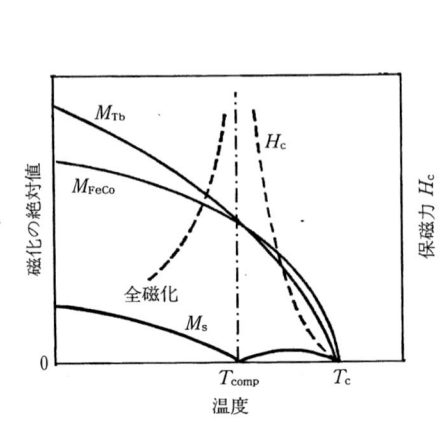

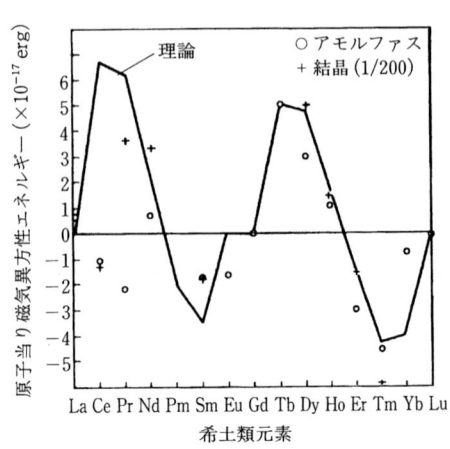

図 7.5 アモルファス TbFeCo における磁化およ び保磁力の温度変化を表す模式図

図 7.6 アモルファス R-Co 薄膜における磁気異方性の希土類依存性

うに，全磁化 M_s は T_{comp} 以上でいったん上昇した後に緩やかに減少し，キュリー温度 T_c (200 ℃ 程度) 以上になると消失する．

アモルファス R-TM 膜は垂直磁化をもっている．アモルファスであれば，本来は磁気異方性がないと考えられるにもかかわらず，垂直磁気異方性が生じる理由については，スパッタ製膜時に R-R の原子対ができることが原因であるという説が有力である．しかし，R-Co 膜の磁気異方性は，図 7.6 に示すように希土類の種類を変えることにより大幅に変化することから[16,17]，R の 1 イオン異方性が寄与していることは確かで，膜構造の異方性が軌道の異方性をもたらし，スピン軌道相互作用を通じて磁気異方性に寄与しているというのが定説になっている．

アモルファス R-TM の磁気光学スペクトルについては，6.3.3 項で述べたのでここでは詳細についてふれないが，現在光磁気記録に用いられている光源の波長 680 nm に対して磁気光学効果は主として TM から生じているので，T_{comp} においては全体の磁化がゼロであるにもかかわらず，磁気光学効果が観測される．また，青紫色半導体レーザー (405 nm) の波長では希土類からの寄与を観測するので，この場合も T_{comp} で磁気光学効果が観測される．

アモルファス状態は準安定であるから，いつかは安定な結晶状態へと移行する．この結晶化の時定数が人間の活動時間に対して十分に長ければ実用に耐える．図 7.7 はアモルファス GdCo 薄膜の電気抵抗率の温度変化を示している[18]．

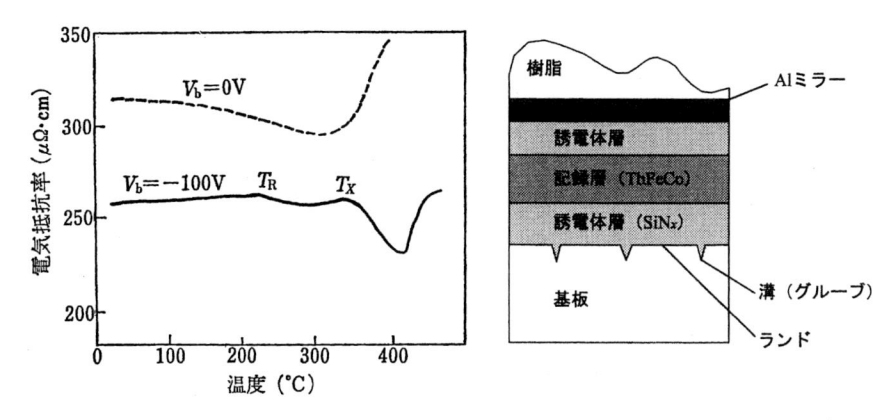

図 7.7　アモルファス GdCo 薄膜の電気抵抗率の温度変化　　図 7.8　光磁気ディスクの断面構造

T_R と記した温度において構造変化が起き始める．さらに，T_X において結晶化が始まるとされている．書き込みのときのレーザーによる加熱で 200 ℃ 程度の温度上昇をもたらすが，T_R と T_X に達することはないと考えられる．

　磁気バブルの研究から，垂直磁化膜中に円筒形の逆向きの磁区が安定に存在できる最小の直径 d_{min} は，$d_{min} = \sigma_w / M_s H_c$ で与えられることが知られている．ここに σ_w は磁壁の静磁エネルギー密度である．TbFe と TbCo では $M_s H_c$ 積が GdCo や GdFe に比べて 1 桁以上大きいので，最小磁区を小さくできることが知られている．2000 年には 100 nm 以下のビットを記録再生することに成功した[19]．

　希土類遷移元素膜は高湿雰囲気中で急速に腐食されて，腐食孔が生じる．耐食性を高めるために小量の Ti, Al, Cr, Be などを加えることもよく行われる．さらに，保護膜を付けることで耐食性は飛躍的に改善され，120 ℃，相対湿度 90 ％ で 1000 hr 以上の寿命をもつと報告されている．

　c. 媒体の構造（基板材料，保護膜）　　現在使われている光磁気ディスク媒体は，図 7.8 のように，案内溝を切ってあるプラスチックの基板にカー効果の増強と保護膜を兼ねた誘電体膜を付け，その上にアモルファス R-TM 膜をスパッター法で付着する．さらに保護膜，金属反射膜を付けて樹脂で封止してある．直径 5 インチ 650 MB の光磁気ディスク媒体は両面を利用するので 2 枚を貼り合わせて用いる．記録再生のためのレーザー光は基板を通して磁性膜にフォーカスされる．基板／誘電体膜／光磁気膜／誘電体膜／金属反射膜の構造をとっている．

　光磁気ディスク媒体用の基板としては，① 熱伝導率が小さいこと（記録・消去

表7.4 種々の基板材料の物性一覧

基板	光学特性			熱特性		透湿性
	透明度(%)	複屈折(nm)	光弾性($10^{-5}mm^2/kg$)	ガラス転移温度(℃)	熱膨張係数($10^{-5}℃^{-1}$)	(g/m³)
ポリカーボネート	87〜90	20〜30	71	140〜150	8	3.6
PMMA	92	20	6	90〜100	8	2.8
エポキシ	93	<5	54	125	4〜7	2.5
ポリオレフィン	93	<20	6	155	7	—
ガラス	70	<1	3	540	0.3〜1.2	0

に要するレーザーパワーを小さくし,高密度化するため),②耐熱性が大きいこと(成膜・レーザー照射時の温度上昇に耐える),③吸湿性が少ないこと(さびやすい媒体に水分を伝えない),④表面硬度が高く,反りが少ないこと,⑤気体の透過性が低いこと,⑥耐候性,耐溶剤性が良好であること,⑦案内溝の作製が容易であること,⑧成形性がよく量産性があり,コストが低いことが要求される.

このような条件を満たす基板材料として,ガラスのほか,ポリカーボネート(PC),アクリル(PMMA),エポキシなどが研究された.表7.4に種々の基板材料の物性一覧を示す[1].ガラスは複屈折がなく,吸水性が低く,熱変形も受けにくいので基板材料としては申し分のない性能をもっているため,研究開発用の基板や保存用データファイルとして用いられる.PCは低価格で吸水性が小さいので,現在ほとんどの光磁気ディスクがこの材料を用いている.しかし,PCは複屈折が大きいのが欠点である.基板に不均一な複屈折があると直線偏光が乱れてノイズとして検出される.射出成形の技術を工夫して複屈折のばらつきを抑えている.PMMAは複屈折は小さいが,吸水性が大きいのが欠点である.エポキシは複屈折,吸水性ともに良好であるが,価格の面から使われていない.ポリオレフィン系樹脂も複屈折が小さいので今後の高密度媒体用として検討されている.

また,基板には,通常0.6〜1.0 μm幅の光ガイド用の案内溝が1.6 μmのピッチで螺旋状にディスク上の全面に設けられている.この案内溝の作り方は,ガラスの場合,ポジ型のレジストを塗布して予備加熱した後,レーザーで螺旋状に溝を記録し,反応性イオンエッチングによってガラス表面を直接エッチングするか,光硬化樹脂をスピンコートした後,スタンパーで溝付きの原盤を重ねて圧力を加えながら転写硬化させる光重合法によって作製する.PCやPMMAの場合は溝付き原盤を用いた射出成形法によって作るのがふつうである.ガラスに案内溝を作るには反応性エッチングを用いて直接加工する.

アモルファスR-TM膜の泣きどころは,さびやすいことである.このため透

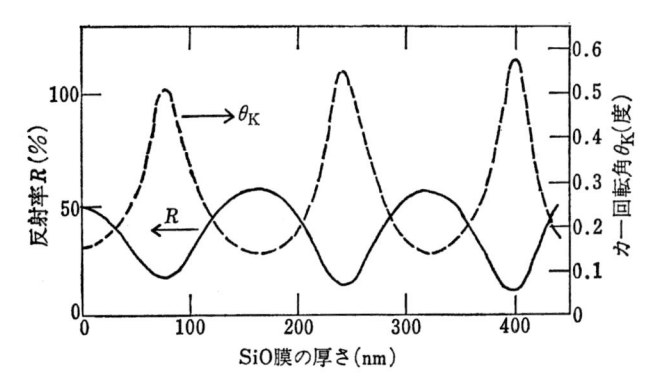

図7.9 基板,誘電体膜,光磁気膜からなる多層膜構造におけるカー回転角・反射率の誘電体膜厚み依存性

明な誘電体膜を付けて酸化を防止するための技術が開発された.誘電体としては SiO, Tb 添加 SiO_2, SiN_x, AlN, Y_2O_3, Al_2O_3, ZnS などが研究されたが,現在では,ほとんどのメーカーが SiN_x を採用している. SiN_x の表面処理がその上に製膜される R-TM 膜の構造,ひいては磁性に大きな影響を及ぼし,その結果,感度および CN (carrier to noise) 比にも変化をもたらすことが知られている.

誘電体膜は保護膜としてのみならず,磁気光学効果を強めるという光学的な機能も果たしている.アモルファス R-TM 膜自身の磁気カー回転角は最大 0.5°程度しかないので,誘電体膜と組み合わせて多層構造を作ることにより多重反射と干渉の効果を用いて,カー回転角を強めることができる.

図 7.9 は,基板,誘電体膜,光磁気膜からなる多層膜構造におけるカー回転角・反射率の誘電体膜厚み依存性を示している[20].厚みを変えることによりカー回転角が増強したり,減少したりしていることがわかる.カー回転が最大になる膜厚では反射率が極小になるので,実際の膜では両者の妥協を計り最適化される.現在使われている光磁気媒体は,基板/誘電体膜/光磁気膜/誘電体膜/金属反射膜の構造をとっているが,この場合は,光磁気膜の表面で反射された光だけでなく,光磁気膜を透過し金属膜で反射されて再び光磁気膜を透過して戻ってくる光も利用されているので,カー効果とファラデー効果の両方が寄与している.第3章に述べたように,カー効果もファラデー効果も誘電率の非対角成分に起因し,いずれも対角成分の寄与も受けているのであるから,多層化は実効的に対角成分からの寄与を制御して磁気光学効果を増強しているものと解釈できる.

金属薄膜は反射膜としてだけでなく熱拡散層としても利用される.光磁気記録

膜構造の決定には光学設計だけでなく熱設計も重要である．

7.1.5 記録のメカニズム

a. 熱磁気記録による微小磁区の形成
光磁気記録では，半導体レーザーからの光ビームをレンズを使って記録膜面に絞り込むと，波長の程度の小さなスポットにすることができる．正確にいうと，対物レンズの開口数を NA とすると，分解できる最小距離 d は波長を λ として，

$$d = 0.6\, \lambda / NA \tag{7.1}$$

で与えられる．ここに，$NA = n \sin \alpha$ である．ただし n はレンズの周辺にある媒体の屈折率，α はレンズの開口角を表す．NA は 0.5 の程度の数値であるから，d は波長と同程度の大きさとなる．よく用いられる半導体レーザーの波長はおよそ 700 nm であるから，1 μm 以下の小さなスポットにレーザー光を集めることができる．記録時のレーザーパワーを 10 mW とすると，10^6 W/cm^2 という高いエネルギー密度である．この光を吸収して，磁気記録媒体の温度は 150～200℃程度上昇する．照射された部分は図 7.10 のようにガウス型の温度分布となる．

レーザー光を照射したスポットのうち T_c 以上に加熱された部分のみ磁化を失う．加熱された部分が室温に戻るとき，まわりの部分からの逆向きの磁界を受けて磁化反転を起こす．この際に永久磁石やコイルで磁界を印加して磁化反転を助けてやると磁化反転が完全に行われる．外部磁界が広い領域に加わっていたとしても，加熱されて T_c 以上になった部分のみが外部磁界による磁化反転を受けるので，狭い領域に選択的にビットを記録することが可能なのである．また，温度が T_c を超える部分は図 7.10 からわかるように光スポットより小さいので，波長の数分の1の磁区でさえも記録することが可能である．また，後述の磁界変調記録を採用すると，スポットが少しずつ移動して重ね書きするので，0.1 μm 以下の小さなマークでも記録することができる．

記録磁区の安定性を決めるのが保磁力 H_c である．H_c は磁気異方性エネルギー K_u に比例し全磁化 M_s に逆比例するので，図 7.5 に破線で示すように T_{comp} で発散的に増大する．通常，光磁気膜には補償組成付近の組成（Tb 25 % 付近）を用いるので，室温付近での H_c が 5 kOe 程度の大きな値をもつように調整することが可能で，これにより記録された磁区が室温で安定に存在する．

磁区の大きさは次のように決まる．Huth によれば，垂直磁化膜において半径 r の円筒状の磁区がどのような大きさで存在できるかは，磁気的エネルギーのバランスで決まる[21]．図 7.11 に示すモデル図に従って磁壁に働く力の方程式を立

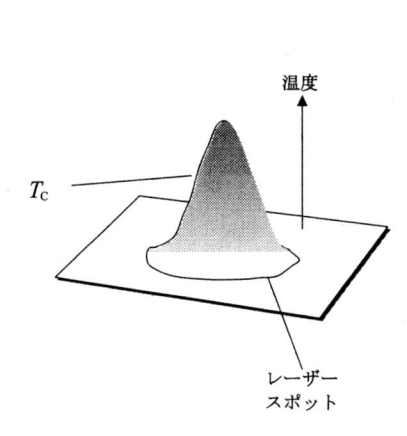

図 7.10 集光されたレーザー光で照射された媒体上の温度分布

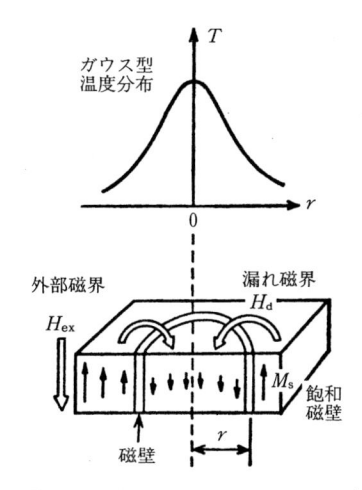

図 7.11 磁区の大きさが決まる過程を示す模式図

てると，

$$H_c(r) = \left| H_{ex} + H_d - \frac{\sigma_w}{2rM_s} - \frac{\partial M_s}{\partial r} \cdot \frac{1}{2M_s} \right| \tag{7.2}$$

となる．左辺は保磁力，右辺第1項は外部磁界，第2項は考えている磁界の周辺からの漏れ磁界，第3項は磁壁のエネルギーに相当する磁界，第4項は磁化の勾配からくる磁界である．外部磁界と漏れ磁界は磁区を縮小する方向に働き，磁壁のエネルギーや磁化の勾配は H_c を下げ磁区を拡大する方向に働く．$H_c, H_d, M_s,$ σ_w は温度の関数であるから，レーザースポット内の温度分布を考慮して，式(7.2)をコンピューターによってシミュレートすることができる．シミュレーションの結果，0.5 μm 以下の磁区でも十分安定に存在できることが示されている．

b. 変調方式 電気信号をどのようにして光磁気記録しているのであろうか．記録のやり方には図 7.12 に模式的に示すように2種類あって，(a) 記録したい電気信号をレーザー光の強弱に変えて記録する「光強度変調 (LIM) 記録方式」と，(b) 光信号の強度はそのままで磁界の強さを変調する「磁界変調 (MFM) 記録方式」とがある．LIM 方式で記録されたマークは図 7.13 (a) のように長円形[22]であるが，MFM で記録されたマークは図 7.13 (b) に示すように矢羽根形状[23]となる．LIM の利点は磁気ヘッドを必要としないためドライブがシンプルになることであるが，1方向に記録することしかできないので，直接重ね書き

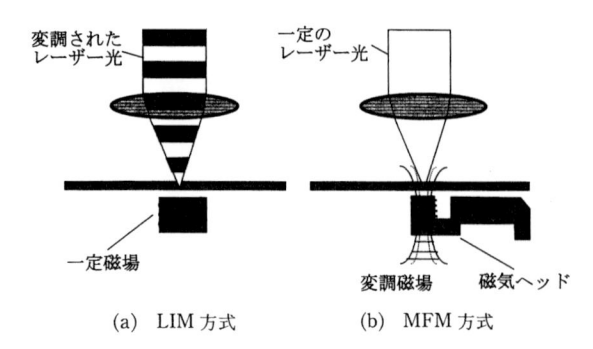

図7.12 光磁気ディスクにおける2つの変調方式

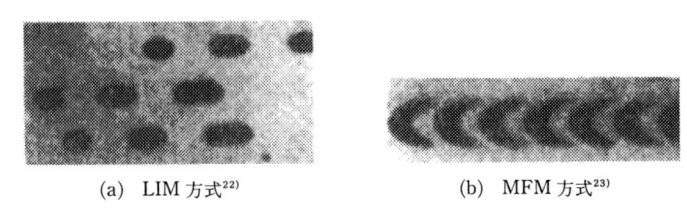

(a) LIM方式 (b) MFM方式

図7.13 2つの変調方式による記録磁区

(a) LIM方式[22] (b) MFM方式[23]

(direct overwrite) ができないのが欠点である．重ね書きのためには，やや複雑な交換結合膜を用いる必要がある．一方，MFM方式では磁気ヘッドを必要とし，十分な浮上量を確保するためには強い磁界を必要とするため，ドライブの構成がやや面倒であるが，通常の磁気記録と同じであるから重ね書きが容易で，小さな記録磁区を安定に記録できるという利点をもつ．

現行のISO規格のMOディスクはLIM方式であるが，ASMO規格(iD-Photoなど)では重ね書きが容易なMFMを採用する．一方，ミニディスク(MD)は当初からMFM方式を採用している．MDは回転速度が遅いので，磁気ヘッドは媒体に直接接触している．

7.1.6 光学系とサーボメカニズム

光ヘッドは図7.14に示すように半導体レーザー，ビームスプリッター，対物レンズ($NA=0.5$程度)，サーボ用6分割フォトダイオード，偏光ビームスプリッター，信号検出用フォトダイオード，レンズ移動用アクチュエーターなどから構成される．半導体レーザーの波長は780～650 nm程度，膜面における光強度は記録時10 mW程度*，再生時1～3 mW程度である．半導体レーザーのビー

---

* 光強度変調型直接重ね書き(LIMDOW)の場合には，1と0とで異なった光強度が用いられる．

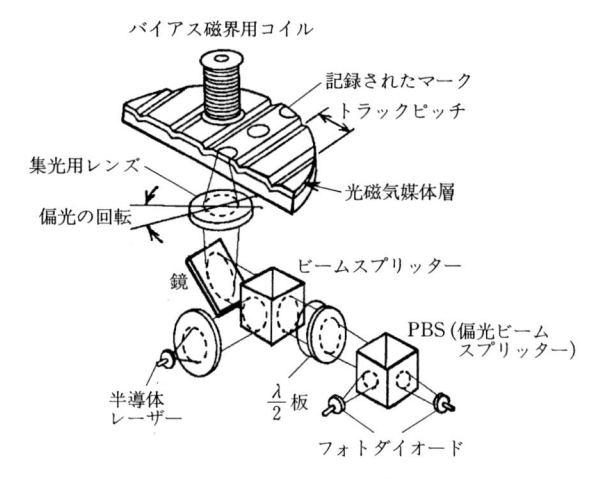

図 7.14 光ヘッドの模式図

ム断面は楕円状なので，ビーム成形プリズムを用いるとともに斜め入射によって円形に変換している．媒体からの反射光はビームスプリッターで検出系に導かれる．信号検出系では偏光ビームスプリッター（または，ウォラストンプリズム）でP偏光，S偏光に分割しそれぞれフォトダイオードで検出され，差動方式でCN比を稼いでいる．

MDについては，いくつかの光学部品を一体化した光ヘッドが開発され，実装・調整作業の簡略化，ひいては，ドライブの低価格化が図られている[24,25]．

レーザー光を常に磁性体膜上に結像するよう，フォーカスサーボとトラッキングサーボの2つのサーボ機構が使われている．フォーカスサーボは非点収差，トラッキングサーボは，3ビーム法，プッシュプル法などがよく使われる．

7.1.7 交換結合多層膜の応用

光磁気ディスクでは，様々な形で磁性多層膜における層間の交換結合が用いられる．一つは，機能分散である．熱磁気記録と磁気光学読み出しとをそれぞれの機能に適した膜に分担させ，両層を適当に結合させる方法である．たとえば，キュリー温度が高く室温での磁化が大きいためカー回転も大きいGdFeCoを読み出し層として用い，保磁力が大きくキュリー温度が低いため記録感度が高いTbFeCoとを交換結合すると，記録感度，再生信号ともに大きな光磁気媒体を作ることができる．

もう一つは，熱磁気転写の利用である．これを利用しているのが，光強度変調

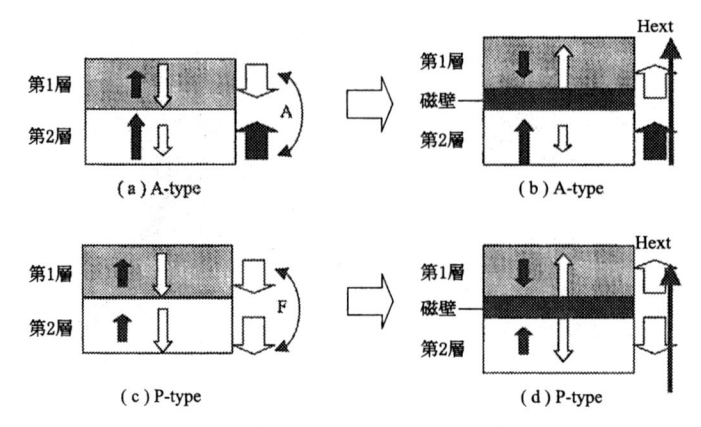

図 7.15 2種類の交換結合多層膜[27]
(a)(b)　A-type, (c)(d)　P-type.

型直接重ね書き(LIMDOW)技術と磁気誘起超解像(MSR)技術である．以下では，はじめに交換結合多層膜における交換結合の原理を述べ，実例として LIMDOW および MSR について解説する．

a. 交換結合の原理[26]　7.1.4(b)に述べたように，アモルファス R-TM 系において，交換相互作用は TM の磁気モーメントどうしを平行に，R の磁気モーメントどうしも平行にし，R の磁気モーメントと TM のそれを反平行にするように働く．このため，一般にアモルファス R-TM 膜はフェリ磁性体である．

組成や構成元素が異なる複数の磁性膜を積層して多層膜を作るとき，その界面が十分に清浄であれば，各層を構成する原子どうしが電子を交換できるようになり，層間に交換相互作用が働くようになる．このような多層膜のことを「交換結合多層膜」と呼んでおり，交換結合を制御した材料という点で，広い意味の量子材料と見なすことができる．

組成や構成元素の異なる2種類のアモルファス R-TM 層からなる交換結合膜を考えよう．各層は独立した磁性膜として，それぞれの保磁力 H_c，飽和磁化 M_s をもつが，界面で隔てられた2つの層の R どうし，TM どうしには互いに平行になろうとする交換力が働く．図 7.15[27]は，一例として，A-type(第1層に室温では TM のモーメントが支配的である組成の層を，第2層に R のモーメントが支配的である層をおいた場合)と，P-type(第1層，第2層ともに TM のモーメントが支配的な膜)の2種類の2層膜における交換結合の様子を表している．

A-type(上段)において，磁界0の場合(a)のように，全体の磁気モーメント間は反強磁性的な結合になるが，TMどうし，Rどうしは平行であるから界面の副ネットワーク磁化は連続で磁壁はできない．十分強い磁界を印加した場合，(b)のように合成磁化どうしが平行になるため，Rどうし，TMどうしは反平行になり，界面磁壁が生じる．一方，P-type(下段)において磁界0の場合，(c)のように各モーメント，全体のモーメントともに平行なので界面磁壁は生じない．もし第2層のH_cよりは大きいが第1層のH_cより小さな磁界を加えると，両層の各原子の磁気モーメントは反平行になるので，界面磁壁が生じる．このように交換結合膜では，様々な磁化状態の組み合わせを作ることができる．また，磁化をみるのと，カー効果のように特定の構成元素からの寄与をみるのとではヒステリシスループの形状も異なってくる．

b. 光強度変調型直接重ね書き (LIMDOW) LIMDOWディスクについて述べる[28]．光変調型光磁気ディスクは，そのままでは直接の重ね書きができないが，LIMDOWディスクでは図7.16に示すようなキュリー温度T_cの異なる4層(① メモリ層(T_{C1})/② 記録層(T_{C2})/③ スイッチ層(T_{C3})/④ 初期化層(T_{C4}))からなる多層膜を用い，光の強度を変調することにより重ね書きを行う．最下層(初期化層)のキュリー温度T_{C4}は高く，記録用のレーザー光によって常磁性に転移することはない．いわば，永久磁石である．次に高いキュリー温度T_{C2}をもつのが記録層である．最表面にあるメモリ層は記録層より低いキュリー温度T_{C1}をもつ．最も低いキュリー温度T_{C3}をもつのがスイッチ層である．

重ね書きのプロセスを説明する．初期状態で各層の磁化はメモリ層以外は上向きに磁化されている．メモリ層は上向き("0")または下向き("1")に磁化し，情報が蓄えられる．"0"を重ね書き記録するときは弱い光を照射し，"1"を重ね書き記録するときは強い光を照射する．スイッチ層とメモリ層とメモリ層はT_cが低いので，弱い光でも強い光でも常磁性に転移する．

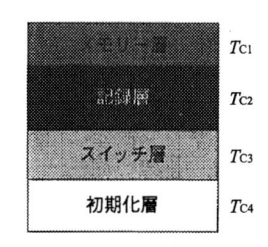

メモリ層	T_{C1}
記録層	T_{C2}
スイッチ層	T_{C3}
初期化層	T_{C4}

図7.16 LIMDOWディスクの構造

弱い光では記録層は反転しないので，メモリー層は冷却過程で交換結合によって記録層の磁化と同じ上向き（"0"）に記録される．冷却過程の最後に，上向き磁化で挟まれたスイッチ層も"0"になる．したがって，初期状態が0, 1いずれであってもメモリー層には"0"が記録されることとなる．

これに対し，強い光を照射すると，T_Cの最も高い初期化層を残してすべての層が常磁性となる．冷却していくとき下向きのバイアス磁界をかけておくと，キュリー温度の高い記録層が最初に強磁性に転移し下向き（"1"）に磁化される．次にメモリー層が冷却過程で，記録層との交換結合で"1"になる．さらに冷却すると最後にスイッチ層が強磁性となるがこのとき初期化層との結合によって上向き（"0"）に磁化され，この時点ではもはやバイアス磁界はないので記録層も上向きになる．このときメモリー層の保磁力H_{C1}は非常に大きいので下向き（"1"）を維持する．このため，メモリー層と記録層の間に磁壁が形成される．ISO規格として市販されている現行のオーバーライトMOディスクは，このようなメカニズムを利用している．

c. 磁気誘起超解像（MSR） MSRは，読み出しに用いるレーザーの波長よりも小さなピットを読み出すための技術である[29]．このディスクは，交換結合した読み出し層/記録層から構成されている．これには，図7.17に示すようにFAD（フロントアパーチャー検出），RAD（リアアパーチャー検出），CAD（センターアパーチャー検出）という3つの再生方式がある[30]．FAD, RADのポイントは，読み出しの際のレーザー光による高温部分が一様ではなく一部に集中しており，回転に伴って高温部がやや後方に偏ることを利用している．FADでは，読み出し層に記録されたマークの後ろの部分をマスクすることにより，開口を小

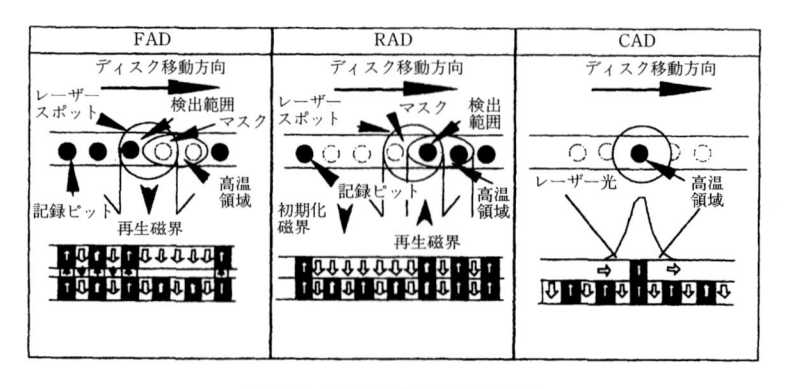

図7.17 3種類の磁気誘起超解像[30]

さくする．一方，RAD では読み出し層をあらかじめ磁界によって消去しておき，高温部で記録層から転写して読むのでクロストークに強いという特徴がある．CAD 方式は，これらとはやや異なっており，記録層の上に面内磁気異方性をもつ読み出し膜を重ねておく．レーザー光で加熱すると中心部のみの異方性が変化し，交換結合により記録層から読み出し層に転写が起きる．転写された部分は光の波長よりかなり小さな領域であるから，回折限界以下の小さなピットを再生できるのである．この方法では，光が当たった部分以外は表面に垂直磁化が現れていないので，隣接するトラックからのクロストークに強いなどの特徴をもつ．

1998 年に市場に出た GIGAMO とよばれる 1.3 GB の容量をもつ 3.5″ MO ディスクは，MSR を利用したはじめての市販品である[31]．この MSR は RAD の一種でレーザービームの前部と後部にマスクのできるダブルマスク RAD 方式とよばれるものを使っている．赤色のレーザー波長で 0.3 μm の記録マークを再生している．

次世代の MO 規格である ASMO では 5″ ディスクで 6 GB の記録容量が達成されるが，これには，高密度化のために研究されてきたほとんどの技術が取り込まれている．その中でキーを握るのが MSR 技術である．

d. 磁区拡大再生　　MSR は記録磁区の 2〜3 倍の直径をもつビームを使いながら，記録磁区以外の部分をマスクすることで読みとっているが，ビームの利用効率が悪くなるので信号強度は小さくなってしまう．これを解決しようというのが磁区拡大再生である[32]．MSR により読み出し層に転写された磁区が外部磁界の存在のもとで拡大するので，ビームの直径程度まで大きくすることができる．次のマークを読むためには，逆方向の磁界をかけて読み出し層の転写磁区を壊す．このような磁区の拡大はかつてバブルメモリーの研究において確立したものである．これを用いると，単なる MSR では信号が小さすぎて再生できない 0.1 μm 以下の記録マークも大きなマークの再生信号と同程度の振幅で再生できることが示された．これを MAMMOS と称している．LLG (Landau-Lifshitz-Gilbert) 方程式を用いたシミュレーション[33]によれば，転写と拡大は非常に短時間に起き，2 ns 程度でビーム径程度に拡大する．転写の過程では，記録層からの磁界のうち横方向の磁場勾配が重要で，したがって，記録層に書かれた磁区の外周の直上付近でかつ読み出し層の磁気異方性の弱い部分から磁化反転が開始される．磁区拡大の過程で，磁壁はブロッホ磁壁になったり，ネール磁壁になったり，非常に複雑な動きをする．

このほか，一方の磁壁のみを動かして磁区拡大をはかり信号強度の増大をめざす DWDD という磁区拡大再生も提案されている[34]．

7.1.8 光磁気記録の展望

光磁気記録のさらなる発展として，SIL (solid immersion lens) を HDD のスライダーに搭載し記録再生する first surface MO 技術[35]，波長多重光磁気記録[36]，記録媒体を多層化して媒体を立体的に利用する3次元 MO 技術[37]，さらには光磁気記録技術と MR ヘッド再生技術を組み合わせた光アシスト磁気記録技術[38,39]など，多くの新技術の萌芽がみられる．さらなる発展が期待される．

●**7.1節のまとめ**

光磁気ディスクの原理
　記録：レーザー光の熱で磁気記録する．
　再生：レーザー光に対する磁気光学効果を用いて光学的に読み出す．
光磁気ディスク材料
　アモルファス希土類・遷移元素合金薄膜 TbFe, TbFeCo, GdTbFe など
　さまざまな物理現象を用いて高密度化が図られている．

7.2　光アイソレーター

7.2.1　光回路素子研究の経緯

マイクロ波回路のアナロジーで光回路を構成するアイデアが出されてから久しい．1968 年 Dillon は，磁性体の磁気光学効果の非相反性を光アイソレーター，光サーキュレーター，光スイッチなどに用いて光回路を構成することができるという提案をしている[40]．

光アイソレーターの研究が盛んになったのは，1980 年代に入って半導体レーザー (LD：laser diode) を光源とする光ファイバー通信の実用化が始まり，雑音の原因となる戻りビームをカットするために光アイソレーターが有効であることが認識されたためであった．現在では LD とアイソレーターが一体化されたモジュールが市販されている．その後，ファイバー挿入用，光増幅器用アイソレーターが開発された．

光通信用回路デバイスとしては，アイソレーターのほか，光サーキュレーター，可変光アッテネーター，光スイッチなどが実用化され，市販されている．また，光伝送の急速な伸びに対応する技術として，波長多重光伝送 (WDM：wavelength division multiplexing) の実用化が進み，このための光集積回路素子として光アイソレーター，光サーキュレーターなどの非相反光学部品が必要とさ

れている．
　ここでは磁気光学効果を用いた非相反光回路素子および材料について紹介する．

7.2.2　光通信技術と光非相反回路素子[41]

a. 光通信と光アイソレーター
光ファイバー通信網における光源であるLDの構造は，①誘導放出を利用した光増幅部と，②発生した光を光増幅部に戻すための反射部，とから成り立つ．光増幅部は電気的にはダブルヘテロ接合となっており，光学的には光導波路構造となっている．一方，光反射部は劈開面が使われるほか，DBR (distributed Bragg reflector) とよばれる回折格子構造が導波路に作り込まれた構造になっている．このため，ファイバー通信網のコネクターや分岐点などから反射された戻りビームがLDに入射すると，発振が不安定となるほか，波形歪みを生じノイズを発生することが覧らにより明らかにされた[42]．その対策としては図7.18に示すようにLDのすぐ後に戻りビームをカットするためのアイソレーターを挿入することが有効である．光伝送には光ファイバーの伝送損失が最も少ない$1.3\,\mu m$および$1.55\,\mu m$の赤外光LDが用いられるので，この波長帯で透明な磁性ガーネット結晶のファラデー効果が利用される．

　光通信のさらなる大容量・高ビットレート化に応えるために光増幅器（光ファイバーアンプ）が開発され，急速に普及した．光増幅器とは，Erなど希土類を添加した光ファイバーにポンプ光（$0.98\,\mu m$あるいは$1.48\,\mu m$）を供給し，希土類の励起状態を反転分布状態にしておき，入射した$1.55\,\mu m$の信号光により誘導放出を起こし信号光を増幅するデバイスである[43]．希土類としてErを用いたものが主流でEDFA (erbium-doped fiber-amplifier) とよばれることが多い．光

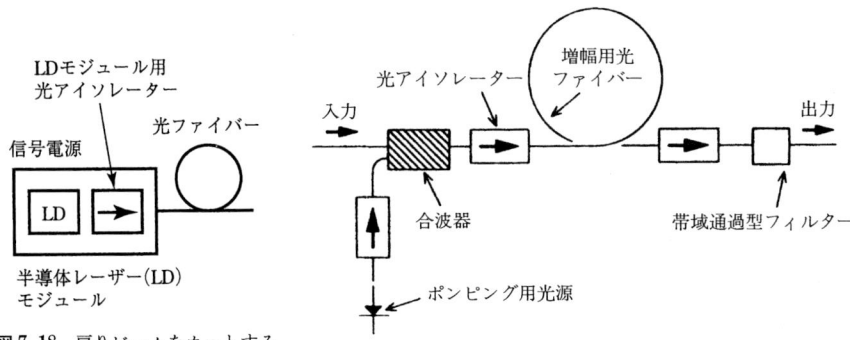

図7.18　戻りビームをカットするためのアイソレーター

図7.19　光ファイバーアンプのためのアイソレーター

を光のまま増幅できるので，将来の毎秒テラビットという高速光伝送にも波形の劣化を伴うことなく対応可能であるといわれる．このデバイスは，原理からみてもわかるように一種のレーザーであるから，安定な動作のためには，図7.19に示すように前後および光ポンプ用LD部に光アイソレーターを挿入する必要がある．また，光ポンプ用LD部のために0.98 μmの短波長アイソレーターの需要も生じた．このために希薄磁性半導体(DMS)を用いたアイソレーターが開発された[44,45]．

戻りビームによるレーザーノイズの影響は，アナログ伝送系でむしろ深刻である．光CATVの周波数多重[46]やハイビジョン伝送システム[47]では，アイソレーターは必須である．また，光ディスクは反射光学系なので距離は短くても戻りビームの問題が大きいのであるが，DVD-ROMを例にとっても転送速度が20〜30 Mbpsと遅いので，光学系の工夫などにより問題を回避しておりアイソレーターは使われていない．

b. **光通信と光サーキュレーター**　サーキュレーターとは，非相反な入出力関係をもつ n 端子対回路網である．一例としてA, B, C, Dの4つの端子対をもつサーキュレーターにおいては，Aに入力した信号はBに，Bに入った信号はCに，さらに，C→D, D→Aというように，入出力関係が循環になっている．光通信網においてサーキュレーターは，①双方向通信における送受信通信の入出力分離，②光ファイバーの分散補償，③波長多重伝送システムの光分岐挿入装置などに応用される．

ここでは，このうち波長多重通信用の光分岐挿入装置について紹介する．この装置はOADM (optical add-drop multiplexing, 光アドドロップ多重)ともよばれ，多重化された信号からあるチャンネル数の信号を束で抜き出したり，空いている部分にチャンネル束を追加したりする機能をもつ．図7.20に示すのは短周期ファイバーグレーティングと2個のサーキュレーターを用いたOADMであ

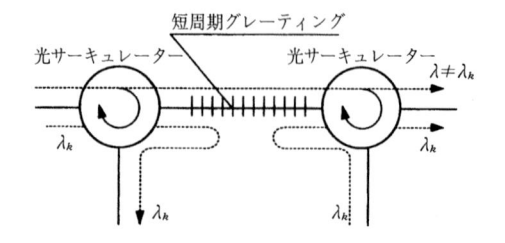

図7.20　波長多重通信用の光アドドロップ多重回路

る[48]．左の入力ポートから入った波長多重信号のうち，取り出したい波長 λ_k の信号のみがファイバーグレーティングによりブラッグ反射されドロップポートより出力される．一方，アドポートから入った波長 λ_k の信号は，グレーティングを通り抜けた他の波長の信号とともに出力ポートに導かれる．

7.2.3 光アイソレーター・サーキュレーターの原理と構成

a. 光アイソレーター アイソレーターは，順方向特性に偏光依存性があるものと，偏光依存性がないものに分けられる．前者は，LD出力光のように偏光状態が一定である場合に用いられ，後者は光ファイバー出力光のように偏光状態が不定である場合に用いられる．偏光依存光アイソレーターの構成を図7.21に示す．すなわち，2枚の偏光子 P_1, P_2 の間にファラデー旋光子Fをはさみ，孔あき永久磁石中におき光の進行方向と平行に磁界をかけたものである．この磁界は旋光子の磁区を揃えて単一磁区にするためのものである．光アイソレーターの動作を説明しておこう．図のように入射光は偏光子 P_1 によって直線偏光にされ，ファラデー旋光子Fを透過する．入射直線偏光はこの旋光子によって正確に45°の回転を受け，透過方向が鉛直から45°傾けておかれた第2の偏光子(検光子) P_2 を通してファイバーなどの光学系に導かれる．戻り光はさまざまな偏光成分をもっているが，このうち鉛直から45°傾いた成分のみが P_2 を透過する．この偏光成分は，旋光子Fによってさらに45°の旋光を受けて，P_1 の透過方向とは垂直に向いた偏光となるため，光源側には光が戻らない．

偏光無依存型アイソレーターの基本構成はやや複雑で，図7.22の構成図に示すように2枚の複屈折結晶 B_1, B_2 の間に旋光子Fと補償板Cをおいた構成になっている[49]．複屈折結晶というのは屈折率が常光線(結晶の主軸に平行な振動面をもつ偏光)と異常光線(結晶の主軸に垂直な振動面をもつ偏光)とに対して異なるような結晶である．光ファイバー側からの入射光は複屈折結晶 B_1 によって常光線と異常光線に分離される．これらはファラデー旋光子Fによって常光線も異常光線も磁界について右まわりに45°の回転を受け，さらに補償板Cで右に

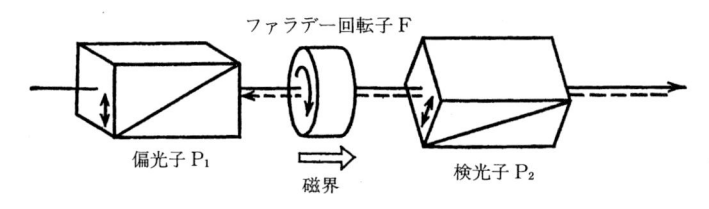

図7.21 偏光依存光型アイソレーターの構成図

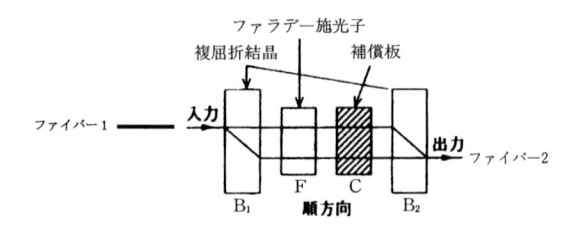

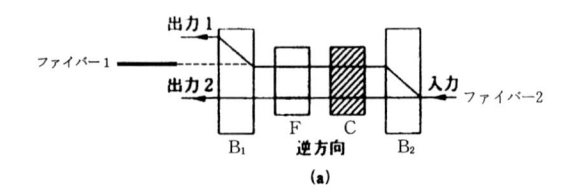

図 7.22 偏光無依存型アイソレーターの基本構成図[49]

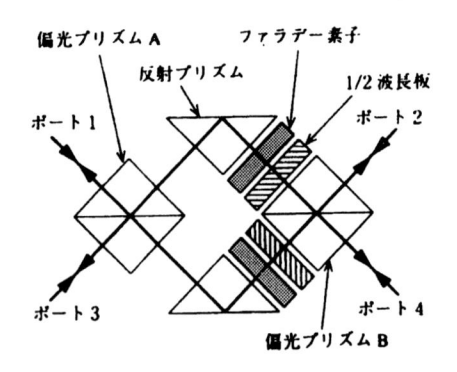

図 7.23 偏光無依存型光サーキュレーターの構成図[51]

45°回転して B_2 に入るので，常光線と異常光線が入れ替わっていることとなり，B_2 を通すと分離されていた光が合成されて，ファイバー2に伝えられる．逆にファイバー2から来た光は，B_2 で常光線と異常光線に分離され，C で光の進行方向に対し 45°右に回るが，F では磁化方向について 45°右に回るため打ち消して，B_1 に対して常光線，異常光線がそのままの偏光方向で入射する．このため，両光線の分離はますます進み，ファイバー1には戻らない．

光アイソレーターが実用に供せられるためには，①戻り光に対する逆方向損失が十分大きいこと (30 dB 以上)，②順方向損失 (透過損失，結合損失) が十分低いこと (1 dB 以下)，③なるべく小型であること，④温度係数が小さいこと ($-20 \sim +60$ ℃ で 0.04 deg/℃)，⑤飽和磁界が少なくてすむこと (0.1 T 程度)，⑥システムコストに比し十分低価格であること，などの条件が要求される．これらの条件を満たすには，中心となるファラデー旋光子材料に高性能のものを用いることばかりでなく，偏光子の選択，反射防止コーティング，ファイバーとの結合方法など多くの技術的問題点を解決せねばならない．これらの技術的問題は

専門家のすぐれた解説[41,50]に譲る.

b. 光サーキュレーターの原理と構成[41]　偏光無依存型光サーキュレーターの構成図を図7.23に示す[51]. ポート1(3)から入力した光は, プリズムAで直交するP, S成分に分離され, 各ビームは反射プリズムを通してファラデー素子と1/2波長板を透過し, 偏光プリズムBに導かれる. ファラデー素子では45°, 1/2波長板では−45°の旋光を受けるので偏光は元に戻り, 偏光プリズムBで合成された後の光は, ポート2(4)から出射する. 一方, ポート2(4)から入力すると, 1/2波長板で−45°, ファラデー素子で−45°旋光し, 偏光プリズムAで合成され, ポート3(1)から出力される. したがって, 1→2, 2→3, 3→4, 4→1という循環が実現する. 光サーキュレーターの構成法には, このほかいくつかの提案がされている.

7.2.4 アイソレーター・サーキュレーター材料

表7.5にアイソレーター材料の分類を示す. 長波長(1.3〜1.5 μm)には磁性ガーネットが, 短波長用には主として希薄磁性半導体(DMS)が用いられる. a.では, 種々の磁性ガーネットの物性を紹介する. b.では, ガーネット系アイソレーター材料の温度特性, 波長特性の改善についてふれる. c.ではDMSの物性と作製法について述べる.

表7.5 光アイソレーター材料の分類

波長帯	波長(μm)	材料	
長波長帯	1.3〜1.5	磁性ガーネット	YIG
			GdBiIG
短波長帯	0.8	希薄磁性半導体	HgCdMnTe
	0.98		HgCdMnTe
	0.6〜0.8		CdMnTe
	0.4〜0.8	ガラス	常磁性ガラス

a. 磁性ガーネットの物性

(1) 磁性ガーネット：長波長用光アイソレーターの旋光子として最もよく用いられる材料はYIGを基本とする磁性ガーネットである. Yはガーネット構造の十二面体サイトを占める. Feは四面体サイトと八面体サイトを占める. 両者は反強磁性的に結合しフェリ磁性となる.

図7.24にYIGの光吸収スペクトルを示す[52]. 図ではスペクトルをガウス型曲線で分解してある. 波長0.55 μm以下(光子エネルギー2.25 eV以上)での吸収の立ち上がりは, 酸素のp軌道から鉄のd軌道へのスピン許容電荷移動型遷移

$^6S(d^5) \to {}^6P(d^6\underline{L})$*¹ による強い遷移（振動子強度 10^{-2} に及ぶ）が $0.43~\mu m$ ($2.9~eV$) ～$0.36~\mu m$ ($3.34~eV$) 付近に存在するためである．この強い遷移が磁性ガーネットの磁気光学効果の起源となっている．$0.9~\mu m$ 付近 ($1.26~eV$～$1.37~eV$) にみられる弱い吸収帯は八面体位置の Fe^{3+} の配位子場遷移 $^6A_{1g} \to {}^4T_{1g}$ に，$0.7~\mu m$ ($1.77~eV$) 付近の吸収のコブは同じく八面体位置の Fe^{3+} の $^6A_{1g} \to {}^4T_{2g}$ とされている*²．これらの遷移は，スピン禁止遷移であるため振動子強度は弱く 10^{-5} の程度である．一方，$0.6~\mu m$ ($2.03~eV$) 付近のやや強いピークは，四面体配位の Fe^{3+} の $^6A_1 \to {}^4T_1$ と解釈されている．四面体配位では中心対称がないため，八面体配位の対応する遷移に比べ吸収がやや強くなっている．これらの配位子場遷移はアイソレーターの挿入損失の原因になるが，磁気光学効果にはほとんど寄与

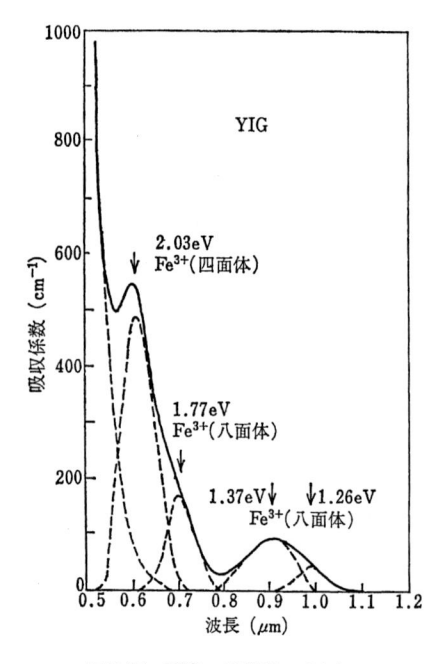

図 7.24 YIG の光吸収スペクトル

表 7.6 さまざまな磁性ガーネットの $1.064~\mu m$ におけるファラデー回転係数

材料	ファラデー回転係数 (deg/cm)
$(Lu_3Fe_5O_{12})$	(+200)
$Yb_3Fe_5O_{12}$	+12
$Tm_3Fe_5O_{12}$	+115
$Er_3Fe_5O_{12}$	+120
$Ho_3Fe_5O_{12}$	+135
$Y_3Fe_5O_{12}$	+280
$Dy_3Fe_5O_{12}$	+310
$Tb_3Fe_5O_{12}$	+535
$Gd_3Fe_5O_{12}$	+65
$Eu_3Fe_5O_{12}$	+167
$Sm_3Fe_5O_{12}$	+15
$(Nd_3Fe_5O_{12})$	(−840)
$(Pr_3Fe_5O_{12})$	(−1730)
$Y_2PrFe_5O_{12}$	−400
$Eu_{2.5}Pr_{0.5}Fe_5O_{12}$	−125
$Gd_2PrFe_5O_{12}$	−573
$GdPr_2Fe_5O_{12}$	−1125
$GdPr_2Al_{0.5}Fe_{4.5}O_{12}$	−790
$GdPr_2Ga_{0.5}Fe_{4.5}O_{12}$	−720
$EuPr_2Ga_{0.5}Fe_{4.5}O_{12}$	−687
$Gd_2Pr_1GaFe_4O_{12}$	+450
$(GdNd_2Fe_5O_{12})$	(−530)

*¹ L は p 価電子帯の正孔を表している．
*² 配位子場遷移とは，固体中で負イオン（配位子）に取り囲まれた遷移金属イオンの d^n 電子系のエネルギー準位（多重項）間の光学遷移をいう．d 電子は配位子の p 軌道と混成して t_2 軌道と e 軌道に分裂（配位子場分裂）している．

7.2 光アイソレーター

しない．

　ファラデー効果のデバイスへの応用にあたって材料の「よさ」を表す指数としては，単位長あたりのファラデー回転角 (deg/cm) を，単位長あたりの吸収損失 (dB/cm) で割ったファラデー効果性能指数 F (deg/dB) が用いられる．図 7.24 に示す配位子場吸収帯の影響は 1.3 と 1.5 μm 帯にはほとんど及んでいないため，この波長帯では大きな性能指数が得られるが，0.8 μm 帯の半導体レーザーの波長でちょうど $^4T_{1g}$ と $^4T_{2g}$ の 2 つの吸収帯の谷間にあるため，10～30 cm^{-1} 程度の吸収があり，それによる損失が発生する．磁性ガーネットの光吸収は物質自身がもつ固有の性質なので制御がむずかしいが，配位子場遷移の吸収帯を人為的にシフトさせる試みも行われている．基板と膜の格子不整合により局所的な歪みを与えることによって 0.9 μm 付近の弱い吸収帯を短波長側にシフトさせ，1 μm 帯の損失を大幅に減少させたという報告もされている[53]．

　(2) 希土類磁性ガーネット：Y を希土類 R に置き換えた希土類磁性ガーネット $R_3Fe_5O_{12}$ (R は希土類) も YIG と同様の性質をもつ．表 7.6 にはさまざまな磁性ガーネットの 1.064 μm におけるファラデー回転係数を示してある[54]．Y を R に変えることによって磁気光学効果を大幅に変えることができる．しかし R に置換すると結晶成長，磁気的性質，R 特有の光吸収，温度特性などに影響を与えるので，単純にファラデー回転係数の大小のみでは判断できない．

　(3) Bi 置換磁性ガーネット：6.1.1 項で磁性ガーネット $R_3Fe_5O_{12}$ の R の一部を Bi に置換したものの磁気光学効果が Bi 置換量とともに増加することを紹介した．Bi 置換を行ったものでは吸収量をあまり増加させずに，ファラデー効果だけを強めることができるので性能指数が増加し，薄い試料でも 45° の回転を得ることができる．波長 0.8 μm における $Gd_{1.8}Bi_{1.2}Fe_5O_{12}$ の性能指数は，YIG のそれが 1.5～2 deg/dB であるのに対し，44 deg/dB もの大きな値をもち，45° の回転を得るには 45 μm という厚みで十分である．また，1.3 μm において性能指数は 3000 deg/dB に達するので，45° の回転を得るには，YIG では 2.093 mm が必要であるのに対し $Gd_{2.85}Bi_{1.15}Fe_5O_{12}$ ならば 200 μm でよい．Bi 置換によって小型軽量の光アイソレーターの実現が可能となった[55]．

b. 希薄磁性半導体 (DMS) の物性と作製法　　a. に述べたように，磁性ガーネットには，1 μm より短波長側に強い吸収帯が存在するため，これより短波長の光通信アイソレーター材料として用いることがむずかしい．このために利用されるのが，希薄磁性半導体 (diluted magnetic semiconductor ; DMS) である．すでに 6.2.2 項で述べたように，II-VI 族半導体の II 族元素を Mn に置換した

DMS[56]は，可視-近赤外領域で透明であり，光学吸収端付近の波長で大きなファラデー回転をもつ[57]ので短波長用のファラデー旋光子材料として期待される．たとえば，$Cd_{1-x}Mn_xTe$ のエネルギーギャップは，Mn の置換量 x が 0.4 以下であれば，x に対して直線的に高エネルギー側にシフトする．したがって，使用したい波長に合わせて調整することが可能である．Mn の濃度が 0.41 を超えると Mn^{2+} の配位子場遷移の存在のため，吸収端が 2 eV より短波長には動かなくなる．このエネルギーに対応する波長 (620 nm) が光アイソレーターへの応用限界の目安になる[58]．この物質は常磁性なので，比較的大きな磁界を必要とする．このため，アイソレーターのサイズがやや大きくなる．

7.2.2 項に述べたように EDFA 光増幅器には，Er イオンをポンプするために 980 nm の LD が用いられるが，このためのアイソレーター材料として，$Cd_{1-x}Mn_xTe$ と $Hg_{1-x}Mn_xTe$ との固溶体である $(Cd_{1-y}Hg_y)_{1-x}Mn_xTe$ が開発され市販された[44]．カタログによれば，このアイソレーターは開口径 1 mm，磁石外径 6 mm で，0.98 μm においてアイソレーション 25 dB 以上，挿入喪失 1 dB 以下という特性が得られている．

7.2.5 光導波路型アイソレーター[59,60]

光電子集積回路 (OEIC) では，基板面に沿って作り込まれた光導波路を用いていくつもの異なる機能素子が集積される．導波路という概念も，従来マイクロ波通信工学の分野で使われてきたものであるが，いまでは光学の用語として定着している．光導波路上では光は進行方向に垂直な方向に定在波をつくる．マイクロ波の類推から，このような波を TE (横電界) モードとか TM (横磁界) モードとか名付けている．半導体レーザーとの一体化をめざし光導波路上でアイソレーターやサーキュレーターを作る試みがなされている．

導波路型では，そのサイズが波長と同程度であるため，薄膜/空気界面，あるいは，薄膜/基板界面の境界条件が重要な意味をもってくる．これが，バルク型との違いである．このため，導波路型にはバルク型にはないような困難な問題が起きる．一つは，たとえ等方性の材料を用いても，エピタキシャル薄膜では膜厚に依存する TE 波と TM 波の間に複屈折 Δn が生じることである．導波路型アイソレーターのよさは，TE-TM モード変換係数 R により評価される．光路長 L の導波路型ファラデー素子の R は，複屈折 Δn に基づく伝搬定数差を $\Delta\beta (= 2\pi\Delta n/\lambda)$ とすると，次式で表される．

$$R(L) = \frac{\Theta_F^2}{\Theta_F^2 + (\Delta\beta/2)^2} \sin^2\left[\sqrt{\Theta_F^2 + \left(\frac{\Delta\beta}{2}\right)^2} L\right] \tag{7.3}$$

したがって，複屈折はモード変換係数を減少させる働きをもつ．困難のもう一つは，導波路型における入射または出射光は，TEまたはTMモードのいずれかに限られるということである．このため，バルク型のアイソレーターのように入射光と出射光の偏光関係を±45°にすることはできず，0°または90°になるよう移相器を入れて調整しなければならない．

図7.25には導波路型光アイソレーターの模式図を示す[61]．ガドリニウムガリウムガーネット(GGG)などの基板上にLPE(液相エピタキシー)法やスパッター法で，YIGあるいは希土類鉄ガーネットを成長させた単結晶薄膜が導波路として用いられる．このデバイスの原理を図に基づいて解説する．導波路を伝搬する光の固有モードは先に述べたTEとTMであるが，図の素子では入射部に金属膜が蒸着してあるので，この面上で面に平行な電界が0になるようなTE波のみが通過する．非相反領域(nonreciprocal region)と書かれているのがファラデー効果を利用する領域で，磁化が光の進行方向を向いているので，磁化の向きに関して右あるいは左方向に振動面の回転が起きる．通常は，この非相反領域で，ちょうど+45°回転するように設計する．次に，相反領域(reciprocal region)では，磁化の向きを面の法線方向から$\theta_M = 22.5°$だけ傾けてあるので，コットン-ムートン効果によって，−45°だけ回転，つまり，元に戻されて結局TE波となって出ていく．しかし，戻り光があると相反素子で45°，さらに非相反素子で45°回転するので出力光はTM波となってしまう．TM波は金属膜のフィルターを通過できないので，逆には進めないのである．

この素子を実現するためには，① 位相整合をとること(TE波とTM波の伝搬定数の差$\Delta\beta$による位相のずれをなくす)，② 相反部と非相反部を同一基板上へ形成する技術を確立することが必要である．このためさまざまの技術的な工夫が行われているが，詳細は原著を参照されたい[62]．

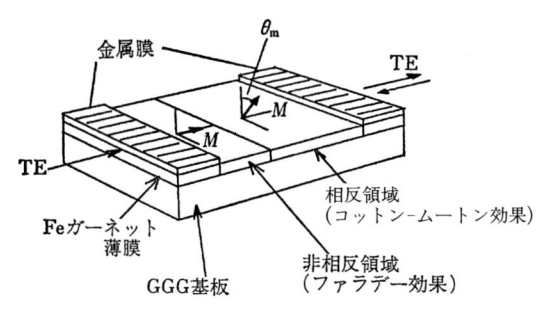

図 7.25 導波路型光アイソレーターの模式図[61]

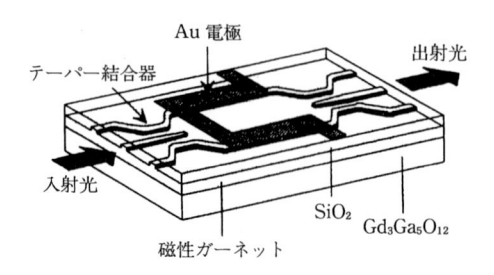

図 7.26 マッハツェンダー型の分岐導波路型アイソレーター[63]

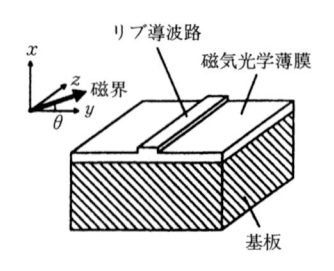

図 7.27 ガーネット基板上に作製された単一モードのリブ型の導波路[64]

導波路型光アイソレーターには，このほかにマッハツェンダー型の分岐導波路を用いたもの，リブ型導波路を用いたものがある．図 7.26 に磁性ガーネット薄膜上に形成されたマッハツェンダー型のものを示す[63]．入射光はテーパー結合器で 2 つのアームに分岐し，両アームとも非相反部で 90°旋光させる．一方のアームには相反部があり，再びテーパー結合器で合成し出射する．一方，リブ型導波路の一例としてガーネット基板上に単一モードのリブ型の導波路を作製したものを図 7.27 に示す[64]．光の導波方向を x 軸，面直方向を z 軸にとり，yz 面内で y 軸から θ の角度で磁界を印加する．順方向では TM 波がモード変換なく透過するのに対し，逆方向については，TM の基本波が高次の TE 波に変換され，逆方向伝搬が阻害される．実際に Ce 置換 YIG 薄膜（膜厚 0.46 μm）を用いて，微細加工技術により 0.11～0.17 μm 幅，リブの高さ 0.17 μm のアイソレーターを作製し，最大 24 dB のアイソレーションを得ている．最近，リブ型アイソレーターのガーネット材料の組成に検討を加えることにより，ストライプ磁区をリブに沿って形成し，非相反位相差を観測することに成功したという報告がある[65]．

半導体を用いた光電子集積回路と光アイソレーターの一体化が今後の課題である．半導体の上に直接磁性ガーネット膜を作製するのは，格子不整合のため今のところ困難なので，ガーネット膜を作っておき，半導体基板に貼り合わせる方法が提案されている[66]．DMS，たとえば $Cd_{1-x}Mn_xTe$ の結晶構造は，GaAs と同じ閃亜鉛鉱型なので，半導体レーザーとの一体化の可能性がある．しかしながら，DMS の面内に導波路として光を通すような良質の薄膜を作るのは非常にむずかしいとされていた．安藤らは GaAs 基板上に MBE 法で $Cd_{1-x}Mn_xTe$ の薄膜を作製した．バッファー層として ZnTe, CdTe 層を挿入することにより，伝搬損失を大幅に改善できることを明らかにし[67]，この膜を用いて TE-TM モード変換が実現できることを示した．

最近，半導体光増幅器を磁性体でカバーすることによって，非相反なゲインが得られる可能性が理論的に指摘された[68]．現在，その実証のための実験が始まっている[69]．アイソレーター動作を備えた半導体レーザーを作る取り組みとして期待されている．

● 7.2節のまとめ ─────────────────────────
光アイソレーター：光回路からの戻り光によるレーザーの異常発振を抑えるための素子
　　構成………偏光子/ファラデー回転子/偏光子
　　ファラデー回転子では 45°の旋光性を与える．
　　材料………Bi 多量置換希土類鉄ガーネットを用いる．
　　バルク単結晶：攪はんすくいあげ法
　　厚膜：LPE 法，イオンビームスパッター法
導波路型光アイソレーター：非相反領域（ファラデー回転部）と相反領域（コットン-ムートン効果部）とからなる．

7.3 電流磁界センサー

光ファイバーの先端部に磁気光学センサーを取り付けた電流計測デバイスが高圧電線や高圧発送電設備に用いられている．これは，① 電気的な絶縁性が高い，② 電磁誘導ノイズに強い，③ 非接触測定ができる，などの特徴をもつ．磁気光学電流センサーは，図 7.28 のように，偏光子，磁気光学材料，検光子の組み合わせから構成される．偏光子と検光子は 45°の傾きとなっている．偏光子を透過した後の光強度 I は

$$I = I_0 \cos^2\left(\theta - \frac{\pi}{4}\right) = \frac{I_0}{2}\left\{1 + \cos\left(\frac{\pi}{2} - 2\theta\right)\right\}$$

$$= \frac{I_0}{2}(1 + \sin 2\theta) \approx \frac{I_0}{2}(1 + 2\theta) \tag{7.4}$$

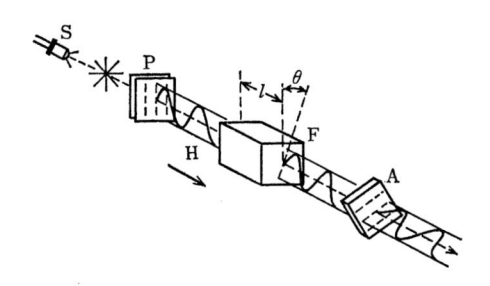

図 7.28　磁気光学電流センサーの原理図
P：偏光子，F：磁気工学材料，A：検光子．

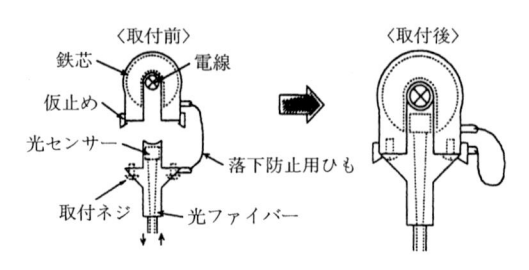

図7.29 架空配電線に取り付けるタイプの故障区間検出用電流センサー

と表され,光強度は磁界(電流)の変化に対し線形に変化する.磁気光学材料としては,主として YIG が用いられる.Y の一部を Tb に置き換えることにより -23〜127 ℃ の広い温度範囲で使うことができる[70].架空配電線に取り付けるタイプの故障区間検出用電流センサーは,図7.29 に示すように U 字形の鉄心とセンサー部とで架空線を取りまく磁気回路を形成し,磁界を磁気光学素子で検出する.

一方,大電流の場合は磁界が強いので,強磁性物質では磁気飽和のため,正確な測定ができなくなってしまう.そこで,光ファイバーのループをファラデーセンサーとして用いた電流センサーが開発されている[71].このセンサーにおける最も大きな問題は複屈折である.ファイバーの変形,荷重,振動,加熱,残留一歪みなどが応力を発生し,光弾性効果により複屈折を生じ,センサー性能を悪くする.また,コアが楕円形状であっても複屈折が生じる.黒澤らは,鉛ガラスを用いることにより光弾性の大きさ(石英ガラスでは 3400×10^{-10} cm^2/kg)を 4.5×10^{-10} cm^2/kg まで下げることに成功し[72],気体電流遮断器(gas circuit breaker)のように振動のある環境下でも使えることを示した.

● 7.3節のまとめ───────────────
磁界センサー………YIG のファラデー効果を利用して磁界に比例する出力を得る.
　　　　　　　　光ファイバーを用いるので高圧設備の計測に有効.

7.4 磁気光学効果のその他の応用

磁気光学効果は,これまで述べてきたデバイスへの応用のほか,古くから磁区観察に利用されている[73].Kryder らは,パーマロイ薄膜における高速磁化反転機構を測定するために Q スイッチルビーレーザーを用いた時間分解磁気光学測定装置により,10 ns という時間分解能を達成している[74].最近,フェムト秒

レーザー技術の発達により，磁化反転現象をより高速に測定できるようになってきた．ハードディスクの高密度化・高転送レート化が進む今，このようなダイナミックな磁気光学測定が再び脚光を浴びつつある．

参考文献

1) 寺尾元康，太田憲雄，堀籠信吉，尾島正啓：「光メモリの基礎」(コロナ社，1990).
2) H. J. Williams, R. C. Sherwood, F. G. Foster and E. M. Kelley : J. Appl. Phys. **28** (1957) 1181.
3) C. D. Mee and G. J. Fan : IEEE Trans. Mag. **MAG-3** (1967) 72.
4) 戸上雄司：NHK 技研月報 **26** (1983) 52.
5) R. L. Aagard, F. M. Schmit, W. Walters and D. Chen : IEEE Trans. Mag. **MAG-7** (1971) 380.
6) J. C. Suits : IEEE Trans. Mag. **MAG-8** (1972) 421.
7) P. Chaudhari, J. J. Cuomo and R. J. Gambino : Appl. Phys. Lett. **23** (1973) 337.
8) 白川友紀，桜井良文：応用磁気学術講演会論文集 22pA-11 (1973).
9) J. Saito, M. Sato, H. Matsumoto and H. Akasaka : Jpn. J. Appl. Phys. **26**, Suppl. 26-4, 155 (1987).
10) K. Aratani, A. Fukumoto, M. Ohta, M. Kaneko and K. Watanabe : Proc. SPIE 1499, 209 (1991).
11) A. Takahashi, M. Kaneko, H. Watanabe, Y. Uchihara and M. Moribe : J. Magn. Soc. Jpn. **22**, Suppl. S2, 67 (1998) ; S. Sumi, A. Takahashi and T. Watanabe : J. Magn. Soc. Jpn. **23**, Suppl. S1, 173 (1999).
12) 佐藤勝昭，片山利一，深道和明，阿部正紀，五味 学：「光磁気ディスク材料」(工業調査会，1993).
13) M. Kaneko : "Magneto-Optics", ed. by S. Sugano and N. Kojima (Springer, 2000) chap. 9, p. 271.
14) R. J. Gambino and T. Suzuki : "Magneto-Optical Recording Materials", (IEEE, New York, 2000).
15) D. Treves : J. Appl. Phys. **38** (1967) 1192.
16) Y. Suzuki, S. Takayama, F. Kitino and N. Ohta : IEEE Trans **MAG-23** (1987) 2275.
17) R. Sato, N. Saito and Y. Togami : Jpn. J. Appl. Phys. **24** (1985) L266.
18) M. Kajiura, Y. Togami, K. Kobayashi and T. Teranishi : Jpn. J. Appl. Phys. **20** (1981) L389.
19) H. Awano, S. Ohnuki, H. Shirai, N. Ohta, A. Yamaguchi, S. Sumi and K. Torazawa : Appl. Phys. Lett. **69** (1996) 4257.
20) T. Chen, D. Cheng and G. B. Charlan : IEEE Trans. **MAG-16** (1980) 1194.
21) B. G. Huth : IBM J. Res. Dev. **18** (1974) 100.
22) M. Takahashi, H. Sukeda, M. Ojima and N. Ohta : Jpn. J. Appl. Phys. **63** (1988) 3838.
23) M. Takahashi, H. Sukeda, T. Nakao, T. Niihara, M. Ojima and N. Ohta : Proc. Int. Symp. Optical Memory, Kobe, 1989 (1989) 323.
24) S. Horinouchi, F. Kobayashi, S. Takeuchi and T. Koga : J. Magn. Soc. Jpn. **20**, Suppl. S1 (1996) 315.

25) N. Nishi, K. Toyota and K. Saito : J. Magn. Soc. Jpn. **23**, Suppl. S1 (1999) 245.
26) 綱島 滋：日本応用磁気学会誌 **15**, 822 (1991).
27) T. Kobayashi, H. Tsuji, S. Tsunashima and S. Uchiyama : Jpn. J. Appl. Phys. **20** (1981) 2089.
28) 中木義幸，深見達也，德永隆志，田口元久，堤 和彥：日本応用磁気学会誌 **14** (1990) 165.
29) K. Aratani, A. Fukumoto, M. Ohta, M. Kaneko and K. Watanabe : Proc. SPIE 1499 (1991) 209.
30) A. Takahashi : J. Magn. Soc. Jpn. **19**, Suppl. S1 (1995) 273.
31) K. Shono : J. Magn. Soc. Jpn. **23**, Suppl. S1 (1999) 177.
32) H. Awano, S. Ohnuki, H. Shirai, N. Ohta, A. Yamaguchi, S. Sumi and K. Torazawa : Appl. Phys. Lett. **69**, 4257 (1996).
33) N. Hayashi, Y. Nakatani, H. Awano and N. Ohta : J. Magn. Soc. Jpn. **23**, Suppl. S1, 151 (1999).
34) T. Shiratori, E. Fujii, Y. Miyaoka and Y. Hozumi : J. Magn. Soc. Jpn. **22**, Suppl. S2 (1998) 47.
35) B. D. Terris, H. J. Mamin and D. Rugar : Appl. Phys. Lett. **66** (1996) 141.
36) K. Shimazaki, M. Yoshimoto, O. Ishizaki, S. Ohnuki and N. Ohta : J. Magn. Soc. Jpn. **19**, Suppl. S1 (1995) 429.
37) A. Itoh, K. Nakagawa, K. Shimazaki, M. Yoshihiro and N. Ohta : J. Magn. Soc. Jpn. **23**, Suppl. S1 (1999) 221.
38) H. Nemoto, H. Saga, H. Sukeda and M. Takahashi : J. Magn. Soc. Jpn. **23**, Suppl. S1 (1999) 229.
39) H. Katayama, S. Sawamura, Y. Ogimoto, J. Nakajima, K. Kojima and K. Ohta : J. Magn. Soc. Jpn. **23**, Suppl. S1 (1999) 233.
40) J. F. Dillon, Jr. : J. Appl. Phys. **39** (1968) 922.
41) 石尾秀樹，松本隆男：「磁気工学ハンドブック」，川西健次，近角聡信，櫻井良文編（朝倉書店，1998）第7編7.6節，pp. 815-824.
42) 覧具博義，山中 豊：「半導体レーザーの基礎」，応用物理学会編（オーム社，1987）第5章.
43) R. S. Vodhanel, R. I. Laming, V. Shah, L. Curtis, D. P. Bour, W. L. Barnes, J. D. Minelly, E. J. Tarbox and F. J. Favire : Electron. Lett. **25** (1989) 1386.
44) K. Onodera T. Masumoto and M. Kimura : Electron. Lett. **30**, 1954 (1994).
45) K. Onodera and H. Ohba : Cryst. Res. Technol. **31**, S, 29 (1996).
46) 菊島，米田，首藤，吉永：信学技報 OCS90-28 (1986).
47) 玉城孝彥：テレビジョン学会誌 **46**, 1607 (1992).
48) 金森弘雄：電子情報通信学会誌 **82**, 731 (1999).
49) 松本隆男：電子情報通信学会技術報告 OQE78-85 (1978).
50) 玉城孝彥：光通信微小光学系システム設計・応用の要点，西澤紘一監修（日本工業技術センター）第8章，p. 203.
51) 松本隆男：電子情報通信学会技術報告 OQE78-149 (1979).
52) D. L. Wood and J. P. Remeika : J. Appl. Phys. **38** (1967) 1038.
53) H. Kawai, S. Fujii and H. Umezawa : IEEE Trans. Mag., **MAG-31** (1995) 3325.

54) W. H. Wemple, J. F. Dillon, Jr., L. G. van Uitert and W. H. Grokiewicz : Appl. Phys. Lett. **22** (1973) 331.
55) 玉城孝彦, 対馬国郎：日本応用磁気学会誌 **8** (1984) 125.
56) J. K. Furdyna : J. Appl. Phys. **64** (1988) R29.
57) 小柳　剛：日本応用磁気学会誌 **12** (1988) 187.
58) 及川　亨, 小野寺晃一, 本田洋一：Tokin Technical Review **19** (1993) 32.
59) K. Ando : SPIE **1126** (1989) 58.
60) 宮崎保光, 岡村康行：「磁気工学ハンドブック」, 川西健次, 近角聡信, 櫻井良文編 (朝倉書店, 1998) 第7編7.5節, pp. 798-814.
61) 越塚直己：日本応用磁気学会誌 **9** (1985) 397.
62) K. Ando, T. Okoshi and N. Koshizuka : Appl. Phys. Lett. **53** (1988) 4.
63) H. Yokoi and T. Mizumoto : Mat. Res. Soc. Symp. Proc. **517**, 469 (1998).
64) T. Shintaku, N. Sugimoto, A. Tate, E. Kubota, H. Kozawaguchi and Y. Katoh : Mat. Res. Soc. Symp. Proc. **517** (1998) 501.
65) M. Fehndrich, A. Josef, L. Wilkens, J. Kleine-Borger, N. Bahlmann, M. Lohmeyer, P. Hertel and H. Dötsch : Appl. Phys. Lett. **74** (1999) 2918.
66) M. Levy, R. M. Osgood, Jr., A. Kumar, H. Bakhru, R. Liu and E. Cross : Mat. Res. Soc. Symp. Proc. **517** (1998) 475.
67) K. Ando, W. Zaets and K. Watanabe : Mat. Res. Soc. Symp. Proc. **517** (1998) 625.
68) W. Zaets and K. Ando : IEEE Photonics Technology Letters **11** (1999) 1012.
69) M. Takenaka and Y. Nakano：私信.
70) 鎌田　修, 峯本　尚, 戸田和郎, 石塚　訓：日本応用磁気学会第48回研究会資料 (1987) p. 57.
71) 黒澤　潔, 坂本和夫, 吉田　知, 増田　勲, 山下俊晴：電気学会論文誌 **116-B** (1996) 93.
72) K. Kurosawa, S. Yoshida and K. Sakamoto : J. Lightwave Technol. **13** (1995) 1378.
73) R. Carey and E. D. Isaac : "Magnetic Domain and Techniques for their Application" (Academic Press, 1966).
74) M. H. Kryder and F. B. Humphrey : Rev. Sci. Instrum. **40** (1969) 829.

8. 磁気光学研究の新しい展開

第8章では，本書初版の刊行以降に出現した磁気光学研究の新しい展開の中から重要なものをピックアップして紹介する．試料作製技術の進歩により組成変調多層膜，人工超格子，人工規則合金などが作製されるようになり，メゾスコピック系特有の磁気光学現象がみられるようになってきた．また，測定技術の進歩によって近接場における磁気光学効果，非線形磁気光学効果，内殻磁気光学効果などが実際に観測されるようになり，微小領域磁性の情報が得られるようになってきた．ここでは，これらの新しい展開を概説する．

8.1 メゾスコピック系の磁気光学効果
8.1.1 Fe/Cu組成変調多層構造膜の磁気光学スペクトル

1980年代の後半になり磁性体/非磁性体の組成変調多層構造膜が作製されるようになって，その磁気光学効果が論じられるようになった．はじめに問題提起をしたのは片山らであった．$Fe(x Å)$と$Cu(x Å)$からなる組成変調多層構造膜を作製し磁気光学効果を測定したところ，図8.1(a)に示すようなカー回転スペクトルを得た[1]．すなわち，カースペクトルは磁気光学効果の起源であるFeのスペクトルとは形状が異なり，明瞭なピークを生じる．このピーク値はFeのカー回転よりも増大している．ピーク位置は図8.1(b)の反射スペクトルにみられる反射率の立ち上がる波長，すなわちCuの吸収端に対応している．この効果は，当初ミクロスコピックな効果，すなわちCuの3dバンドがFeによるスピン偏極を受けて生じた効果ではないかと考えられた．しかし，その後筆者らにより誘電率の対角成分が変化することによる実効的な磁気光学効果の増強として，マクロな取り扱い（仮想光学定数法）によって説明された[2]．

層間の界面での混じり（合金化）や非磁性体の磁気偏極などが無視できる理想的な多層膜では，純粋に光学的な手法によって問題を解くことができる．一般の角度から入射した光に対する解は行列法によって扱うことができる[3]．垂直入射の場合には取り扱いはもっと簡単になって，仮想光学定数の方法で計算でき

8.1 メゾスコピック系の磁気光学効果

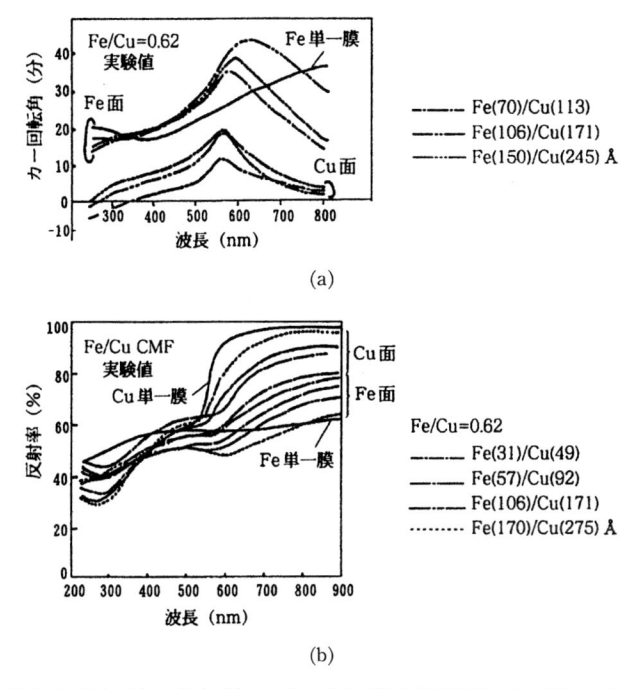

図 8.1 Fe(x Å) と Cu(x Å) からなる組成変調多層構造膜のカー回転スペクトル (a) と反射スペクトル (b) の実験値[1]

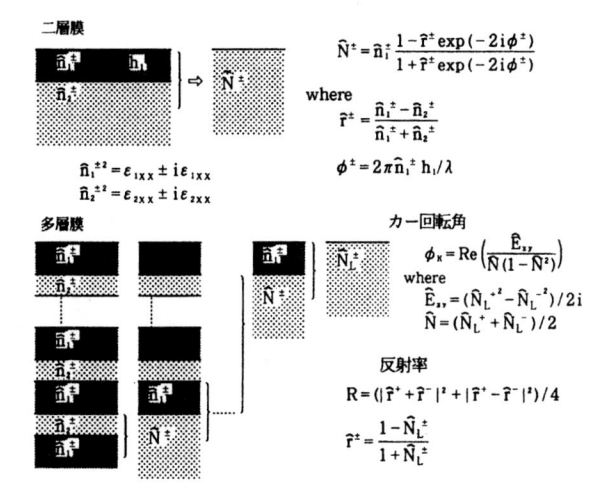

$$\hat{N}^{\pm} = \hat{n}_1^{\pm} \frac{1 - \hat{r}^{\pm} \exp(-2i\phi^{\pm})}{1 + \hat{r}^{\pm} \exp(-2i\phi^{\pm})}$$

where

$$\hat{r}^{\pm} = \frac{\hat{n}_1^{\pm} - \hat{n}_2^{\pm}}{\hat{n}_1^{\pm} + \hat{n}_2^{\pm}}$$

$$\hat{n}_1^{\pm 2} = \varepsilon_{1xx} \pm i\varepsilon_{1xy}$$
$$\hat{n}_2^{\pm 2} = \varepsilon_{2xx} \pm i\varepsilon_{2xy}$$

$$\phi^{\pm} = 2\pi \hat{n}_1^{\pm} h_1/\lambda$$

カー回転角

$$\phi_{K} = \mathrm{Re}\left(\frac{\hat{E}_{ry}}{\hat{N}(1-\hat{N}^2)}\right)$$

where

$$\hat{E}_{ry} = (\hat{N}_L^{+2} - \hat{N}_L^{-2})/2i$$
$$\hat{N} = (\hat{N}_L^{+} + \hat{N}_L^{-})/2$$

反射率

$$R = (|\hat{r}^{+} + \hat{r}^{-}|^2 + |\hat{r}^{+} - \hat{r}^{-}|^2)/4$$

$$\hat{r}^{\pm} = \frac{1 - \hat{N}_L^{\pm}}{1 + \hat{N}_L^{\pm}}$$

図 8.2 仮想光学定数の方法の原理

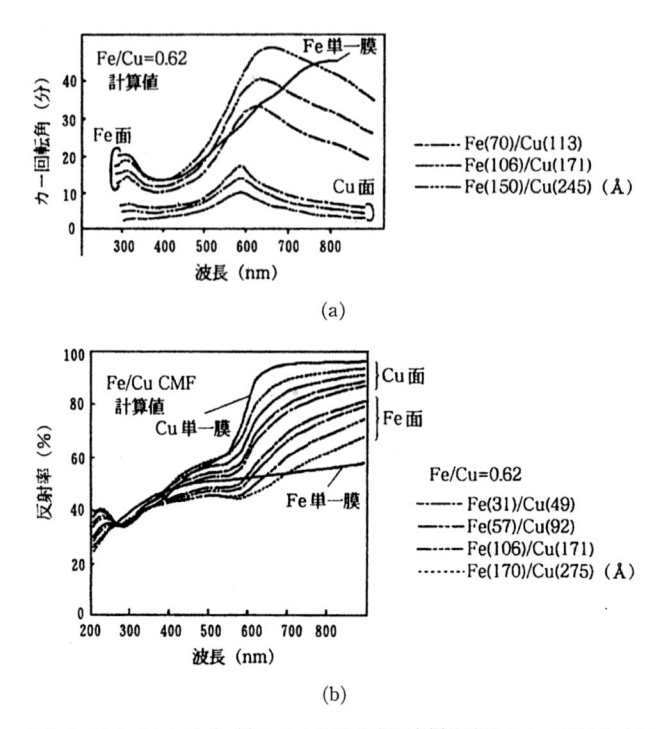

図 8.3 Fe(xÅ) と Cu(xÅ) からなる組成変調多層構造膜のカー回転スペクトル(a) と反射スペクトル(b) の計算値[2]

る[4]．図 8.2 はこの方法の原理図である．この方法は，屈折率 n_0 の基板に厚さ h，光学定数 $n^{\pm}+i\kappa^{\pm}$ の薄膜が堆積された 2 層の物質の光学定数 $\tilde{N}^{\pm}$ を仮想的な光学定数に置き換える手続きを順次行い，最終的に人工格子全体についての仮想光学定数 $\tilde{N}^{\pm}$ を求め，これを用いて複素磁気光学効果 $\theta+i\eta$ を求めるやり方である．図 8.3 には，仮想光学定数法によって計算した(a) カー回転および(b) 反射率のスペクトルを示す[2]．それぞれ図 8.1 に示した実験データをよく再現している．この計算においては Fe について報告された誘電率の非対角成分および Fe, Cu の光学定数を用いただけで，一切フィッティングパラメーターを用いていない．両者の対応は極めてよく，変調周期 50 Å 以上では層間の混じりの効果や後で述べる量子閉じこめの効果がほとんど起きていないことを示している．

8.1.2 磁性超薄膜の磁気光学効果[5,6]

1990 年代に至って，原子層オーダーで制御されたエピタキシャル薄膜作製技術が飛躍的に進歩した．1992 年，鈴木らは Au(100) 面にエピタキシャル成長し

8.1 メゾスコピック系の磁気光学効果

た Fe 超薄膜に Au の薄いキャップ層をかぶせた膜における新しい光学遷移を見いだした[7]．その後，さらに精密化した実験が行われた．図 8.4 は，Au(100)面にエピタキシャル成長した楔状の Fe 超薄膜に Au の薄いキャップ層をかぶせた膜における磁気光学スペクトルの Fe 層厚依存性を示している（キャップ層は酸化を防ぐためのもので，非常に薄いために磁気光学効果にあまり影響をもたない）．このような系の磁気光学効果は，下地層(Au)の誘電率テンソルの対角成

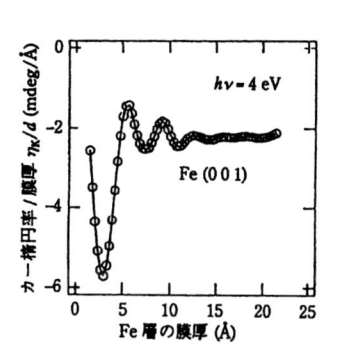

図 8.5 Au/Fe/Au サンドイッチ構造膜における磁気光学効果の Fe 層厚依存性

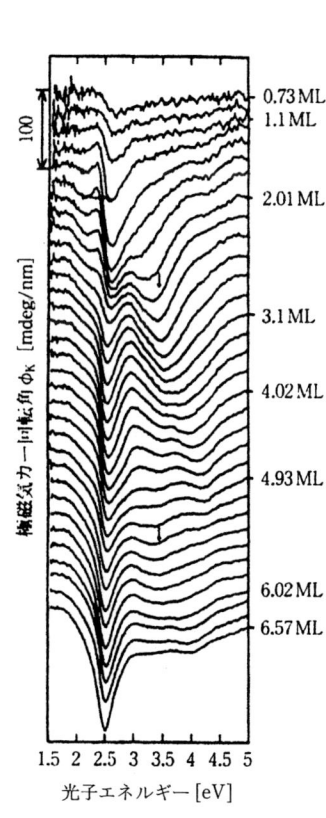

図 8.4 Au(100)面にエピタキシャル成長した楔状の Fe 超薄膜に Au の薄いキャップ層をかぶせた膜における磁気光学スペクトルの Fe 層厚依存性

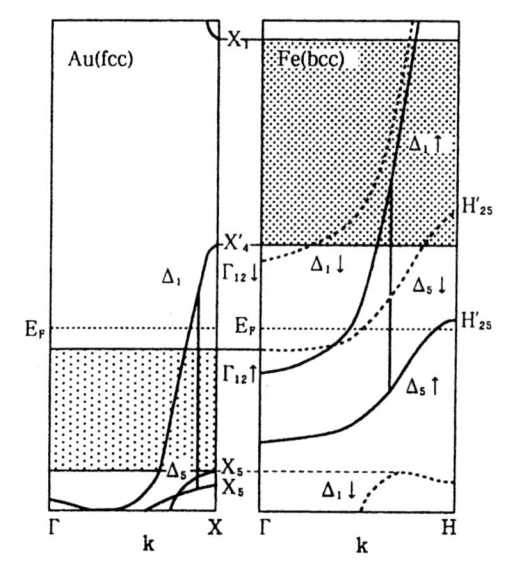

図 8.6 Fe/Au 接合のバンドダイアグラム

分を ε_{xx}^S, Fe 層の誘電率テンソルの非対角成分を ε_{xy} として，d が十分小さいときに

$$\theta_K + i\eta_K = \frac{2d\omega}{c} \cdot \frac{i\varepsilon_{xy}}{1 - \varepsilon_{xx}^S} \tag{8.1}$$

で表される．下地の Au のプラズマ共鳴の周波数ではこの式の分母が小さくなるために，磁気光学スペクトルに構造が現れる．さらに 3.5～4.5 eV にかけてバルクの Fe には観測されないようなピークが現れて，層厚が大きくなるに従って高エネルギー側にシフトする．4 eV 付近における Fe 1 層あたりのカー楕円率は，図 8.5 のように Fe の層厚の増加とともに大きく振動する．この構造は，図 8.6 に示すように Au との接合をつくったことによって，Fe の空いた多数スピンバンドの電子が Au のバンドギャップ内には入り込めなくなるために，Fe 層内に定在波をつくって閉じこめを受けることによって生じた量子井戸準位によるものと解釈されている．このような量子サイズ効果は，逆光電子分光にも観測されている．

一方，Au や Cu などの非磁性金属層を 2 つの強磁性層で挟んだ交換結合膜において層間の交換結合の層厚依存性が GMR の振動として観測されるが，これに似た振動現象が磁気光学効果にも観測されている[8]．

8.1.3 金属人工規則合金の磁気光学効果

Fe と Au は非固溶の状態図をもち合金をつくらない．しかし，MBE 法で作製した Fe (1 ML) と Au (1 ML) からなる人工格子＊は Fe と Au の単純な積層ではなく，天然には存在しない $L1_0$ 型の規則合金構造になることが見いだされている[9]．Fe(x ML)/Au(x ML) 人工格子では，図 8.7 に示されるような磁気光学

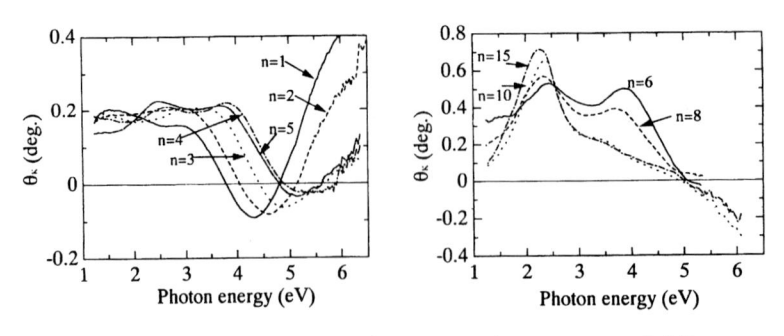

図 8.7 Fe(xML)/Au(xML) 人工格子の磁気光学スペクトルの x 依存性

＊ ここに ML (mono-layer) は単一原子層 (mono-atomic layer) を意味する．

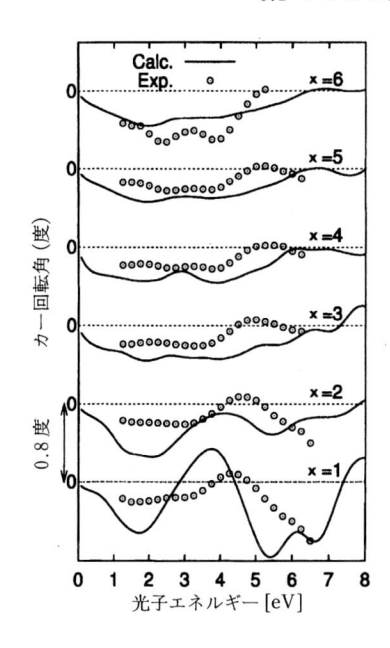

図 8.8 バンド計算に基づいて求めた Fe(xML)/Au(xML) 人工格子の磁気光学スペクトル（カー回転角の等号は図 8.7 と逆にとっている）[12]

効果スペクトルが観測された[10,11]．x が 10 より大きいところでは Au のプラズマ端による増強効果が 2.5 eV 付近にはっきりと観測されるが，その他には顕著な構造を示さない．ところが，x が 8, 6 と減少するにつれ 4 eV 付近に明瞭な構造が現れ，x の減少とともに低エネルギー側にシフトしていく様子がはっきりと観測される．バンド計算に基づいて求めた磁気光学スペクトルは，図 8.8 に示すように 4 eV 付近の構造を予言し，実験結果をほぼ説明することができた[12]．どの電子状態がどの光学遷移に対して寄与するかを解析することにより，4 eV 付近のスペクトル構造は Au の↓スピンの 5d バンドから Fe の 3d 軌道と Au の励起状態の 5f 軌道が混成した↓スピンのバンドへの遷移が主として寄与していることが明らかになった．

8.1.4 Pt/Co, Pd/Co 人工格子

a. Pt/Co 人工格子 1999 年に InGaN 系の短波長レーザー（405 nm）が出現し，現行の波長 670 nm のレーザーを用いた場合の約 3 倍という高密度で光磁気記録できる見通しがでてきた．しかし，現行の光磁気材料である TbFeCo および GdFeCo は短波長ではカー効果が小さくなる傾向をもつ．Co/Pt 多層膜は

---

* 普通の光磁気ディスクではプラスチック基板側から入射したレーザー光を基板裏側に付けた磁性膜に集光するのに対し，次世代の光磁気記録や光アシスト磁気記録では磁気薄膜側にレーザー光を集光する．

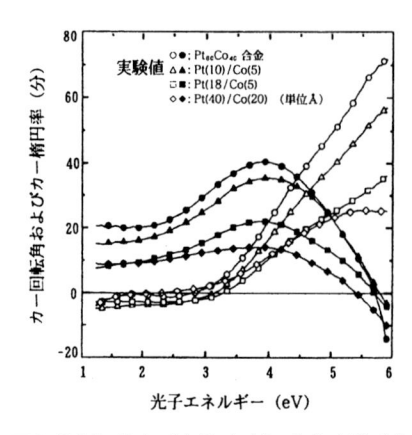

図 8.10 (a) Pt(10 Å)/Co(5 Å), Pt(18)/Co(5), Pt(40)/Co(20) 人工格子および $Pt_{60}Co_{40}$ 合金の磁気光学スペクトル

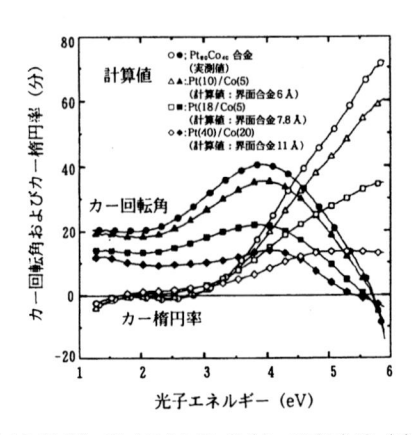

図 8.10 (b) Pt(10 Å)/Co(5 Å), Pt(18)/Co(5), Pt(40)/Co(20) 人工格子の各試料につき最もよくフィットした場合のシミュレーション結果の磁気光学スペクトル

短波長で非常に大きな極カー効果を示すこと，垂直磁気異方性を示すこと，および耐食性が高いので first surface recording* に適することなどから，次世代光磁気材料として注目される[13,14]．このベースになった仕事は，オランダの Buschow による膨大な仕事である．彼は室温で磁性をもつ 200 種以上の合金・金属間化合物についての磁気光学効果の研究を通じ，Pt_xCo_{1-x} や Pt_xFe_{1-x} 合金が大きな磁気光学効果を示すことを明らかにしたが[15]，これらの合金は面内磁気異方性を示すので光磁気記録膜としては用いられなかった．しかし Carcia らは人工格子構造にすることにより垂直磁気異方性を付与し光磁気記録できることを示した．中村ら[16]および橋本ら[17]は，Pt/Co 多層膜が対応する合金の単一膜とよく似た磁気光学スペクトルをもつことを報告し，界面付近で Pt と Co の混じりが起きていることを示唆した．Pt/Co，Pt/Fe の詳細な磁気光学スペクトルの研究は Zeper ら[18]および筆者ら[19]によってなされた．以下には，筆者らの仕事を紹介しておく．

図 8.10 (a) は層厚が Pt(10 Å)/Co(5 Å)，Pt(18)/Co(5)，Pt(40)/Co(20) の磁気光学スペクトルを $Pt_{60}Co_{40}$ 合金と比較して示してある．Pt(10)/Co(5) 人工格子について Co の ε_{xx}, ε_{xy} と Pt の ε_{xx} とを用い，急峻な界面を仮定した場合には，形状，大きさともに実験結果を再現できない．界面に $Pt_{60}Co_{40}$ 合金層が存在すると仮定し，合金層の厚みをパラメーターとして Pt(10)/Co(5) 人工格子のスペクトルを仮想光学定数法で計算した．フィッティングから，合金化していな

い Pt層 0.82 Å，Co層 0.38 Å，合金層 6 Å 程度という数値が導き出された．同様にして，Pt(18)/Co(5) では Pt 5.5 Å，Co 0.26 Å，合金層7.8 Å という値が得られた．図 8.10(b) は，各試料につき最もよくフィットした場合のシミュレーション結果を示してある[20]．

ここでは合金層があるとして説明したが，この解析だけでは界面合金層の形成と Pt の磁気偏極効果を区別できない．Schütz らは円偏光放射光を用い，Pt-Co系合金の Pt の吸収端に明瞭な X 線吸収端の MCD (磁気円二色性) があることを見いだした[21] (X 線吸収端の MCD の原理については 8.4 節参照)．彼らはその解析に基づき，Pt がスピン偏極を受けておりその符号は Co と逆方向であることを明らかにした．また，Fe にわずかに固溶した 5d 遷移金属もスピン偏極をもつことが明らかにされ[22]，近接効果による 5d 遷移金属のスピン偏極の問題が急速にクローズアップされてきた．

Ebert, Akai らは相対論バンド計算によって Pt-Fe 合金の Pt がスピン偏極を受けることを明らかにし[23]，伝導率テンソルの対角および非対角要素のスペクトルを計算した．また Pt/Fe 人工格子における偏極は合金の 60% 程度であることを導き，Pt の X 線吸収端の MCD スペクトルを説明した．

次に述べるように，Pd/Co の磁気光学スペクトルは Pd が磁気偏極していると仮定しなければシミュレーションによって説明できない．同様のことは Pt/Co でも生じているはずであると考えられる．

b. Pd/Co 人工格子　　Pd/Co 人工格子について中村らは，Pd/Co 多層膜の

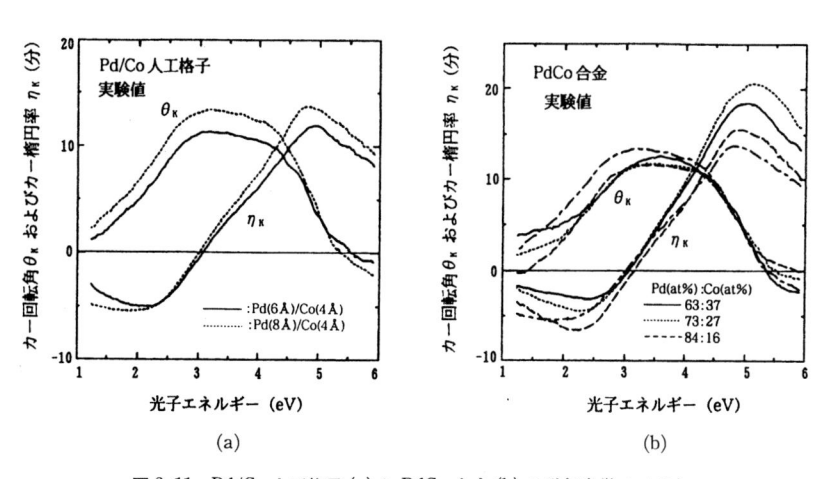

(a)

(b)

図 8.11　Pd/Co 人工格子 (a) と PdCo 合金 (b) の磁気光学スペクトル

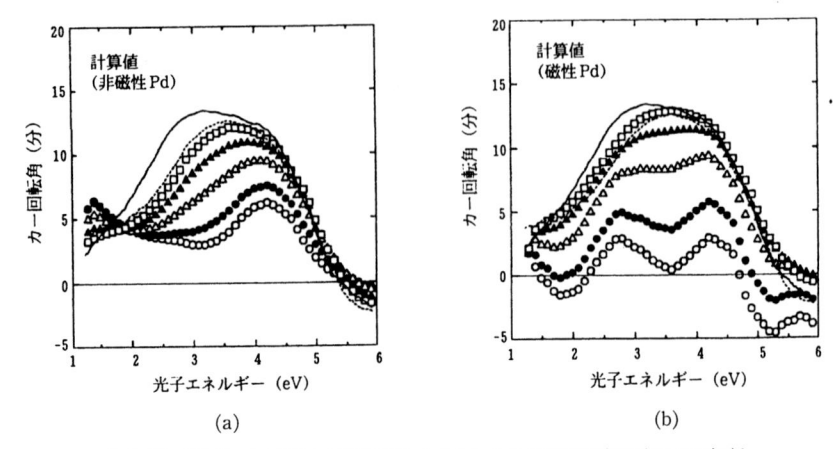

図 8.12 Pd/Co 人工格子の磁気光学スペクトルの仮想光学定数法による解析
(a) 界面に "magnetic Pd" を仮定しない場合
(b) 界面に "magnetic Pd" が存在すると仮定した場合
○:合金を仮定しない場合, ●:PdCo 合金2Å仮定, △:PdCo 合金4Å仮定,
▲:PdCo 合金5Å仮定, □:合金層の限界厚5.53Åを仮定.
点線:PdCo 合金の実測値, 実線:Pd(8)/Co(4)の実測値.

磁気光学スペクトルを Pd と Co が混じりあわない単純な多層膜であるとして解析したが, 実験をよく説明できなかった[24]. 筆者のグループでは, Pd/Co の人工格子と PdCo 合金について磁気光学効果を測定し, それぞれ図 8.11(a)および(b)に示すようなスペクトルを得た[25]. Pt/Co の場合と同様の仮想光学定数法による解析を行ったが, 図 8.12(a)に示すように, 合金の厚さとしてどのようなものを仮定しても実験で得たスペクトル(実線)にみられるような3eV付近の肩を再現できなかった. 異なった組成の PdCo 系合金のスペクトルの差スペクトルから「磁気偏極した Pd」の磁気光学スペクトルを推定し, Pd/Co 界面に "magnetic Pd" が存在するとしてシミュレーションを行った結果を図 8.12(b)に示す. 実験で得られた3eV付近と4.5eV付近に肩を示すスペクトル構造が比較的よく再現されていることがわかった. "magnetic Pd" の磁気光学効果を強磁界下の磁気光学スペクトルを用いて測定することは今後の課題である.

● 8.1 節のまとめ

人工格子・多層膜においては, 試料のもつ構造的サイズが(試料中における)光の波長程度であれば多重反射や干渉に基づく巨視的なエンハンス効果を生じる.(例:Fe/Cu 多層膜)
サイズが電子のド・ブロイ波長程度になると, 電子の閉じ込めや干渉による量子サイズ効果を受けるが, 磁性体と非磁性体の界面ではスピンに依存する閉じ込めが起き, これによる磁気光

学効果が生じる．(例：Au/Fe/Au 超薄膜)
　サイズが原子のオーダーになると，人工的な規則格子ができ，新たなバンド構造を示すため，その磁気光学効果は単なる構成物質の積層では説明できず，新しいバンドにおける遷移として解釈される．(例：Fe/Au 人工規則合金)
　磁性体・非磁性体人工構造においては，非磁性体に磁化が誘起されるため，非磁性体の磁気光学効果を考慮しなければならない．(例：Pd/Co 人工格子)

8.2　近接場磁気光学効果

　磁気光学効果を用いると磁区の観察ができるが，通常のレンズ光学系を用いて識別できる最小距離 d は回折限界で決まる値 $d=0.6\lambda/NA$ より小さくすることができない．回折限界以下の微小な磁区の磁気光学イメージを得る方法として，近接場光学顕微鏡 (near-field optical microscope) を紹介する．

　全反射光学系において媒質1の屈折率が媒質2の屈折率より小さいとき，媒質2から入射した光のうち臨界角より大きな入射角をもつものは，媒質1へ伝搬することができず，全反射する．このとき，媒質1側には境界面から垂直方向に指数関数的に減衰する電磁界(エバネセント波)が存在する．このような光の場を近接場とよぶ．この場の存在領域は光の波長よりはるかに短い．

　近接場が観測されるのは，全反射系に限ったことではない．図8.13に示すように伝搬する光の場の中に波長より小さな微小物体(直径 d の球とする)を置くと，この物体中には電気双極子が誘起されるが，この双極子がつくる振動電界のうち小球の直径程度のごく近傍には伝搬せず距離とともに減衰する電磁界が存在する．この光の場が近接場である．この近接場の中に光の波長より小さな微小散乱体を置くと，近接場光は散乱されてふたたび伝搬光となるので，波長より小さな散乱体を観測することが可能になる．

　このような近接場を用いて光の波長より小さな物体を観測する近接場顕微鏡のアイデアはかなり以前から提案されていたが，長い間実現しなかった．実用的な SNOM の原型は1984年に Pohl らが提示した[26]．最初のイメージングは1985年になされ，

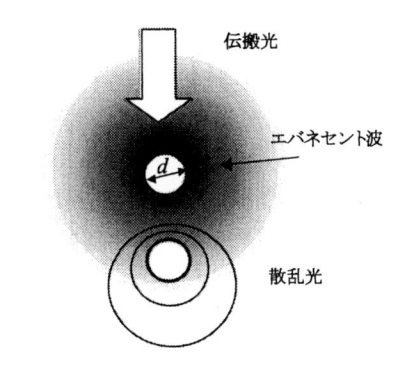

図8.13　微小物体に誘起された電気双極子がつくる振動電界のうち，小球の直径程度のごく近傍に存在する伝搬せず距離とともに減衰する電磁界

20 nm という高分解能が得られた[27]．その後，細く引き伸ばされたマイクロピペットを用い実用レベルの SNOM が実現した[28]．最近では，細く引き伸ばして絞った光ファイバーをプローブとして用いるのが主流である．

　細く絞ったファイバー光学系の先端に設けられた波長より小さな開口 (aperture) から漏れ出している近接場中に置かれた微小な構造によって散乱された光を検出する．このファイバープローブを物質の表面上で走査することにより光の回折限界以下の画像化を行うのが，走査型近接場光学顕微鏡 (scanning near-field optical microscope; SNOM) である．この方法は，ファイバープローブを光源側に使っているので，照射モード (illumination mode) の SNOM とよばれる．逆に，光を直接物質に照射し，試料表面付近に生じた近接場に置かれたファイバープローブ先端の開口で散乱され伝搬光に変換されたものを検出する方法がある．これを検出モード (detection mode) の SNOM という．一本のプローブを照射・検出モードの両方に使う場合もある．

　プローブと物体との距離を近接場の範囲に保つために最もよく使われるのが剪断力 (shear force) を用いた方法で，プローブを試料面と平行な方向に振動させておき，プローブを試料に近づけて生じた横方向の剪断力による振動数変化を，高さ調整用圧電アクチュエーターにフィードバックすることによって，試料・プローブ間距離を一定に保ち浮上させる．もう一つの方法は光ファイバーを折り曲げたものを原子間力顕微鏡 (AFM) のカンチレバーとして用い，ファイバーの背につけた鏡面状の平坦部を反射鏡として光挺子法で高さを制御する方法である．この場合にはファイバーを試料面に対して垂直に振動させ，試料との接近で共振曲線のスロープが変化することを利用してアクチュエーターにフィードバックする．いずれのモードにおいてもアクチュエーターへのフィードバック信号を利用することにより，光学像と同時にトポグラフ像も測定できる．

　SNOM に磁気光学を適用して微小な磁気構造を観察する研究は 1992 年の Betzig らによる報告[29]以来，盛んに行われるようになり，その後，数多くの研究が報告されるようになった．一般にファイバーを通る偏光は光弾性のため曲げによる応力や機械的な振動による複屈折を生じ偏光度が低下するので，ファイバープローブを用いて高コントラストの磁気光学偏光像を得ることは非常に難しい．筆者らは，図 8.14 (a) の構成図に示すような近接場磁気光学顕微鏡 (MO-SNOM) を開発した[30]．この SNOM はベントタイプのプローブ (図 8.14 (b)) を照射モードで用い，AFM モードにより制御している．磁気光学効果に対する感度を向上するため，第 6 章で述べた光弾性変調器 (PEM) による光学遅延変調

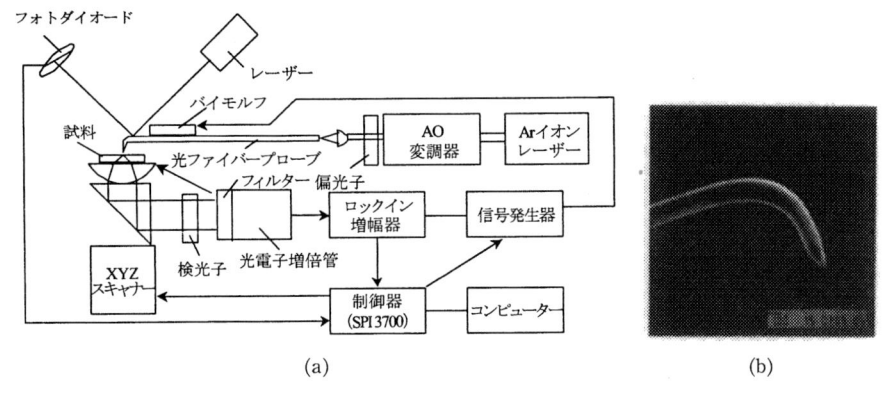

8.2 近接場磁気光学効果

図 8.14
(a) 開発した近接場磁気光学顕微鏡 (MO-SNOM)[30]
(b) ベントタイプの SNOM プローブ[30]

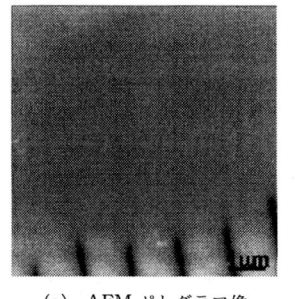

(a) AFM トポグラフ像　　(b) MO-SNOM 像

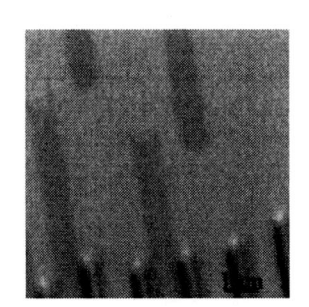

図 8.15 MO-SNOM で観測した Pt/Co 光磁気ディスクに記録された矢羽根型記録マーク[30]

法[31]を用いた.さらに,ストークスパラメーターを用いて光ファイバープローブの偏光性をチェックした結果,偏光度が1に近い良質のプローブは,たとえ複屈折による光学的遅延 (retardation) があったとしても光学的に補償可能であり,きれいな偏光画像を得ることができることを示した[32].図 8.15 は,Pt/Co 多層膜を記録媒体とする光磁気ディスクに記録された矢羽根型記録マーク(幅 1 μm,長さ 6 μm) の AFM トポグラフ像 (a) および MO-SNOM 像 (b) である.AFM トポグラフ像には右下部に案内溝 (groove) のイメージがみえるのみであるが,MO-SNOM 像には案内溝のない部分に記録磁区形状が明瞭にみられている.解像度は 0.1 μm 程度である.この実験に使用したプローブ先端の開口径は 80 nm である.プローブ先端と試料表面の距離は約 20 nm であった.溝のある

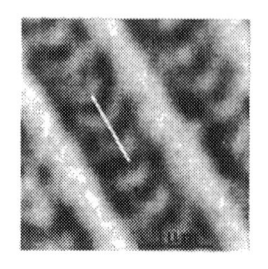

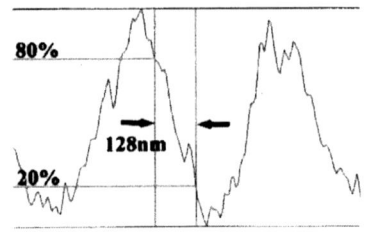

図 8.16 長さ 0.2 μm の記録マークの MO-SNOM 像[33]

部分では磁区像に黒い線状の像が重畳しているが,これは案内溝のゴーストで,プローブが凹凸をなぞっていく際の過渡現象が信号に現れているものと解釈される.このプローブを用いて Pt/Co 光磁気ディスクにレーザーストローブ磁界変調 (LS-MFM) 法で記録された長さ 0.2 μm の記録マークの MO-SNOM 像を図 8.16 に示す.ラインスキャンより求められた分解能は約 130 nm である[33].

● 8.2 節のまとめ
　近接場光とは,微小な電気双極子のごく近傍に存在する電磁界で,伝搬せず距離とともに急速に減衰する.近接場がそこに置かれた微小物体により散乱を受けると伝搬光に変換される.これを用いて光の回折限界を超えた微小領域の観察ができる.これを走査型近接場光学顕微鏡 (SNOM) という.
　細く絞った光ファイバーから洩れ出す近接場を用い,光の波長の 1/5 程度の分解能で微小磁区を磁気光学効果により観測することができる.

8.3　非線形磁気光学効果
8.3.1　非線形磁気光学効果の基礎[35]

通常の光学現象(透過,反射,屈折)においては,物質中に誘起される電気分極 P が光の電界 E に比例し,$P = \tilde{\chi}\varepsilon_0 E$ と表される.ここに $\tilde{\chi}$ は電気感受率で,P も E もベクトルであるから一般に $\tilde{\chi}$ はテンソル量である.数学的にはテンソルの成分を用いて,

$$P_i^{(1)} = \chi_{ij}^{(1)} \varepsilon_0 E_j \tag{8.2}$$

と書き表すことができる.ここに繰り返される添え字については和をとるというテンソル計算の約束に従う.光の電界が十分に弱いときには分極は式 (8.2) のように扱っても差し支えないが,光の電界が強くなると* もはや式 (8.2) は成り立

---

　* 入射光の強度(単位時間あたりのエネルギー密度)が 10 MW/cm² くらいから非線形効果が観測可能となるといわれている.通常の非線形光学の実験は 1 GW/cm² 程度の強度のレーザー光を用いて行われる.

たず，一般的に電気分極 $\boldsymbol{P}$ は電界 $\boldsymbol{E}$ のべき級数で展開することができ，

$$P_i = \varepsilon_0(\chi_{ij}^{(1)}E_j + \chi_{ijk}^{(2)}E_jE_k + \chi_{ijkl}^{(3)}E_jE_kE_l + \cdots) \tag{8.3}$$

と表すことができる．$\chi^{(n)}$ は n 次の電気感受率である．この効果を非線形光学効果とよぶ[36]．

2つの電磁波 $E_j(t)$（角周波数 ω_1）と $E_k(t)$（角周波数 ω_2）が時刻 $t=0$ で物質に印加されたとする．このときの2次の非線形分極 $\boldsymbol{P}^{(2)}(t)$ は，2次の電気感受率を用いて

$$P_i^{(2)}(t) = \int d\tau_1 d\tau_2 \chi_{ijk}^{(2)}(\tau_1, \tau_2) E_j(t-\tau_1) E_k(t-\tau_2) \tag{8.4}$$

のように畳み込み積分で与えられる．この式に

$$E_j(t) = \{E_{1j}\exp(i\omega_1 t) + E_{2j}\exp(i\omega_2 t) + cc.\} \tag{8.5}$$

を代入すると，2次の非線形分極として次式が得られる．

$$\begin{aligned}P_i^{(2)}(t) = &P_i^{(2)}(\omega_1+\omega_2)\exp\{i(\omega_1+\omega_2)t\} + P_i^{(2)}(\omega_1-\omega_2)\exp\{i(\omega_1-\omega_2)t\}\\ &+ P_i^{(2)}(0) + P_i^{(2)}(2\omega_1 t)\exp\{i2\omega_1 t\} + P_i^{(2)}(2\omega_2 t)\exp\{i2\omega_2 t\} + \text{cc.}\end{aligned} \tag{8.6}$$

ここに，各項の係数は $P_i^{(2)}(t)$ のフーリエ変換となっており，

$$P_i^{(2)}(\omega_1+\omega_2) = \chi_{ijk}^{(2)}(\omega_1+\omega_2 : \omega_1, \omega_2) E_j(\omega_1) E_k(\omega_2) \tag{8.7a}$$

$$P_i^{(2)}(\omega_1-\omega_2) = \chi_{ijk}^{(2)}(\omega_1-\omega_2 : \omega_1, \omega_2) E_j(\omega_1) E_k(\omega_2) \tag{8.7b}$$

などと書くことができる．ここに一般化された2次の電気感受率の表式 $\chi^{(2)}_{ijk}(\omega_3 : \omega_1, \omega_2)$ は，角周波数 ω_1, ω_2 の2つの波が入射し，角周波数 ω_3 の分極が生じた場合の感受率を表している．式(8.6)の第1項と第2項はそれぞれ和と差の周波数が得られることを表し，第3項は直流成分が，第4項と第5項は入射光の2倍の周波数成分が得られることを示している．第1項（和周波発生），第2項（差周波発生）を光パラメトリック過程，第3項を光整流過程，第4，5項を第2高調波発生（SHG：second harmonic generation）過程という．2次の非線形過程は3階のテンソルで表されるように3つの波が関与しているので3波混合ともよばれる．以下ではSHGの場合に話を限って記述する．

一般に非線形感受率テンソルは，媒質の点群に属する対称操作に対して不変である．その結果テンソルの要素のうちある要素はゼロとなり，ある要素は他の要素と関係をもつため，最終的には独立な要素の数は非常に少なくなる[37]．一般に，対象となる物質がどのような点群に属するかを知れば，3階のテンソルのうち消えない要素がどれとどれで，そのうちどれが独立な要素であるかを知ることができる．反転対称性がある場合には3階の感受率テンソルの全要素がゼロにな

る*．Fe, Co, Ni など磁性体の多くが反転対称をもつので，バルクの 3 階の感受率は有限な値をもたない．反転対称をもつ系でも SHG を示す場合がある．式 (8.3) の展開式は電場 E の変動が波長に比べて十分に緩やかな場合の近似である．電界が距離に対して大きく変動しているような系を考えると，電界は $E = E_0 + r\nabla E$ のように展開できるはずである．これを考慮すると非線形分極の式には四重極子項とよばれる $E\nabla E$ の項が必要であることがわかる．2 次の非線形分極 $P_i(2\omega)$ について $E\nabla E$ の項を含めて展開式を書き表すと，

$$P_i(2\omega) = \varepsilon_0 \chi_{ijk}{}^{(D)} E_j(\omega) E_k(\omega) + \chi_{ijkl}{}^{(Q)} E_j(\omega) \nabla_k E_l(\omega) + \cdots \tag{8.8}$$

となる．ここに添え字 i, j, k, l, m は x, y, z のいずれかを表している．(D) は電気双極子，(Q) は電気四重極子を表している．この場合には，3 階の感受率テンソルと，4 階の感受率テンソルの両方が必要となる．4 階のテンソルは反転対称をもつ系でも有限の値をもつが，バルク結晶内部では電界の変動は波長に比べ十分に滑らかであると考えられるのでこの項の寄与は通常無視される．しかし，界面の寄与が大きな薄膜，多層膜ではこの項を無視できない．

反転対称をもつ結晶であっても，表面や界面では反転対称性が破れるため $\chi_{ijk}{}^{(2)}$ は有限な値をもち，表面や界面に基づく電気双極子による SHG が生じる．たとえば，等方性の非磁性物質の表面では，$\chi_{xxz} = \chi_{xzx} = \chi_{yyz} = \chi_{yzy}$, $\chi_{zxx} = \chi_{zyy}$, χ_{zzz} の 3 成分のみが 0 でない値をもちうる．すなわち，

$$\chi^{(2)(D)} = \begin{bmatrix} 0 & 0 & 0 & 0 & \chi_{xxz} & 0 \\ 0 & 0 & 0 & \chi_{xxz} & 0 & 0 \\ \chi_{zxx} & \chi_{zxx} & \chi_{zzz} & 0 & 0 & 0 \end{bmatrix} \tag{8.9}$$

と表すことができる．したがって，SHG は反転対称をもつ物質の表面・界面に特有の物性を調べるための有用な手段となる．

非線形磁気光学効果は，SHG 過程で磁性体表面に生じた非線形分極がもとになって左右円偏光に対して生じる光学応答の差に起因する．この場合の波動方程式は，表面に非線形分極 $P^{(2)}(2\omega)$ が存在してこれがソース項として働くと考えて，次式のように表すことができる．

$$\text{rot rot } E(2\omega) + \frac{\tilde{\varepsilon}}{c^2} \frac{\partial^2}{\partial t^2} E(2\omega) = -\frac{1}{\varepsilon_0 c^2} \frac{\partial^2}{\partial t^2} P^{(2)}(2\omega) \tag{8.10}$$

ここに $P^{(2)}(2\omega)$ は入射光の電界 $E(\omega)$ によって磁性体に誘起された非線形分極で，電気双極子の範囲では

---

* χ_{ijk} という感受率テンソルを考えよう．このテンソルは積 $x_i x_j x_k$ と同じ変換を受ける．反転操作を施すと $x_i x_j x_k$ は $(-x_i)(-x_j)(-x_k) = -x_i x_j x_k$ になる．したがって，反転対称をもつと $\chi_{ijk} = -\chi_{ijk}$ となり，テンソル要素は消える．

$$P_i^{(2)}(2\omega)=\chi_{ijk}^{(2)}(2\omega,\omega,\omega)E_j^{(1)}(\omega)\cdot E_k^{(1)}(\omega) \tag{8.11}$$

のように表される.

もし物質が反転対称をもっているならばバルクの $P^{(2)}(2\omega)$ は存在しないが,界面においては対称性が破れるため非線形分極 $P^{(2)}(2\omega)$ は有限の値をもつ.つまり電気双極子起源の非線形分極は界面にのみ形成される.

式 (8.10) の解は,斉次方程式の一般解と非斉次方程式の特殊解の和となる.斉次方程式の解は,線形の場合と同様に透過第 2 高調波に対する複素屈折率

$$N_t^{\pm}=\varepsilon_{xx}(2\omega)\pm i\varepsilon_{yz}(2\omega)\sin\theta_{2t} \tag{8.12}$$

を与えるが,これは角振動数 2ω における通常の線形の磁気光学効果であるからあまり大きな効果を生じることはない(ここに θ_{2t} は 2ω の光の媒体側の屈折角である).一方,非斉次部分は屈折率 $N_t^{\pm}$ には依存せず 2 次の表面応答関数 $\chi^{(2)}$ のみに結びつく特殊解を与える.ここで,フレネルの公式を使って左右円偏光について反射光の電界の振幅 $E^{\pm}$ (±は左,右円偏光に対応) を計算し,線形の場合と同様に

$$\tan\Psi_K^{(2)}=\theta_K^{(2)}+i\eta_K^{(2)}=i\frac{E^{+(2)}(2\omega)-E^{-(2)}(2\omega)}{E^{+(2)}(2\omega)+E^{-(2)}(2\omega)} \tag{8.13}$$

の式を使って複素カー回転角を求める.Pustogowa らの理論解析[38]によれば非線形複素カー回転角 $\Psi_K^{(2)}$ は次式のように表すことができる.

$$\tan\Psi_K^{(2)}=i\left(\frac{\chi^{(2)\mathrm{odd}}}{\chi^{(2)\mathrm{even}}}+\text{高次項}\right) \tag{8.14}$$

ここに $\chi^{(2)\mathrm{even}}$ および $\chi^{(2)\mathrm{odd}}$ は,$\chi^{(2)\pm}=\chi^{(2)\mathrm{even}}\pm i\chi^{(2)\mathrm{odd}}$ と表したときの実数部と虚数部で,前者は非磁性項(M について偶),後者は磁性項(M について奇)である.

線形磁気光学効果と非線形磁気光学効果の大きな違いは 2 つある.一つは,線形の場合のカー効果は χ_{xy}/χ_{xx} のように非対角成分と対角成分の比で与えられており,一般にこの比は 1 よりかなり小さいのに対し,非線形カー効果は式 (8.14) に示したように $\chi^{(2)\mathrm{odd}}/\chi^{(2)\mathrm{even}}$ という比で与えられ,同程度のテンソル要素どうしの比であることである.

もう一つは,線形の場合には 3.6.1 項に述べたように $1/(1-\varepsilon_{xx})\varepsilon_{xx}^{1/2}$ の因子がかかることによって $\Psi_K^{(1)}$ を小さくしているのに対し,非線形磁気光学効果の場合にはこのような因子が存在しないことである.これは,非線形磁気光学効果が左右円偏光に対する屈折率の差から生じるのではなく,式 (8.10) のソース項である界面の非線形分極 $P^{(2)}(2\omega)$ から生じていることに原因している.

8.3.2 磁化がある場合の非線形感受率テンソル

式 (8.8) の P を磁界の関数として表すと，

$$P_i^{(2)}(M) = \chi_{ijk}^{(D)}(M) E_j E_k + \chi_{ijkl}^{(Q)}(M) E_j \nabla_k E_l + \cdots \tag{8.17}$$

と書ける．ここでも繰り返される添え字については和をとるということが暗黙に約束されている．(D) は電気双極子，(Q) は電気四重極子を表す．8.3.1 項に述べたように，反転対称をもつ物質においてはバルクの $\chi^{(D)}$ は 0 となるが，表面では対称性の破れのため有限の値をもつ．電気四重極子の項は反転対称をもつバルクにおいても現れるが，一般に電気双極子の項に比べ寄与が小さいと考えられている．

一方，磁化 M の存在そのものは対称性の破れにつながらない．なぜなら，M は軸性ベクトルなので反転対称によっても向きを変えないからである．このことは，中心対称をもつ系では，磁化が存在するだけではバルクからの電気双極子による SHG は生じないことを意味し，磁化された試料でも MSHG の表面界面敏感性は成立する．しかし，磁化 M が存在することによって表面の対称性が低下するため，テンソル成分に新たにゼロでない要素が現れる．

このような対称性のもとでの非線形感受率を考察する．電気双極子の寄与のみを考える[39]．表 8.1 には縦カー効果，横カー効果，極カー効果における M について偶，奇それぞれの電気双極子感受率 $\chi_{ijk}^{(D)}$ の独立な要素を書き出してある[40]．

一例として，図 8.17 に示す縦カー配置 $(M /\!/ x)$ で，S 偏光 (E_y) が入力された場合を考える．SHG は添え字 j, k が等しい $(E_j = E_k)$ 場合であるから，S 偏光では，$j = k = y$ の場合が対象となる．表 8.1 から M について偶関数の項は $\chi^{(2)}_{zyy}$ のみであり，$i = z$ であるから P 偏光が出力され，M について奇関数の項は $\chi^{(2)}_{yyy}$ のみであることから S 偏光が出力されることがわかる．したがって，合成された偏光の方向は磁化の向きに依存して変化することが理解されよう．

一方，横カー配置 $(M /\!/ y)$ で S 偏光が入射したとき，表 8.1 の第 2 行より M

表 8.1 磁化がある場合の非線形感受率テンソル[40]

	M について偶	M について奇
縦カー配置 $M /\!/ x$	$\chi_{yzy} = \chi_{yyz}$, $\chi_{xzx} = \chi_{xxz}$ χ_{zzz}, χ_{zyy}, χ_{zxx}	$\chi_{xyx} = \chi_{xxy}$, $\chi_{zyz} = \chi_{zzy}$ χ_{yzz}, χ_{yyy}, χ_{yxx}
横カー配置 $M /\!/ y$	$\chi_{xxz} = \chi_{xzx}$, $\chi_{yyz} = \chi_{yzy}$ χ_{zxx}, χ_{zyy}, χ_{zzz}	$\chi_{yxy} = \chi_{yyx}$, $\chi_{zxz} = \chi_{zzx}$ χ_{xxx}, χ_{xyy}, χ_{xzz}
極カー配置 $M /\!/ z$	$\chi_{xxz} = \chi_{xzx} = \chi_{yyz} = \chi_{yzy}$ $\chi_{zxx} = \chi_{zyy}$, χ_{zzz}	$\chi_{xyz} = \chi_{xzy} = -\chi_{yxz} = -\chi_{yzx}$ $\chi_{zxy} = \chi_{zyx}$

について偶関数の項は $\chi^{(2)}_{zyy}$, 奇関数の項は $\chi^{(2)}_{xyy}$ のみで, $i=z$, x であるからいずれも P 偏光である. したがって, 横カー配置では磁気旋光は起きない. しかし強度は磁化依存性を示し,

$$I_{2\omega}(\pm M) = |\alpha \chi^{(2)\text{even}}_{zyy} \pm \beta \chi^{(2)\text{odd}}_{xyy}|^2 \quad (8.15)$$

のように与えられる. ここに α, β は入射ビームと出力ビームについてのフレネル因子を含む係数である. この式から, 反射光強度は磁

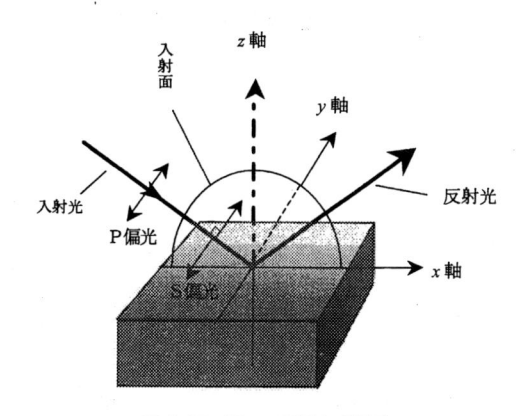

図 8.17 縦カー配置と座標系

化 M に依存して変化することがわかる. したがって, 横カー配置でも非線形磁気光学効果を測定できる. 時間反転対称の破れのため, 散逸項のない場合 $\chi^{(2)\text{even}}$ は実数, $\chi^{(2)\text{odd}}$ は虚数でなければならないことが導かれる.

8.3.3 非線形磁気光学効果の実験的検証

a. MSHG の測定装置　初期の実験は Nd:YAG の Q スイッチパルスレーザーを用いて測定された[41,42]. したがって, 生のデータはかなりのノイズを含んだものであった. その後, 繰り返し周期の高いチタンサファイアレーザーが使われるようになって[43], 実験の信頼性ははるかに向上し研究の幅も広がった.

一例として, 筆者らが用いている装置の概略を図 8.18 に示す[44]. 使用した光源はモードロックパルス Ti-サファイアレーザー (波長 810 nm, 繰り返し 80 MHz, パルス幅 150 fs) である. 偏光方向はベレック補償子を回転することにより任意の方向に設定される. レーザービームはレンズ 1 によって試料上に 50 μm 程度のスポットに絞られる. 集光時のピーク光密度は試料面上で 0.5 GW/cm^2 に達する. 色フィルター1 は, 試料に照射される前に生成された第 2 高調波 (SH) を取り除く. 試料は電磁石の磁極の間におかれ, 縦カー配置をとる. レンズ 2 は紫外線透過レンズで, SH 光をフォトマルに集光する. チョッパーは試料に当たる平均光強度を下げ, 試料の損傷を防ぐためのものである. SH 光は色ガラスフィルターで選択され, フォトンカウンティング法で測定される. 反射されてきた 1 次光と発生した SH 光の強度比が非常に大きいので, フィルターの選択が非常に重要な意味をもつ. 試料は SH 光強度の方位角依存性を測定するため, コンピューター制御の回転ステージに取りつけられている. また, 非線形

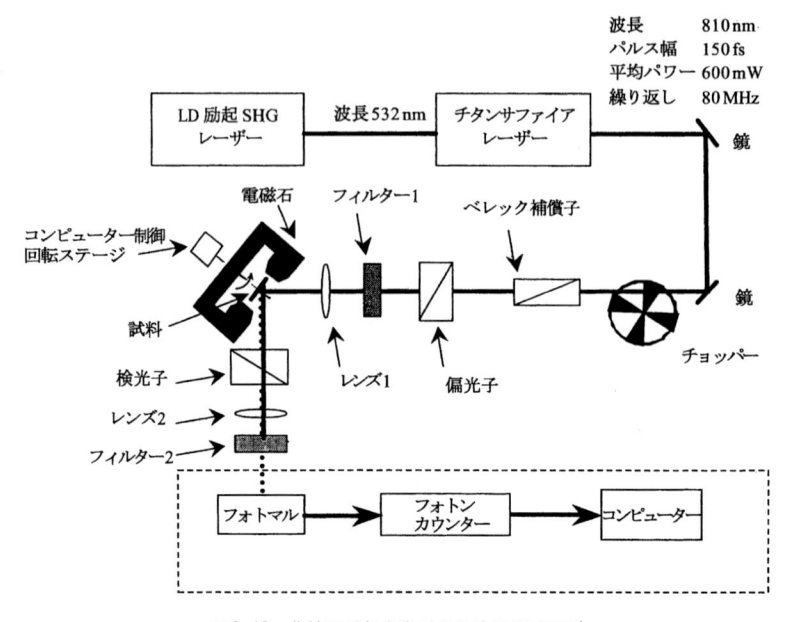

図 8.18　非線形磁気光学効果測定系模式図[44]

カー回転の測定のために，検光子もコンピューター制御で回転できるようになっている．

b. 磁気誘起第2高調波発生(MSHG)と非線形カー効果　磁性体に強い光を入射したときに出射される第2高調波(SH)光が受ける磁気光学的応答を磁気誘起第2高調波発生(MSHG: magnetically induced second harmonic generation)とよんでいる．MSHGの実験データは，1990年のAktsipetrovのBi添加磁性ガーネット薄膜についての研究[41] (1～4°)および1991年のReifらのFe表面についての研究[42]が最初である．しかし，この頃のデータはばらつきが多く必ずしも信頼性が高いとはいえなかった．Spieringsらは1993年埋め込まれたCo/Auの境界面における非線形磁気光学効果を測定している[43]．Reifらは1993年PtMnSbについて14°という大きな値を報告した[44]．MSHGは1994年以降急速に研究が進み，次々に信頼性のあるデータが報告されるようになった．ここではその数例を紹介する．

c. Fe超薄膜および単結晶の非線形カー効果　Pustogowaらは，バンド計算に基づいてFeの非線形磁気光学スペクトルを理論的に導き，線形の場合に比べかなり大きな値をもつことを予言した[38]．

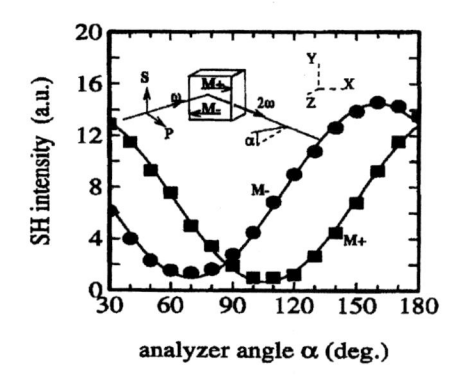

図 8.19 Fe からの MSHG 強度の検光子角度依存性[40]
M_+ と M_- の 2 つの曲線が極小をとる角度の差は，非線形カー回転角 $\theta_K^{(2)}$ の 2 倍を与える．

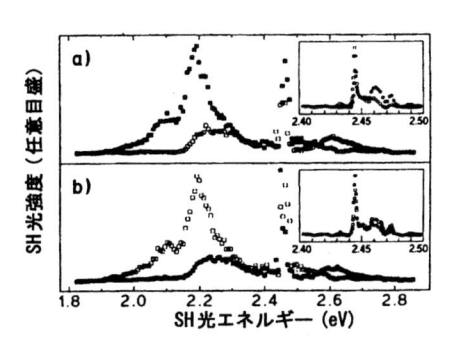

図 8.20 反強磁性体 Cr_2O_3 の SHG スペクトル[48]
白丸は右円偏光，黒丸は左円偏光による．(a) と b) とは異なる反強磁性磁区からの SHG を観測したもの)

これを受けて，Rasing らはスパッター法で作製した Fe/Cr 膜において非線形磁気光学効果を測定した[46,47]．測定にはチタンサファイアレーザーを用いた測定系を使用した．図 8.19 は，縦カー効果の配置で S 偏光 (波長 770 nm) を 45° 斜め入射したときの出射光の第 2 高調波成分の偏光性を，検光子回転により測定した出力の偏光依存性である．この曲線は磁化の向きに依存して大きなシフトを示す．M_+ と M_- の 2 つの曲線が極小をとる角度の差は，カー回転角 $\theta_K^{(2)}$ の 2 倍を与える．図の場合，非線形カー回転角 $\theta_K^{(2)}$ は 17° であることがわかる．同じ配置で線形の縦カー回転角 $\theta_K^{(1)}$ を測定したところ 0.03° であった．非線形カー効果は，線形カー効果に比べ大きな値をもつことが証明された．

非線形磁気光学効果の入射角依存性が，Fe のひげ (ウィスカー) 単結晶を用いて測定された．縦磁気カー効果は，線形の場合には入射角が 0 に近づくと減少するのに対し，非線形の場合には入射角が減少するとともに増加し，垂直入射 (入射角 0) 付近では 80° 以上の非常に大きな値をもつ．

d. 反強磁性体の非線形磁気光学効果 線形磁気光学効果は反強磁性体では観測されないが，非線形磁気光学効果は有限の値をもつことが報告されている．Fiebig らは，図 8.20 に示すような反強磁性体 Cr_2O_3 の SHG スペクトルを報告している[48]．SHG スペクトルは左右円偏光に対し異なる応答を示したが，ネール温度 (T_N) 以上では一致した．反強磁性ベクトルの異なる磁区では左右の応答は逆転した．磁気対称性を考慮した理論によれば，SHG 強度は非線形磁化に基づく 3 階の磁気双極子感受率による項，非線形分極に基づく 3 階の電気双極子感

受率，および両者の干渉項でからなり，左右円偏光を逆転するか，時間を反転する(つまり反強磁性ベクトルを反転)ことによって符号を変える．反強磁性体の非線形磁気光学のスペクトルは，Tanabe らにより磁気点群を考慮した理論によって説明された[49]．

e. エピタキシャル Fe/Au 人工格子膜の MSHG と非線形カー回転　筆者らは，MgO 単結晶基板上に形成されたさまざまな層厚 x (ML) の [Fe(xML)/Au(xML)]$_N$ 人工格子(8.1.3項参照)について，S 偏光入射および P 偏光入射に対する SH 光強度の試料方位依存性を測定した．この結果，Fe/Au 人工格子から出射される SH 光の強度は基板結晶の方位に依存して大きく変化すること，すなわち SH 光の強度は明瞭な 4 回対称のパターンを示すことなどを見いだした．また，このパターンの形状は入射光と出射光の偏光の組み合わせによって大きく異なること，磁界を反転するとこのパターンは最大 45° 回転することなどが明らかになった[50]．図 8.21 には，一例として $x=3.5$ の層厚をもつ Fe/Au 人工格子について観測された MSHG の試料方位角依存性を，入射 S 偏光と出射 P 偏光の場合について示す[51]．非線形カー回転角は，線形の場合の値(0.3° 程度)に比べ桁違いに大きい．回転角は層厚 x および結晶方位角に依存するが，最も大きな回転角は $x=1.75$ ML の場合に生じ，SHG 強度の検光子回転角依存性(図8.22) より S_{in} の場合に 31° に達することがわかった[52]．非線形カー回転角も SH 光強度と同様に 4 回対称の方位角依存性を示した[53]．この研究を通じて，SHG および非線形カー回転の方位角依存性およびその磁場方向依存性は，表面の結晶対称性による非線形電気感受率テンソル(電気双極子起源) $\chi^{(D)}_{ijk}$，表面における磁気対称性を反映した非線形電気感受率テンソル $X_{ijkL}M_L$ および電気四重極子

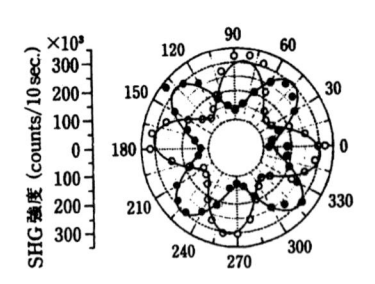

図 8.21　Fe(3.5 ML)/Au(3.5 ML) 人工格子について観測された MSHG の試料方位角依存性[51]
(S 偏光入射，P 偏光出射の場合について示す)

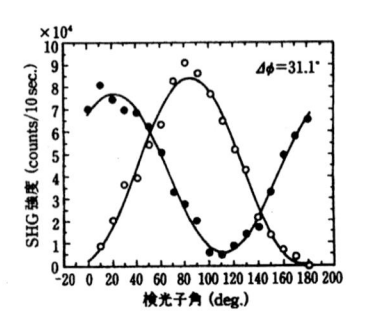

図 8.22　Fe(1.75 ML)/Au(1.75 ML) 人工格子について観測された SHG 強度の検光子回転角依存性[52]

起源のテンソル $\chi^{(Q)}_{ijkl}$ の対称性を用いて説明できることが明らかになった.

● 8.3 節のまとめ
　非線形磁気光学効果…金属に強いレーザーを照射したときに生じる第 2 高調波 (SH) 光に現れる磁性の影響を磁気誘起第 2 高調波発生 (MSHG) と呼ぶ. この効果は表面や界面の状態に敏感であり, 人工格子などの界面における磁性のモニターとして有効である.
　SH 光の偏光が入射偏光から回転する効果を非線形カー効果 (NOMOKE) という. 線形カー効果に比べ, 桁違いに大きな回転角を示す. 入射角が小さいほど大きな効果がみられる.
　MSHG, NOMOKE の試料方位角依存性には, 試料の磁気対称性を反映したパターンがみられる.

8.4　X 線吸収端の MCD と X 線顕微鏡

　シンクロトロン放射光 (SR) を用いた分光研究の特徴は, 内殻に関係した光学遷移を観測できることである. 強磁性体を構成する原子の X 線吸収端付近の吸収スペクトルを SR で測定すると磁気円二色性 (以下, XMCD と略称) がみられる. XMCD スペクトルは特定の原子の位置における局所的な磁気モーメントのプローブとして用いることができる. 放射光による磁性研究については圓山[54]によるすぐれた解説があるので詳細はそちらを参照されたい.
　ここでは簡単に XMCD の物理的起源を紹介する[55]. 円偏光光子のエネルギーが特定の原子の L 内殻準位* の束縛エネルギー以上になると, $2p_{1/2}(L_2), 2p_{3/2}(L_3)$ の電子は d 対称性の終状態にのみ遷移する. 電気双極子遷移の選択則により右円偏光では磁気量子数が 1 増加する遷移のみが許容され, 左円偏光では 1 減少する遷移のみが許容される.
　図 8.23 は 3d 遷移金属の $L_{2,3}$ 吸収に関与するエネルギー準位図と遷移の様子を示している. 簡単のため, 3d の多数スピン電子のエネルギー帯は完全に占有されており, 少数スピン電子のエネルギー帯は部分的に占有されているとする (Ni ではこの仮定が成立している). このとき L 殻から多数スピン 3d 帯への遷移は起きず, 少数スピン 3d 帯への遷移のみを考えればよいので, 図には少数スピンについてのみ図示してある. 実線は右円偏光による遷移 ($\Delta l = +1$), 破線は左円偏光による遷移 ($\Delta l = -1$) を表し, カッコの中の数値は相対的な遷移確率である. 図のいちばん上には終状態である 3d 電子帯の占有の様子を描いてある. もし, 図 8.23 (a) のように, どの m_d 状態も同じ占有状態となるならば軌道角運動量が消失しており, スペクトルの形状は図 8.24 (a) のように L_3 と L_2 の XMCD

---
*　ここでは L 内殻を取り上げたが, M 殻 ($3p_{1/2,3/2} \to 3d$) でも基本的には同じである.

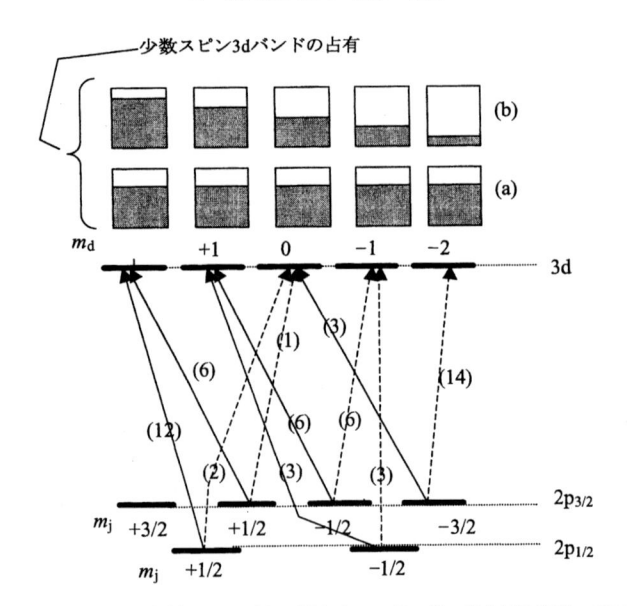

図 8.23 3d 遷移金属の $L_{2,3}$ 吸収に関与するエネルギー準位図と遷移の様子
(a) どの m_d 状態も同じ占有状態となる場合（軌道角運動量の消失状態）
(b) m_d ごとに占有の様子が異なる場合[55]

は対称的な形状となる．これに対して図 8.23(b) のように m_d ごとに占有の様子が異なるならば，図 8.24(b) のように非対称な形となる．

XMCD を測定することによって局所的な磁化が見積もられる．右左円偏光に対する吸収係数の差（MCD）$\Delta\mu$ は $|M(E)|^2 \cdot \langle\sigma_z\rangle \cdot \Delta\rho$ のように非占有バンドのスピン密度分布 $\Delta\rho = \rho^+(E) - \rho^-(E)$ に比例するが*，これはホールのモーメントと定義される．これは実際の局在モーメントと大きさが同じで，符号が逆である．したがって，XMCD から局所的な磁化を推測することができる．

SR は電子シンクロトロンにおいて，ベンディングマグネットで電子の軌道を曲げるときに出射するが，この軌道面から上下にわずかに外れた方向に出射するビームは左または右円偏光となっており，上下のビームを切り替えて測定すれば，その差から XMCD が得られる．この方法では光強度は弱く，偏光度も 60～80% 程度であった．Schütz のグループは非常にていねいで大がかりな実験を行って，多くの磁性体において XMCD を観測した[56]．Chen らは Ni の L_2, L_3 吸

---

* $|M(E)|^2$ は E というエネルギーをもつ光子に対する遷移確率，$\langle\sigma_z\rangle$ は平均の磁気モーメントを表している．

8.4 X線吸収端のMCDとX線顕微鏡

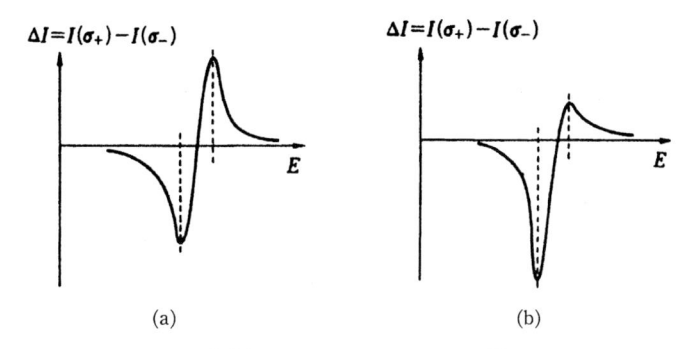

図8.24 $L_{2,3}$吸収スペクトルの形状[55]
(a) どのm_d状態も同じ占有状態となる場合(L_3とL_2のXMCDは対称的な形状)
(b) m_dごとに占有の様子が異なる場合(L_3とL_2のXMCDは非対称)

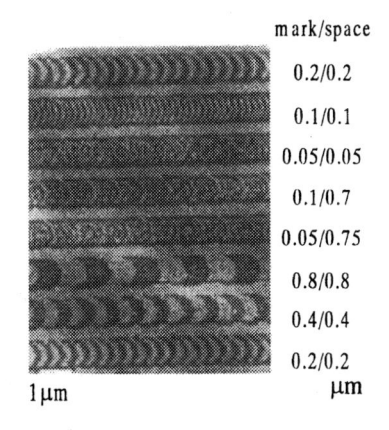

図8.25 透過型X線顕微鏡で観察した光磁気ディスクの磁区パターン[61]

収端のXMCDの測定を行い，L_2とL_3とのスペクトル形状の非対称性を発見した[57]．このスペクトル形状は図8.23(b)に示された3d電子帯での軌道の占有のアンバランスが原因となっており，軌道角運動量が消失していないことが原因とされた[58]．

最近相次いで建設された第3世代のSRストレージリングにおいては，非対称な挿入装置(たとえば，軟X線領域のヘリカルウィグラー，アンジュレーター)を有し偏光度が100%におよぶ高輝度円偏光が得られるようになったので，これを用いて非常にSN比の高いXMCDスペクトルが測定されるようになった[59]．

FischerらはXMCDを用いた磁気光学顕微鏡を開発した．X線領域でX線

ビームを集光するために，フレネル帯板 (Fresnel zone plate) の一種のコンデンサーゾーンプレート (condenser zone plate ; CZP) を用いた．これによってサブミクロンのサイズにまで集光することが可能となっている[60]．図 8.25 は透過型 X 線顕微鏡で観察した光磁気ディスクの磁区パターンである[61]．25 nm という高分解能が得られている．

● 8.4 節のまとめ

XMCD…強磁性体において軌道角運動量の占有が非対称である場合右円偏光による遷移と左円偏光による遷移はうち消されず，内殻吸収端の MCD が観測される．XMCD は，特定の元素位置における磁気モーメントの決定，磁区観測などに用いることができる．
放射光を用いて高分解能の X 線磁気顕微鏡をつくることができ，磁気記録された微小磁区が観測されている．

参考文献

1) T. Katayama, H. Awano and N. Koshizuka : J. Phys. Soc. Jpn. **55** (1986) 2539.
2) K. Sato, H. Kida and T. Katayama : Jpn. J. Appl. Phys. **27** (1988) L237.
3) J. Zak, E. R. Moog and S. D. Bader : J. Magn. Magn. Mater. **89** (1990) 107.
4) K. Ohta, A. Takahashi, T. Deguchi, T. Hyuga, S. Kobayashi and H. Yamaoka : SPIE **382** (1983) 252.
5) 鈴木義茂，片山利一：応用物理学会誌 **63** (1994) 1261.
6) 片山利一，鈴木義茂：日本応用磁気学会誌 **20** (1996) 764.
7) Y. Suzuki, T. Katayama, S. Yoshida, K. Tanaka and K. Sato : Phys. Rev. Lett. **68** (1992) 3355.
8) Y. Suzuki, T. Katayama, A. Thiaville, K. Sato, M. Tanioka and S. Yoshida : J. Magn. Magn. Mater. **121** (1993) 539.
9) K. Takanashi, S. Mitani, M. Sano, H. Fujimori, H. Nakajima and A. Osawa : Appl. Phys. Lett. **67** (1995) 1016.
10) K. Takanashi, S. Mitani, H. Fujimori, K. Sato and Y. Suzuki : J. Magn. Magn. Mater. **177-181** (1998) 1199.
11) K. Sato, E. Takeda, M. Akita, M. Yamaguchi, K. Takanashi, S. Mitani, H. Fujimori and Y. Suzuki : J. Appl. Phys. **86** (1999) 4985.
12) 山口正剛，日下部鉄也，浅野摂郎：日本応用磁気学会誌 **22** (1998) 1401.
13) 金子正彦：表面技術 **45** (1994) 33.
14) P. F. Carcia : J. Appl. Phys. **63** (1988) 1426.
15) K. H. J. Buschow, P. G. van Engen and R. Jogerbreur : J. Magn. Magn. Mater. **38** (1983) 1.
16) K. Nakamura, S. Tsunashima, S. Iwata and S. Uchiyama : IEEE Trans. Magn. **MAG-25** (1989) 3758.
17) S. Hashimoto, Y. Ochiai and K. Aso : Jpn. J. Appl. Phys. **28** (1989) L1824.
18) W. B. Zeper, F. J. A. M. Greidanus, P. F. Carcia and C. R. Fincher : J. Appl. Phys. **65**

参 考 文 献

(1989) 4971.
19) K. Sato, H. Hongu, H. Ikekame, J. Watanabe, K. Tsuzukiyama, Y. Togami, M. Fujisawa and T. Fukazawa : Jpn. J. Appl. Phys. **31** (1992) 3603.
20) K. Sato : J. Magn. Soc. Jpn. **17**, Suppl. S1 (1993) 11.
21) G. Schütz, R. Wienke, W. Whilhelm, W. B. Zeper, H. Ebert and K. Sprt : J. Appl. Phys. **67** (1990) 4456.
22) G. Schütz, R. Wienke, W. Whilhelm, W. Wagner, P. Kienle, R. Zeller and R. Frahn : Z. Phys. B-Cond. Matt. **75** (1989) 495.
23) H. Ebert and H. Akai : J. Appl. Phys. **67** (1990) 4798.
24) 中村公夫, 綱島　滋, 岩田　聡, 内山　晋：日本応用磁気学会誌 **13** (1989) 389.
25) Y. Tosaka, H. Ikekame, K. Urago, S. Kurosawa, K. Sato and S. C. Shin：日本応用磁気学会誌 **18** (1994) 389 (in English).
26) D. W. Pohl, W. Denk and M. Lanz : Appl. Phys. Lett. **44** (1984) 651.
27) D. W. Pohl, W. Denk and U. Durig : Proc. SPIE **565** (1985) 56.
28) E. Betzig, J. K. Trautman, T. D. Harris, J. S. Weiner and R. L. Kostelak : Science **251** (1991) 1468.
29) E. Betzig, J. K. Trautman, R. Wolfe, E. M. Gyorgy, P. L. Finn, M. H. Kryder and C.-H. Chang : Appl. Phys. Lett. **61** (1992) 142.
30) K. Sato, T. Ishibashi, T. Yoshida, J. Yamamoto, A. Iijima, Y. Mitsuoka and K. Nakajima : J. Magn. Soc. Jpn. **23**, Suppl. S1 (1999) 201.
31) K. Sato : Jpn. J. Appl. Phys. **20** (1981) 2403.
32) 吉田武一心, 山本　仁, 飯島文子, 石橋隆幸, 佐藤勝昭, 中島邦雄, 光岡靖幸：日本応用磁気学会誌 **23** (1999) 1960.
33) 佐藤勝昭：固体物理 **34** (1999) 681.
34) Th. Rasing : "Nonlinear Optics in Metals", ed. by K. H. Bennemann (Oxford University Press, Oxford, 1998) chap. 3, p. 132.
35) 佐藤勝昭：日本応用磁気学会誌 **21** (1997) 879.
36) Y. R. Shen : "The Principles of Nonlinear Optics" (John Wiley & Sons, New York, 1984).
37) 小川智哉：「結晶物理工学」(裳華房, 1976).
38) U. Pustogowa, W. Hübner and K. H. Bennemann : Phys. Rev. **B49** (1994) 10031.
39) Ru-Pin Pan, H. D. Wei and Y. R. Shen : Phys. Rev. **B39** (1989) 1229.
40) Th. Rasing : "Nonlinear Magneto-optics for Magnetic Thin Films"; Textbook at Aalborg Summer School (1995) (unpublished) 表8.1はこの文献に従う. 文献42)に掲載された同様の表には誤りがあると Rasing は指摘している.
41) O. A. Aktsipetrov, O. V. Braginskii and D. A. Esikov : J. Quantum Electron. **20** (1990) 259.
42) J. Reif, J. C. Zink, C. M. Schneider and J. Kirschner : Phys. Rev. Lett. **67** (1991) 2878.
43) G. Spierings, V. Koutsos, H. A. Wierenga, M. W. J. Prins, D. Abraham and Th. Rasing : J. Magn. Magn. Mater. **121** (1993) 109.
44) 佐藤勝昭, 宮本大成, 児玉彰弘, 高梨弘毅, 藤森啓安, A. V. Petukhov and Th. Rasing : 固体物理 **35** (2000) 559.
45) J. Reif, C. Rau and E. Matthias : Phys. Rev. Lett. **71** (1993) 1931.

46) B. Koopmans, M. Groot Koerkamp, Th. Rasing and H. van der Berg : Phys. Rev. Lett. **74** (1995) 3692.
47) Th. Rasing, M. Groot Koerkamp and B. Koopmans : J. Appl. Phys. **79** (1996) 6181.
48) M. Fiebig, D. Fröhlich, G. Sluyterman and R. V. Pisarev : Appl. Phys. Lett. **66** (1995) 1016.
49) Y. Tanabe, M. Fiebig and E. Hanamura : "Magneto-Optics", ed. by S. Sugano and N. Kojima (Springer, Berlin, 1999) chap. 4, p. 107.
50) K. Sato, S. Mitani, K. Takanashi, H. Fujimori, A. Kirilyuk, A. V. Petukhov and Th. Rasing : J. Magn. Soc. Jpn. **23** (1999) 352.
51) 佐藤勝昭，児玉彰弘，宮本大成，Th. Rasing and 高梨弘毅：電気学会マグネティクス研究会資料 **MAG00-13** (1999) 19.
52) 佐藤勝昭：固体物理 **35** (2000) 559-569.
53) K. Sato, A. Kodama, M. Miyamoto, K. Takanashi and Th. Rasing : J. Appl. Phys. **87** (2000) 6785.
54) 圓山　裕：日本応用磁気学会誌 **22** (1998) 1369.
55) 小出常晴：応用物理 **63** (1994) 1210.
56) G. Schütz, R. Frahm, R. Wienke, W. Wilhelm, W. Wagner and P. Kienle : Rev. Sci. Instrum. **60** (1989) 1661.
57) C. T. Chen, F. Sette, Y. Ma and S. Modesti : Phys. Rev. **B42** (1990) 7262.
58) T. Jo and G. A. Sawatzky : Phys. Rev. (RC) **B43** (1991) 8771.
59) G. Schütz, P. Fischer, K. Attenkofer, M. Knülle, D. Ahlers, S. Stähler, C. Detlefs, H. Ebert and F. M. F. DeGroot, J. Appl. Phys. **76** (1994) 6453.
60) P. Fischer, T. Eimüller, G. Schütz, P. Guttmann, G. Schmahl, P. Pruegl and G. Bayreuther : J. Phys. **D31** (1998) 649.
61) P. Fischer, T. Eimüller, S. Glück, G. Schütz, S. Tsunashima, M. Kumazawa, N. Takagi, G. Denbeaux and D. Attwood : J. Magn. Soc. Jpn. **25** (3001) 186.

9. さらなる発展をめざして

　本書では，光と磁気のかかわり合い（磁気光学効果）について現象論と電子論とを述べ，いくつかの具体例について，この効果がどのように物質の電子構造とむすびついているかを論じてきた．また，この効果をデバイスとして実用化するための技術的問題点についても簡単に触れた．

　本書を通じて読者は，磁気光学効果は決して現象論的な説明にとどまっているのではなく，物質の電子構造と光学遷移という物理的な概念に基づき解釈できることをご理解いただけたと思う．以下にこのことを一通り復習しておこう．

　まず，鉄ガーネットのような透明な絶縁性の酸化物磁性体のファラデー効果は，可視～近紫外域にある強い吸収帯が左右円偏光に対してずれることによって生じているが，この吸収帯は鉄イオンとそれを囲む酸素イオンのつくる比較的小さなクラスターの中での，酸素のp軌道からFeのd軌道への電荷移動をともなう局在した光学遷移であるとして説明されている．この遷移のエネルギーが交換相互作用とスピン軌道相互作用により，左右円偏光に対して異なった値をもつことが磁気光学効果の原因であった．

　一方，伝導性について逆の極限である金属磁性体Feのカー効果については，定性的にはd電子のつくる狭いエネルギー帯から伝導帯のフェルミ面より上にある状態への光学遷移に基づく吸収帯の磁気整列にともなう分裂が原因として説明できるが，定量的にはスピン軌道相互作用をいれたバンド計算によって説明できることが示された．

　遷移元素のカルコゲナイドは局在系とバンド系の中間にあるが，局在モデルである程度説明できることがわかった．また，希土類金属や希土類化合物，ウラニウム化合物では大きなスピン軌道相互作用のほか，f準位がフェルミ面に近い場合には，伝導電子のスピン偏極による効果が大きな寄与をおよぼすことを明らかにした．

　本書で展開してきた議論を通じて，磁気光学効果を大きくする指針は次のようにまとめることができる．まず，バンド間遷移において大きな磁気光学効果を期

待するためには

① 大きな振動子強度をもつ強い光学遷移が比較的低いエネルギー領域に存在すること

② 基底状態あるいは励起状態におけるスピン軌道分裂が大きいこと

③ 基底状態のスピン偏極率が大きいこと

が望ましい．

①は，電気双極子遷移が本来許されない $d \to d$ のような遷移ではなく，$p \to d$, $f \to d$ のような許容遷移が低エネルギー域にあることを要求する．

②は，スピン軌道相互作用の大きな重い原子が含まれていると有利であることを示す．また，金属のようにバンド間遷移が関与する場合，スピン軌道相互作用による分裂 Δ_{so} とバンド幅 W の比 Δ_{so}/W が大きいと有利であることを示唆する．

③は，測定する温度に比べてキュリー温度が十分高いことを要求する．金属磁性体では↑スピンのバンドと↓スピンのバンドが十分交換分裂してフェルミ面がその間にくることが望ましい．その意味で，PtMnSb のところで紹介したような half-metal が大きな磁気光学効果の候補となる．

次に，伝導電子のスピン依存散乱の項については，この効果が異常ホール効果の原因にもなることから，実験的には異常ホール効果の大きい物質を探索すればよいということになる．理論的にはこの効果は伝導電子に対するスピン軌道相互作用によって生じるものであるから，スピン軌道相互作用定数の大きな希土類やアクチナイド族で大きな働きをする．

また，第6章に紹介したように，ファラデー効果，カー効果は物質の誘電率の非対角成分のみならず対角成分の大きさによっても現れ方が違うことが示された．この効果は，ミクロな効果ではなくマクロな光学現象であるから設計可能であり，組成変調多層構造膜，あるいは人工超格子を作るなどの方法で，誘電率を実効的に変化させてカー効果を強めることも試みられている．

本書の初版では「残念ながら今のところ大きな磁気光学効果をもつ材料を思いのままに設計したりあるいは新しい材料を探索する完全な指針を理論的に与えたりできるところまでにはいたっていない」と書いた．その後10年間の計算物理学およびそれを支えるコンピューターの進歩は驚くべきものがあり，第4章に一部を紹介したように，非常に多くの金属磁性体や人工格子において第1原理バンド計算に基づいて磁気光学スペクトルを計算し，場合によっては予言することさえ可能になってきた．実際，6.3.4項に述べたように天然に存在しない $L1_0$ 構造

のFe/Au人工格子の磁気光学スペクトルさえ計算されている．ただし，電子相関の強い絶縁性の磁性体の場合については1電子バンド計算の限界があるため今後に課題が残されているが，遠くない将来に解決できるものと信じている．また，人工格子などの人工構造をナノテクノロジーを用いて作製する技術についても見張る進展があるので，理論的な予測に基づいて自由自在に新しい磁気光学材料を設計できる時代が到来した．今後の発展が期待できる．

最後に，初版の出版時点ではほとんど研究されていなかった近接場磁気光学効果や非線形磁気光学効果，さらには，X線磁気光学効果などについてもこの10年の間に多くの成果が得られている．近接場については，記録への応用さえ進められている．これからも物理的現象に基づいた新しい光と磁気の関連する研究が現れることを期待している．

終わりになりましたが，初版の執筆にあたりまして多くのご助言をいただきました小川智哉教授(学習院大学)，品川公成教授(東邦大学)をはじめ，初版出版後多くの激励をいただきました読者の皆様に深く感謝いたします．

以下に，磁気光学効果を学ぶための参考になる書物を掲げておく．
(1) 磁気光学効果については，
- 近角聡信他編：「磁性体ハンドブック」(朝倉書店，1975)
- 桜井良文編：「光マイクロ波磁気工学(磁気工学講座)」(丸善，1975)
- 塩谷繁雄他編：「光物性ハンドブック」(朝倉書店，1984)
- 坪井泰住，日比谷孟俊：「磁気光学の最前線 — 磁石にあたると光は変わる(ブルーバックス)」(講談社)
- 川西健次他編：「磁気工学ハンドブック」(朝倉書店，1999)
- 近桂一郎，安岡弘志編：「実験物理学講座6 磁気測定Ⅰ」(丸善，2000)
- S. Sugano and N. Kojima eds.: "Magneto-Optics" (Springer, 2000)
- 菅野 暁，小島憲道，佐藤勝昭，対馬国郎編：「新しい磁気と光の科学」(講談社サイエンティフィック，2001)
- K. H. J. Buschow ed.: "Ferromagnetic Materials" (Springer) のシリーズ
- M. Born and E. Wolf: "Principle of Optics" (邦訳：ボルン，ウォルフ「光学の原理」，草川 徹，横田英嗣訳，東海大学出版会，1975)
- L. L. Landau and E. M. Lifshits: Electromagnetism in Continuous Media (邦訳：ランダウ，リフシッツ「電磁気学1,2」，井上健男他訳，東京図書，1982，1987)

第2章に注意したように，書物によって右まわり，左まわりの定義に違いがあったり，電界の時間依存性を$\exp(-i\omega t)$とするものと$\exp(i\omega t)$とするものがあったり，まちまちなので，参照するときはどの定義に従っているものかを確かめて利用することが必要である．また，本書では単位系としてSI系を採用したが，物理系の多くの書物が

CGS系で書かれている点にも気を付けて欲しい.
(2) 光磁気ディスクについては
- 寺尾元康,太田憲雄,堀籠信吉,尾島正啓:「光メモリの基礎」(コロナ社,1990)
- 佐藤勝昭,片山利一,深道和明,阿部正紀,五味 学:「光磁気ディスク材料——基礎および次世代への展望」(工業調査会,1993)
- R. Gambino and T. Suzuki eds.: "Magneto-Optical Recording Materials" (IEEE Press, 1999)

(3) 近接場光学については
- D. W. Pohl and D. Courjon eds.: "Near Field Optics" (NATO ASI Series) (Kluwer Academic Publishers, 1992)
- M. Ohtsu and H. Hori: "Near-Field Nano-Optics" (Kluwer Academic/Plenum Publishers, 1999)

(4) 非線形光学効果および非線形磁気光学効果については
- Y. R. Shen: "The Principles of Nonlinear Optics" (John Wiley & Sons, 1984)
- K. H. Bennemann ed.: "Nonlinear Optics in Metals" (Clarendon Press, 1998)

が参考になる.

(5) 磁性の基礎については
- 近角聡信:「物理学選書 強磁性体の物理(上)(下)」(裳華房,1984)
- 中村 伝:「磁性」(槙書店,1965)
- 金森順次郎:「新物理学シリーズ 磁性」(培風館,1969)
- 芳田 奎:「物性物理学シリーズ 磁性Ⅰ,Ⅱ」(朝倉書店,1972)

などが基礎的書物として定評がある.

(6) 配位子場理論およびそれに基づいた光学遷移の記述については
- 上村 洸,菅野 暁,田辺行人:「配位子場理論とその応用」(裳華房,1960)
- C. J. Ballhausen: "Introduction to Ligand Field Theory" (McGraw-Hill 1962) (邦訳:田中信之,尼子義人訳:「配位子場理論入門」丸善,1967)
- J. S. Griffith: "The Theory of Transition-Metal Ions" (Cambridge Univ. Press, 1961)
- D. S. McClure: Electronic Spectra of Molecules and Ions in Crystals, "Solid State Physics", vol. 9, p. 399, ed. by F. Seitz and D. Turnbull (Academic Press, 1959)
- 神戸謙次郎:「(分子科学講座)光と分子」(共立出版,1967)
- 田辺行人監修:「新しい配位子場の科学」(講談社サイエンティフィック,1998)

などが参考になる.

(7) 群論の既約表現については
- 犬井鉄郎,田辺行人,小野寺嘉孝:「応用群論」(裳華房,1976)

がわかりやすい.

付　　録

A　磁性体の分類

　磁気光学効果について話をするためには，どうしても磁性体について触れないわけにいかない．磁性体については多くのよい教科書が出版されているので詳細はそれに譲り，ここでは本文中に登場するいくつかの種類の磁性体について，どんな性質をもつかについて簡単に述べる．

　磁性体を特徴づける物理量は磁化である．以下では磁性体を磁化の現れ方で分類する．磁化とは何であろうか．真空中に磁界 H が存在するとき磁束密度 B は $\mu_0 H$ で与えられるが，物質中では $B=\mu_0(H+M)$ [SI] ($B=H+4\pi M$ [CGS]) で表される．このように，物質の存在により付け加わった磁束密度を磁化と呼ぶ．これは，電界 E が加わったときの電束密度 D を物質の電気分極 P を用いて $D=\varepsilon_0 E+P$ [SI] ($D=E+4\pi P$ [CGS]) と表すのによく対応する．$M=\chi H$ としたときの χ を磁化率と呼ぶ (なお，$B=\mu_0 H+M$ という定義もある)．

　磁性体というと鉄やニッケル，フェライトのように磁石にくっつくような磁性体がすぐに思い浮かぶが，これらはもっと広範な何種類もの磁性体のうちのほんの一部にすぎない．一般に磁性体は，磁界をかけてはじめて磁化が誘起されるものと，磁界をかけなくても磁化をもっているものの2種類に大別される．

　まず前者であるが，一般にどんな物質でも外部磁界を加えると何らかの磁化が誘起される．磁界を加えたとき磁界と逆方向の磁化が誘起されるような場合を反磁性と呼び，同じ方向に誘起される場合を常磁性と呼ぶ．希ガス元素 (例えばヘリウム) や通常の半導体 (例えばシリコン) は反磁性を示す．一方，遷移金属原子をわずかに含む酸化物 (例えばルビーは Al_2O_3 にクロムが不純物として入っている) は常磁性を示す．また，磁界がなくても磁化を示す物質 (例えば鉄) でもキュリー温度と呼ばれる転移温度を越えると常磁性体になる．典型的な反磁性体，常磁性体の磁化率の大きさの比較と温度依存性を図 A.1 に示してある．

　一方，外部磁界をかけなくても存在する磁化を自発磁化と呼ぶ．自発磁化をもつ磁性体には強磁性体 (例えば，鉄，ニッケル)，反強磁性体 (例えば，黄銅鉱)，フェリ磁性体 (例えば，フェライト)，弱強磁性体 (例えば，オーソフェライト)，ヘリカル磁性体 (例えば，マンガン) などがある．

　これらの各磁性体については以下の各項で説明する．

A.1 反 磁 性

反磁性というのは加えた磁界と逆方向の磁化をもつ場合で,これは加えられた磁界を打ち消すように原子内にミクロな電流のループが構成されて逆方向の磁化を生じるもので,ラーモアの反磁性とも呼ばれる.これはレンツの法則として知られる現象である.反磁性の磁化率(磁化の大きさを磁界の強さで割ったもの)χ は通常小さい値をもつので,軌道角運動量やスピンによる常磁性(付録 A.2 参照)が存在しないときにのみ観測される.

反磁性体の典型例としては,希ガス元素をあげることができる.そのモル磁化率 χ は,ヘリウム(He)で -1.9×10^{-6} cm³[CGS ガウス系]である.

超伝導体は完全反磁性(マイスナー効果)という強い反磁性をもつ.第1種の超伝導体中には外部磁界が絶対に入り込むことができない.

A.2 常 磁 性

常磁性というのは加えた磁界に平行な磁化が誘起される場合で,局在した磁気モーメントが磁界ゼロにおいて,無秩序な方向を向いて存在している場合(ランジバンの常磁性)と,伝導電子のスピン偏極によってもたらされる場合(パウリの常磁性)に大別される.

ランジバン常磁性の例としては,奇数個の電子をもつ原子やイオン,不完全殻(d電子系,f電子系)をもつ原子やイオンがある.このような系ではスピン角運動量 S が打ち消されないで残っているか,全角運動量 $J=L+S$(ここに L は軌道角運動量)が残っているために,局在モーメント(いわば原子磁石)が存在する.このようなモーメントはもともと任意の向きを向いているが,磁界を印加すると少しずつ磁界の方に傾けら

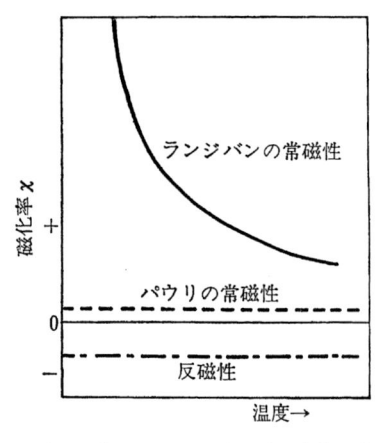

図 A.1 典型的な反磁性体,常磁性体の磁化率の大きさの比較と温度依存性

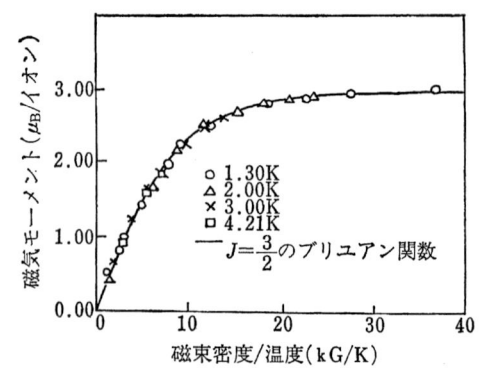

図 A.2 カリウムクロムみょうばんの磁気モーメントの B/T に対する変化

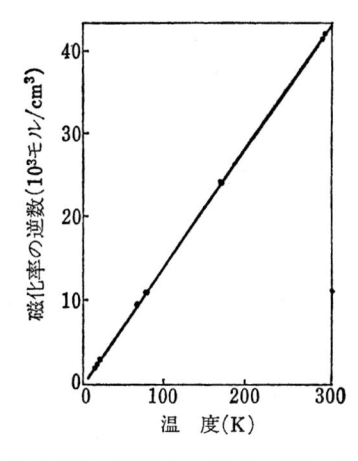

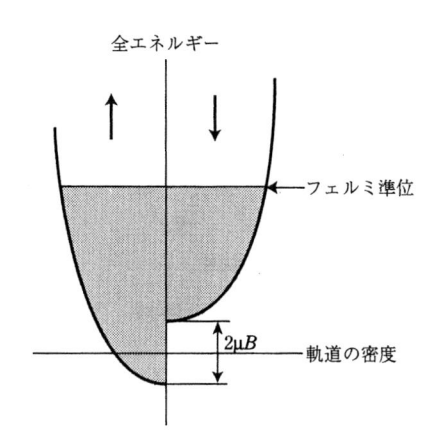

図A.3 典型的な常磁性体の磁化率の逆数の温度変化　　図A.4 パウリ常磁性の説明図

れ，全体として磁界方向の磁気モーメント(磁化)をもつことになる．この場合の磁化の大きさは磁界Hと温度Tとの非線形関数で表される．この関数をブリユアン関数と呼ぶ．図A.2にカリウムクロムみょうばんの磁化のB/T依存性を示す．Hの小さい場合，磁化率χは温度Tの逆数に比例する．これをキュリーの法則と呼ぶ．図A.3は，典型的なランジバン常磁性体の磁化率の逆数の温度変化である．

パウリ常磁性は，フェルミ面が伝導帯の中に存在する場合に磁界方向のスピン(上向きスピン)をもつ伝導電子と逆方向のスピン(下向きスピン)をもつ伝導電子の数に差が生じることによって，全体としてスピン磁気モーメントが誘起される効果である．この効果は一般には小さい磁化しかもたらさないが，状態密度の大きな狭いバンドをもつ場合には無視できない磁化となる．金属伝導性の金属，合金，化合物で広くみられる．パウリ常磁性の磁化率χは，あまり大きな温度依存性を示さない．パウリ常磁性の説明図を図A.4に示す．

A.3 強磁性

自発磁化をもつ磁性体には強磁性体，反強磁性体，フェリ磁性体，弱強磁性体，ヘリカル磁性体などがある．これらの磁性体のスピンの整列の様子を図A.5に示す．

強磁性体においては，キュリー温度T_cと呼ばれる温度以下で，物質中に一様な自発磁化を生じる．強磁性を示す物質の例としては，Fe, Co, Niのような遷移金属のほか，$CdCr_2S_4$, CoS_2, USなどの化合物磁性体がある．強磁性にも，常磁性の場合と同様に，局在電子による場合と伝導電子(遍歴電子とも呼ばれる)による場合がある．前者においては，各原子位置にある局在モーメントが整列して，自発磁化を形成している．モーメントどうしが互いにそろえあう力を交換相互作用という．絶対零度における局在モー

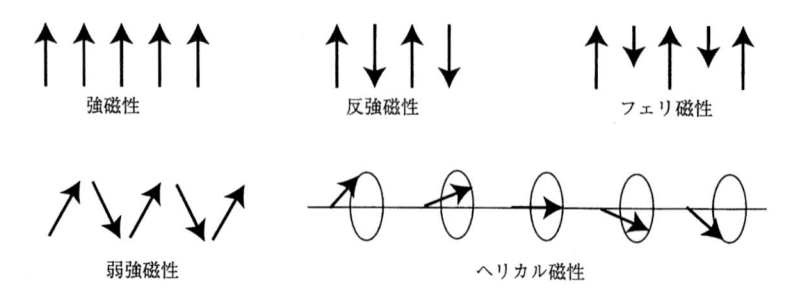

図 A.5 強磁性, 反強磁性, フェリ磁性, 弱強磁性, ヘリカル磁性のスピンの整列の様子

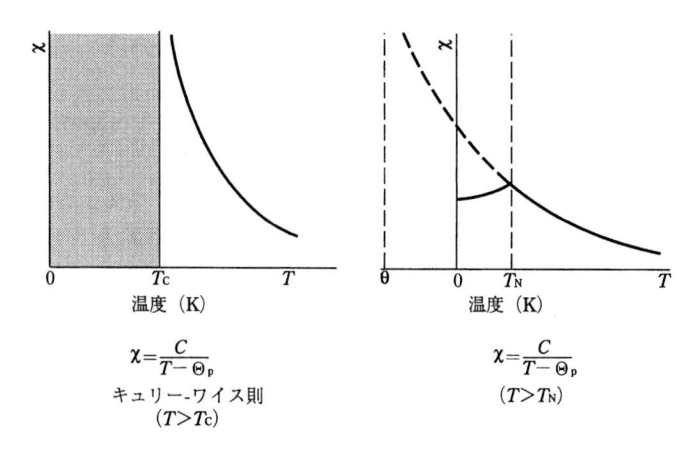

図 A.6 キュリー-ワイス則に従う磁化率の温度変化
$\chi = C/(T-\Theta_P)$ (強磁性体では $\Theta_P > 0$, 反強磁性体では $\Theta_P < 0$)

メントの大きさはボーア磁子(μ_B)の整数倍になっている. 自発磁化はブリユアン関数に従って温度上昇とともに減少し, T_C 以上では長距離秩序を失い, 常磁性となる. しかし, 短距離秩序のために, T_C よりかなり高温まで自発磁化が残る. 常磁性の温度領域では磁化率 χ はキュリー-ワイスの法則に従って温度変化する. すなわち, $\chi = C/(T-\Theta_P)$. Θ_P は必ずしも T_C に一致しない. キュリー-ワイス則に従う場合の磁化率の逆数 $1/\chi$ を温度 T に対してプロットしたものが図 A.6 である.

一方, 後者(遍歴電子系)においては上向きスピンの電子と下向きスピンの電子との間に交換相互作用が働いて伝導帯に分裂が生じ, エネルギーの高い下向きスピンの電子帯から上向きスピンの電子帯に電子が流れこみフェルミ面をそろえる. この結果自発磁化が生じる. したがって, 遍歴強磁性体の自発磁化の大きさはボーア磁子の整数倍にはならない. T_C 以上ではキュリー-ワイス則にほぼ従うような磁化率の温度変化を示す.

実際の強磁性体では，磁区の存在により磁化 M と磁界 H の関係は複雑なものとなる．これは物質の作製条件，処理の方法などに依存し，物質固有の性質ではないので，技術磁化（テクニカルマグネタイゼーション）と呼ぶ．このことについては，付録Bを参照されたい．

A.4 反強磁性

各原子位置の磁気モーメントが同じ方向を向いてそろっているときには A.3 で述べたように強磁性になるが，もし隣りあう原子位置の磁気モーメントが逆方向にそろっているならばネットの自発磁化は 0 となってしまう．このような磁性体を反強磁性体という．反強磁性体には $CuFeS_2$, MnO, MnS, V_2O_3 などの化合物磁性体がある．

それぞれの向きの磁気モーメントをもつ原子のみを取りだした格子についてみると自発磁化が定義できる．このような仮想的な格子を副格子(sublattice)と呼び，その磁化を副格子磁化と呼ぶ．反強磁性体は，互いに逆方向の副格子磁化をもつ2つの副格子を重ねたものとみなせる．4つの副格子をもつ反強磁性体も存在する．

このような磁気構造は普通の磁気的測定をしている限りわからないのであるが，中性子磁気散乱によって確かめることができる．また，副格子磁化の温度依存性は，中性子散乱のほか，メスバウアー効果によっても測定することができる．

反強磁性体の副格子磁化は，ネール温度 T_N と呼ばれる温度以下で存在し，T_N 上では常磁性体となる．反強磁性体の常磁性磁化率も，$\chi = C/(T-\Theta_P)$ の形で表現することができるが，一般に Θ_P は負である．

A.5 フェリ磁性

反強磁性において，2つの副格子磁化の大きさが異なるならば正味の自発磁化を観測することができる．このような磁性体をフェリ磁性体と呼ぶ．黒板用の磁石やカセットテープに使われる磁性体の大部分はフェライトと呼ばれるフェリ磁性の鉄の酸化物である．光磁気アイソレーター用の鉄ガーネットもフェリ磁性体である．

フェリ磁性体の磁化の温度変化にはいろいろなタイプのものがある．これは各々の副格子磁化の温度変化の様子が異なるためである．ある種の希土類ガーネットやアモルファス希土類鉄族合金ではちょうど磁化が打ち消しあう温度があって，これを補償温度と呼んでいる．補償温度を利用した光磁気記録については 7.1 節を参照されたい．

A.6 弱強磁性

反強磁性体において副格子磁化が傾いたために，それに垂直な方向にわずかながらネットの磁化が生じたものを弱強磁性，またはキャント(傾いた)反強磁性という．この例としては $YFeO_3$ などオーソフェライトと呼ばれる酸化物，NiS_2 の 30 K 以下の相，MnP などがある．

A.7 ヘリカル磁性体

磁性原子の磁気モーメントの方向がらせん状に回転している磁気構造をヘリカル磁性体またはスクリュー磁性体という．この磁気構造は反強磁性の一般的な形と考えられる．例としては MnO，希土類金属，Cr などがある（Cr は正確にはスピン密度波状態と呼ばれる磁気構造をもつ）．

B 技術的磁化

強磁性体の巨視的な磁化は試料が本来もっている性質ではなく作製条件に依存して様々な違いが生じるので「技術的磁化」と呼ばれる．

B.1 磁化過程と保磁力，残留磁化

磁性体の磁化の強さ M と磁界の強さ H の関係を表す曲線を磁化曲線という．図 B.1 には，強磁性体の磁化曲線を示してある．初期磁化曲線の弱い磁界の部分では曲線は可逆であるが，磁界を強めていくと M は大きくなってついには飽和に達する．飽和した状態から磁界を減少させていくと，磁界を 0 にしても M が残る．これを残留磁化と呼んでいる．磁気記録や永久磁石ではこの残留磁化を利用している．磁界を逆方向に加え保磁力に達するとようやく磁化は反転する．さらに磁界を強めるとついに逆向きに飽和する．保磁力の大きな磁性材料を硬磁性体，保磁力の小さな磁性体を軟磁性体と呼ぶ．トランスのコアや磁気記録用のヘッドには軟磁性体が使われる．

B.2 磁区

上のような複雑な磁化過程を説明するには「磁区」という考えを導入しなければならない．強磁性体，フェリ磁性体など巨視的な磁化をもつ物質では，磁区というものが存在する．図 B.2 に示すように磁区（ドメイン）の内部では物質固有の自発磁気モーメントは一方向にそろっている．磁界を加えない初期状態では試料全体はさまざまの方向を向いたいくつかの磁区に分かれている．磁区に分かれると表面の磁極による静磁エネルギーが下がって得をするが，磁区の境界では異なる方向の磁気モーメントが接するためエネルギーを損する．このバランスで磁区の大きさが決まっている．一つの磁区と隣りあ

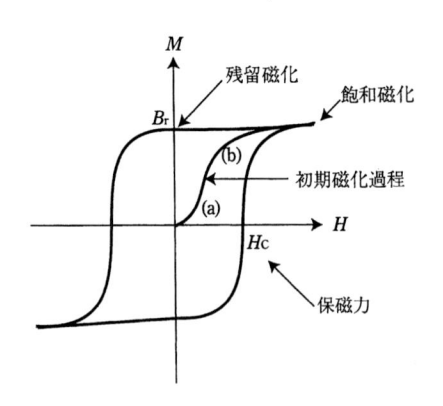

図 B.1 強磁性体の磁化曲線と磁化過程
初期磁化過程の (a) は磁壁移動，(b) は磁区の回転による．

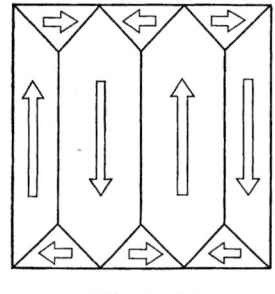

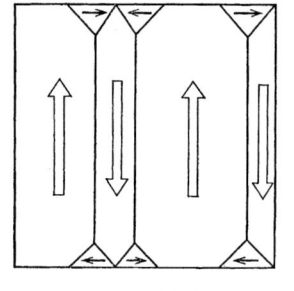

図 B. 2 磁区と磁壁

うもう一つの磁区との境界のことを磁壁という．磁界を加えていくと磁界が弱いうちは磁壁が移動して磁界の方向の磁区の体積が増えていくが，磁界が強くなると一つの磁区の中で磁化の回転が起きて飽和に近づく．全体が一つの磁区で覆われた状態を単一磁区の状態と呼び，磁気飽和に対応する．

B.3 磁気異方性

磁気異方性とは，巨視的な磁化が磁性体の特定の結晶軸の方向を向こうとする傾向のことをいう．結晶軸を定義できないアモルファス薄膜の場合にもこの言葉が使われるが，この場合は薄膜の表面に対して磁化の向きが垂直か平行かという意味で使われる．

現象論的には，磁化の方向に依存する内部エネルギー（磁気異方性エネルギー）があって結晶ではそれが結晶の対称性を反映する．外部磁界がないとき磁化が安定に向く方向を磁化容易軸，逆に異方性エネルギーが最大になって不安定になる方向を磁化困難軸と呼ぶ．

磁気異方性にはいくつかの原因がある．一つは結晶が本来もっているもので，スピン対の間のいろいろの相互作用によるもの，あるいは1イオン自身がもっている異方性に基づく．これに対して，成長誘導異方性や磁気誘導異方性など，外部要因によって生じる異方性がある．アモルファス薄膜の磁気異方性の原因としては成長過程でできるイオン対によるという説や薄膜が柱状構造をもつために生じるとする説などがあり，決着をみていない．

C　誘電率の式の久保公式による分散式の誘導

久保公式によれば分極率テンソル $\chi_{\mu\nu}$ は電流密度 J の自己相関関数のフーリエ変換を使って表すことができる．

$$\chi_{\mu\nu}(\omega) = -\frac{N_0}{i\omega\varepsilon_0}\lim_{\gamma\to 0+}\int_0^\infty dt\,\exp\{(i\omega-\gamma)t\}\int_0^\beta d\lambda \langle J_\nu(-i\lambda\hbar)J_\mu(t)\rangle_{\text{AV}}$$

$$= -\frac{N_0}{i\omega\varepsilon_0}\lim_{\gamma\to 0+}\int_0^\infty dt\,\exp\{(i\omega-\gamma)t\}\int_0^\beta d\lambda\,\text{Tr}\frac{\exp(-\beta\mathcal{H}_0)J_\nu(-i\lambda\hbar)J_\mu(t)}{Z}$$

(C.1)

ここに，$\mathcal{H}_0$ は無摂動系の 1 イオンのハミルトニアンで，N_0 は単位体積あたりのイオン数である．また，β は $1/kT$ を表している．$J_\nu(t)$ は時間を含む電流密度の演算子であって，ハイゼンベルグの表示で

$$J_\nu(t) = \exp\left(i\frac{\mathcal{H}_0}{\hbar}t\right)J_\nu\exp\left(-i\frac{\mathcal{H}_0}{\hbar}t\right) \tag{C.2}$$

と与えられる．Tr A は演算子 A についての対角和をとる記号で，

$$\text{Tr}\,A = \sum_n \langle n|A|n\rangle \tag{C.3}$$

を表す．ここに $|n\rangle$ は無摂動系のハミルトニアン $\mathcal{H}_0$ の n 番目の固有関数 ϕ_n である．また，$|n\rangle$ に対応する $\mathcal{H}_0$ の固有値を E_n で表す．すなわち，

$$\mathcal{H}_0|n\rangle = E_n|n\rangle \tag{C.4}$$

である．Z は密度行列の対角和で，$Z = \text{Tr}\exp(-\beta\mathcal{H}_0)$ で定義される．すなわち，

$$Z = \sum_n \langle n|\exp(-\beta\mathcal{H}_0)|n\rangle = \sum_n \exp(-\beta E_n) \tag{C.5}$$

式 (C.2), 式 (C.3) を考慮して式 (C.1) の $\chi_{\mu\nu}$ を求めると*

$$\chi_{\mu\nu}(\omega) = \lim_{\gamma\to 0+}\frac{N_0}{\omega\varepsilon_0}\sum_{nm}\frac{\exp(-\beta E_m)-\exp(-\beta E_n)}{Z\hbar\omega_{nm}}\cdot\frac{\langle n|J_\nu|m\rangle\langle m|J_\mu|n\rangle}{\omega+\omega_{mn}+i\gamma} \tag{C.6}$$

が得られる．ここに，$E_n-E_m = \hbar\omega_{nm}$ とした．

次に，$\chi_{\mu\nu}{}^*(-\omega) = \chi_{\mu\nu}(\omega)$ というオンサーガーの関係式を適用すると

$$\chi_{\mu\nu}(\omega) = \chi_{\mu\nu}{}^*(-\omega) = \lim_{\gamma\to 0+}\frac{N_0}{(-\omega)E_0}\sum_{nm}\frac{\exp(-\beta E_m)-\exp(-\beta E_n)}{Z\hbar\omega_{nm}}\cdot$$

$$\frac{\langle n|J_\mu|m\rangle\langle m|J_\nu|n\rangle}{-\omega+\omega_{mn}-i\gamma} \tag{C.7}$$

が得られるので

$$\chi_{\mu\nu}(\omega) = \frac{\chi_{\mu\nu}(\omega)+\chi_{\mu\nu}{}^*(-\omega)}{2} = \lim_{\gamma\to 0+}\frac{N_0}{2\varepsilon_0}\sum_{nm}\frac{\rho_n-\rho_m}{\hbar\omega_{mn}}\left\{\frac{\langle n|J_\mu|m\rangle\langle m|J_\nu|n\rangle}{\omega\{\omega_{mn}-\omega-i\gamma\}}\right.$$

---

* $\displaystyle\int_0^\beta d\lambda\,\text{Tr}\frac{\exp(-\beta\mathcal{H}_0)J_\nu(-i\lambda\hbar)J_\mu(t)}{Z} = \frac{1}{Z}\int_0^\beta d\lambda\sum\langle n|\exp(-\beta\mathcal{H}_0)J_\nu(-i\lambda\hbar)J_\mu(t)|n\rangle$

$\displaystyle = \frac{1}{Z}\int_0^\beta d\lambda\sum_{nlm}\langle n|\exp(-\beta\mathcal{H}_0)|l\rangle\langle l|\exp(\lambda\mathcal{H}_0)J_\nu\exp(-\lambda\mathcal{H}_0)|m\rangle\langle m|\exp\left(i\frac{\mathcal{H}_0}{\hbar}t\right)J_\mu\exp\left(-i\frac{\mathcal{H}_0}{\hbar}t\right)|n\rangle$

$\displaystyle = \frac{1}{Z}\int_0^\beta d\lambda\sum_{nlm}\exp(-\beta E_n)\delta_{nl}\exp\{\lambda(E_l-E_m)\}\langle l|J_\nu|m\rangle\exp\left(i\frac{E_m-E_n}{\hbar}t\right)\langle m|J_\mu|n\rangle$

$\displaystyle = \frac{1}{Z}\sum_{nm}\exp(-\beta E_n)\frac{\exp\beta(E_n-E_m)-1}{E_n-E_m}\exp\left(i\frac{E_m-E_n}{\hbar}t\right)\langle n|J_\nu|m\rangle\langle m|J_\mu|n\rangle$

$\displaystyle = \frac{1}{Z}\sum_{nm}\frac{\exp(-\beta E_m)-\exp(-\beta E_n)}{E_n-E_m}\exp\left(i\frac{E_m-E_n}{\hbar}t\right)\langle n|J_\nu|m\rangle\langle m|J_\mu|n\rangle$

$$+\frac{\langle n|J_\nu|m\rangle\langle m|J_\mu|n\rangle}{(-\omega)\{\omega_{mn}+\omega+i\gamma\}}\Bigg\} \tag{C.8}$$

と表される．ここに，$\rho_n=\exp(-E_n/kT)/Z=\exp(-E_n/kT)/\sum_l\exp(-E_l/kT)$ は，状態 $|n\rangle$ の占有確率である．

また，

$$\lim_{\gamma\to 0+}\frac{1}{x-i\gamma}=\wp\frac{1}{x}+i\pi\delta(x)$$

という式を用いて式 (C.8) を書き直すと，

$$\chi_{\mu\nu}(\omega)=\lim_{\gamma\to 0+}\frac{N_0}{2\omega\varepsilon_0}\sum_{nm}\frac{\rho_n-\rho_m}{\hbar\omega_{mn}}\Bigg[\wp\frac{(J_\mu)_{nm}(J_\nu)_{mn}}{(\omega_{mn}-\omega)}-\wp\frac{(J_\nu)_{nm}(J_\mu)_{mn}}{(\omega_{mn}+\omega)}$$
$$+i\pi\{(J_\mu)_{nm}(J_\nu)_{mn}\delta(\omega_{mn}-\omega)+(J_\nu)_{nm}(J_\mu)_{mn}\delta(\omega_{mn}+\omega)\}\Bigg] \tag{C.9}$$

となる．$\wp$ はその後ろに書いた式の主値を表す記号である．また $(J_\mu)_{mn}=\langle m|J_\mu|n\rangle$ である．

上の解析では $\gamma\to 0^+$ としたが，一般には結晶内での種々の相互作用による各エネルギーの広がりを考慮して γ が有限として扱うことが多い．

$$\chi_{\mu\nu}(\omega)=\frac{N_0}{2\omega\varepsilon_0}\sum_{n<m}\frac{\rho_n-\rho_m}{\hbar\omega_{mn}}\Bigg\{\frac{(J_\mu)_{nm}(J_\nu)_{mn}}{\omega_{mn}-\omega-i\gamma}-\frac{(J_\nu)_{nm}(J_\mu)_{mn}}{\omega_{mn}+\omega+i\gamma}\Bigg\} \tag{C.10}$$

この式の $\sum$ において n と m の重複を避けるため，n については絶対零度 ($T=0$) における占有状態をとり，m については $T=0$ における空いた状態をとることにする ($T=0$ においては $\rho_n=1$, $\rho_m=0$ である)．

これより対角成分については

$$\chi_{xx}(\omega)=\frac{N_0(\omega+i\gamma)}{2\omega\varepsilon_0}\sum_{n<m}\frac{\rho_n-\rho_m}{\hbar\omega_{mn}}\cdot\frac{2|(J_x)_{mn}|^2}{\omega_{mn}^2-(\omega+i\gamma)^2} \tag{C.11}$$

非対角成分については

$$\chi_{xy}(\omega)=\frac{N_0}{2\omega\varepsilon_0}\sum_{n<m}\frac{\rho_n-\rho_m}{\hbar\omega_{mn}}\Bigg\{\frac{(J_x)_{nm}(J_y)_{mn}}{\omega_{mn}-\omega-i\gamma}-\frac{(J_y)_{nm}(J_x)_{mn}}{\omega_{mn}+\omega+i\gamma}\Bigg\} \tag{C.12}$$

次に式 (C.11) と式 (C.12) の電流密度 J を電気双極子による分極 $P=ex$ の時間変化として表現しよう．

$$(J_\mu)_{nm}=\langle n|J_\mu|m\rangle=\langle n|\frac{dP_\mu}{dt}|m\rangle=\frac{1}{i\hbar}\langle n|[H_0,P_\mu]|m\rangle$$
$$=-i\frac{1}{\hbar}\langle n|(H_0P_\mu-P_\mu H_0)|m\rangle=-i(\omega_n-\omega_m)\langle n|P_\mu|m\rangle=i\omega_{mn}\langle n|P_\mu|m\rangle \tag{C.13}$$

この式を式 (C.11) に代入すると，対角成分は

$$\chi_{xx}(\omega)=\frac{N_0}{2\hbar\varepsilon_0}\frac{\omega+i\gamma}{\omega}\sum_n(\rho_n-\rho_m)\frac{2\omega_{mn}|(P_x)_{mn}|^2}{\omega_{mn}^2-(\omega+i\gamma)^2} \tag{C.14}$$

ここで $(f_x)_{mn}=2(m\omega_{mn}/\hbar e^2)\cdot|(P_x)_{mn}|^2=2(m\omega_{mn}/\hbar)\cdot|x_{mn}|^2$ で定義される振動子強度(第4章の式(4.32)に対応)を用いると

$$\chi_{xx}(\omega)=\frac{N_0 e^2}{2m\varepsilon_0}\sum_{n<m}(\rho_n-\rho_m)\frac{(f_x)_{mn}}{\omega_{mn}^2-(\omega+i\gamma)^2} \tag{C.15}$$

となり，係数を除き本文の式(4.31)に対応する式を得る．なお，上式を得るにあたって $(\omega+i\gamma)/\omega\approx 1$ を用いた．

非対角成分については，式(C.12)に式(C.13)を適用して次式を得る．

$$\chi_{xy}(\omega)=\frac{N_0}{2\hbar\omega\varepsilon_0}\sum_{n<m}(\rho_n-\rho_m)\omega_{mn}\left(\frac{(P_x)_{nm}(P_y)_{mn}}{\omega_{mn}-\omega-i\gamma}-\frac{(P_y)_{nm}(P_x)_{mn}}{\omega_{mn}+\omega+i\gamma}\right) \tag{C.16}$$

ここで，回転する電気分極 $P_\pm=(P_x\pm iP_y)/2^{1/2}$ を導入する．P_+ は右まわりの円偏光，P_- は左まわりの円偏光に対応する分極である．また，$x^\pm=(x\pm iy)/2^{1/2}$ を使って $P_\pm=ex^\pm$ と表すことができる．

$$\chi_{xy}(\omega)=-i\frac{N_0}{2\hbar\omega\varepsilon_0}\frac{\omega+i\gamma}{\omega}\sum_{n<m}(\rho_n-\rho_m)\omega_{mn}\frac{|(P_+)_{nm}|^2-|(P_-)_{nm}|^2}{\omega_{mn}^2-(\omega+i\gamma)^2}$$

$$=-i\frac{N_0 e^2}{2\hbar\varepsilon_0}\frac{\omega+i\gamma}{\omega}\sum_{n<m}(\rho_n-\rho_m)\frac{m\omega_{mn}}{\hbar}\frac{|(x^+)_{nm}|^2-|(x^-)_{nm}|^2}{\omega_{mn}^2-(\omega+i\gamma)^2} \tag{C.17}$$

ここで，$(f_\pm)_{mn}=(m\omega_{mn}/\hbar e^2)\cdot|(P_\pm)_{mn}|^2=(m\omega_{mn}/\hbar)\cdot|(x^\pm)_{mn}|^2$ で定義される円偏光に対する振動子強度を用いるとともに，$\omega+i\gamma\sim\omega$ として式(C.17)を書き直すと，

$$\chi_{xy}(\omega)=-i\frac{N_0 e^2}{2m\varepsilon_0}\sum_{n<m}(\rho_n-\rho_m)\frac{f_{mn}^+-f_{mn}^-}{\omega_{mn}^2-(\omega+i\gamma)^2} \tag{C.18}$$

となり，式(4.38)に対応する式を得る．

索　引

掲載頁が多いものについては，主に参照すべき頁を太字で示した．

ア 行

アイソレーション　184, 186
アイソレーター　1, **176**, 181, 184, 186
青紫色半導体レーザー　164
アクチュエーター　170
アクリル(PMMA)　166
圧電アクチュエーター　202
アモルファス　149, 157, 164
アモルファスR-TM　**159**, 162, 164, 166, 172
アモルファスガドリニウムコバルト(a-GdCo)　14, 16, 17, 151, 158, 164, 165
アモルファス希土類遷移金属合金薄膜　2, 146, **149, 150**, 162, 165
アモルファステルビウム鉄(a-TbFe)　151, 159, 163
アモルファステルビウム鉄コバルト(a-TbFeCo)　162, 163
アルミニウム(Al)　105
アンチモン化ウラニウム(USb)　145
アンチモン化セリウム(CeSb)　14, **144**, 162
アンチモン化マンガン(MnSb)　13, 133, **135**, 136
アンチモン化二マンガン(Mn_2Sb)　133
アンチモン化マンガン白金(PtMnSb)　14, 136
アンチモンテルル化ウラニウム(U(Sb, Te))　14, 144
案内溝　165, **166**

イオウ族　125

異常光線　**51**, 52, 101, 179
異常分散　15
異常ホール効果　66, 83
位相整合　185
移相量　46
1イオン異方性　164
一軸異方性　28, 51
イットリウムオーソフェライト($YFeO_3$)　13
イットリウム鉄ガーネット($Y_3Fe_5O_{12}$, YIG)　13, 26, **119**, 181
移動度　86
異方性　164
色ガラスフィルター　104, 209
色収差　105
因果律　46, 58

ウィルソン型の半導体　129
ヴェルデ定数　**9**, 14, 93
右円偏光　**6**, 24, **32**, 38, 39, 48, 73, 74, 88, 97, 131, 213
——の単位ベクトル　36, 97
右旋性　7
ウラニウム化合物　**144**, 219
ウラニウムモノカルコゲナイド　145
運動方程式　62
運動量演算子　75

液体窒素　109
液体窒素冷却型Geフォトダイオード　107
液体ヘリウム　109
S偏光　**43**, 49, 212
X線吸収端の磁気円二色性(XMCD)　199, **213**, 216
X線顕微鏡　**213**, 216

エネルギーの伝搬方向　52
エネルギー分母　73
エバネセント波　201
エポキシ　166
エリプソメトリー　13, **44**, 111
L内殻準位　213
円筒状の磁区　168
円(偏光)二色性　**7**, 8, 15, 24, 25, 33, 39, 95, 140
円二色性分散　16
エンハンスメント　144
円偏光　**24**, 33, 73
——についての振動子強度　71
——の単位ベクトル　36, 97
円偏光変調法　95

オーバーライト　174
オペアンプ　108
温度誘起スピン再配列　20

カ 行

開口数　168
回折格子　104
外挿　46
回転偏光子法　91
ガウス型の温度分布　168
カー回転角　13, 14, **48**, 57, 135, 136, 137, 163, 167
——の増強　167
書き換え可能型　157
書き換え可能型光ディスク　158
カー効果　1, **13**, 16, 30, **47**, 160, 167
——における符号のとり方　47
価数揺動状態　142

索引

仮想光学定数法　192
仮想的　73
カー楕円率　**13**, 16, **48**, 57, 135
ガドリニウム(Gd)　14, 85, 149, 163
ガドリニウムガリウムガーネット($Gd_3Ga_5O_{12}$, GGG)　185
ガドリニウムコバルト(GdCo)　17, **150**, 151, 162, 163
ガドリニウム鉄(GdFe)　162, 163
ガドリニウム鉄ガーネット($Gd_3Fe_5O_{12}$)　12, 182
ガドリニウムテルビウム鉄(GdTbFe)　162, 163
ガドリニウムビスマス鉄ガーネット($(Gd, Bi)_3Fe_5O_{12}$)　13, 183
カナダバルサム　101
ガーネット構造　119
ガラス　166
カリウムクロムみょうばん　225
カルコゲナイド　125
カルコゲン　125
カルコゲンスピネル　125
カルコパイライト($CuFeS_2$)　125
干渉フィルター　104
カンチレバー　202

技術的磁化　228
キセノンランプ　100
輝線　100
基底状態　**68**, 69, 72, 77, 120, 220
軌道角運動量　**73**, 74, 79, 163, 213
─── の消失　213
軌道推進型遷移　118
希土類　139, **159**
希土類カルコゲナイド　139
希土類金属　146, 149, 219
希土類元素　116
希土類磁性ガーネット　183
希土類鉄ガーネット　119, 185
希土類リッチ組成　163
希薄磁性半導体(DMS)　21, **132**, 178, 181, 183
基板材料　165, 166

逆ファラデー効果　20
吸収型　73
吸収端　125, 127, 133, 140
吸水性　166
キュリー温度(T_C)　125, 129, 158, **160**, 164, **225**
キュリー温度記録　22, 157, **160**
キュリーの法則　225
キュリー―ワイスの法則　226
強磁性　125, 133, 134, 136, 152, **225**
強磁性共鳴　19
強磁性遷移金属　146
強磁性体　11, 12, 14, 19, 67, 75, 83, 132, 140, 145, 223, **225**, 228
強磁性半導体　125
共有結合性　118
行列法　192
極カー効果　**15**, 47, 109, 208
局在磁性　125
局在遷移　131
局在電子系　**116**, 225
近接場光学顕微鏡　201
近接場磁気光学顕微鏡　202
近接場磁気光学効果　201
金属強磁性　129
金属磁性　125
金属磁性体　**75**, 81, 219, 220
金属人工規則合金　196
金属的電気伝導性　132
金属伝導性　125, 129, 145
金属・非金属転移　125

屈折率　31, 37
─── の異方性　94
久保公式　68, 71, 75, **229**
クライオスタット　109
クラウンガラス　9
クラスター　117, 118
クラマース-クローニヒ解析　**111**, 113, 129
クラマース-クローニヒの関係　8, 16, **45**, 49, **57**, 69
クラマース-クローニヒ変換　137
グラン-テーラープリズム　103
グラントムソンプリズム　103
繰り返し耐性　157

クロスニコルの条件　10, 53
クロスニコル法　90
クロネッカーのデルタ　**27**, 35, 61
クロム(Cr)　228
軽希土類　146, 150, **163**
結合状態密度　81, 132
結合性軌道　118
結晶化　157, 164
結晶フィルター　104
検光子　10, 113
原子間力顕微鏡(AFM)　202
検出器　99
検出モード　202
現象論　24, 35, 47
光学活性　8, 73
光学遷移　16, 67, **72**, 219
光学遅延変調法　**95**, 99, 101, 110, 113, 202
光学(的)遅延(量)(リターデーション)　**52**, 53, 95, 113, 203
光学定数　**13**, 40, 41, 194
交換結合(多層)膜　170, **171**, 196
交換相互作用　75, 226
交換分裂　74
高輝度円偏光　215
光源　99
硬磁性体　228
光子のエネルギー　16
構造相転移　136
構造相変化　157
高速磁化反転機構　188
光弾性(効果)　8, 188
光弾性変調器(PEM)　**95**, 113, 202
光電子増倍管(PMT)　**106**, 107, 110
小型冷凍機　109
刻線数　104
コットン―ムートン効果　18, 30, **51**, 53, 123, 185
古典電子論　62, 67
コバルト(Co)　13, 14, **146**, 150
コバルトイオン(Co^{2+})　123, 131
固有関数　68, 72, 87

索引

固有状態 33, 72
固有値 72
混成プラズマ 144
コンピューター 110

サ 行

サイクロトロン角周波数 63, 87
サイクロトロン共鳴 19
左円偏光 **6**, 24, **32**, 38, 39, 48, 73, 74, 97, 131, 213
──の単位ベクトル 36, 97
差周波発生 205
左旋性 7
雑音等価光量(NEP) 107
差動検出方式 161
座標軸の回転 28
座標変換 53
──の式 55
酸化バナジウム(V_2O_3) 227
酸化物磁性体 219
酸化マンガン(MnO) 227
酸化ユーロピウム(EuO) 13, 14, 139
三酸化二クロム(Cr_2O_3) 211
3次元MO技術 176
三臭化クロム($CrBr_3$) 13, 14
3d電子 116
散乱の緩和時間 62
残留磁化 228

磁化 12, 54, 74, 75, 223, **225**
磁界センサー 188
磁界ベクトル(***H***) 5
磁界変調方式(MFM) 169
磁化曲線 12, 228
磁化困難軸 229
磁化反転 168
磁化容易軸 229
磁化率(χ) 46, **223**, 226
時間反転対称の破れ 209
時間を含む摂動論 68, 87
磁気異方性 164, 229
磁気異方性エネルギー 168
磁気円二色性(MCD) 11, 16, **39**, 49, 94, 110, 140
磁気カー効果 13, 47
磁気光学効果 1, **5**, 8, 18, 139, 160
──の測定法 90

──の増強 192
磁気シールド 107
磁気旋光角 110, 111
磁気双極子感受率 211
磁気双極子遷移 119
磁気第2高調波発生(MSHG) 210
磁気点群 212
磁気バブル 165
磁気複屈折(効果) 2, 18, 30, **51**, 66
磁気偏極したパラジウム 200
磁気誘起超解像(MSR) 158, 172, 174
磁気ラマン効果 19
磁気励起子 141
磁区 12, 160, 161, 168, **228**
磁区拡大再生 175
子午線カー効果 15
自己相関関数 229
四重極子項 206
磁性ガーネット **119**, 177, 181, 186
磁性超薄膜 194
磁性半導体 21
自然光 5
自発磁化 225
λ/4板 94
磁壁 165, 169, 229
シミュレーション 169
四面体位置(サイト) 119, 122, 181
四面体配位 120, 122, 182
視野角 103
射出成形 166
重希土類 150, **163**
集光系 99, 105
重水素ランプ 100
自由電子 64, 83, 131
──の遮蔽効果 28
十二面体位置(サイト) 119, 181
酒石酸 8
主値 45
シュレーディンガー方程式 68
消光係数(κ) 31, 35
常光線 51, 101, 179
消光比 101
常磁性 125, 160, 184, **224**
常磁性項 77, **79**, 127
常磁性体 9, 20, 75, 223

照射モード 202
衝突の確率 62
真空の透磁率 26
真空の誘電率 26
シンクロトロン放射光(SR) 213
人工規則合金 192
人工超格子 192
振動子強度 70, 72, 73, **78**, 80, 119, 182, 220
振動面 5
振幅反射率 48

水晶 101
垂直磁化膜 162
垂直磁気異方性 164, 197
垂直磁気異方性エネルギー 161
垂直磁気記録 160
垂直入射 44
スキュー散乱 142
スパッター 150, 164, 165
スピネル構造 125
スピン軌道相互作用 **74**, 75, 76, 77, 81, 82, 83, 84, 86, 119, 120, 122, 130, 131, 134, 139, 141, 146, 220
スピン軌道分裂 **78**, 127, 131, 145, 220
スピン許容電荷移動型遷移 181
スピン禁止遷移 182
スピンフリップ 146
スピン偏極バンド計算 81
スピン偏極率 75, 82, 85, 220
スペクトル 15, 16
──の形(金属磁性体) 81
──の形(絶縁性磁性体) 77
──の形状(ローレンツ型) 64

正規直交系 72
成長誘導異方性 229
性能指数 18, 183
赤外線検出器 108
赤色移行 126
赤道カー効果 15
摂動 72
摂動論 61
ゼーマン効果 18, 74

セレン化ウラニウム (USe)
　145, 162
セレン化ツリウム (TmSe)　141
遷移確率　80, 81
遷移行列　72, 76, 88
遷移金属　**83, 146,** 149, 150
遷移金属リッチ組成　163
遷移元素　116, 117, 118, **159,**
　163
遷移元素カルコゲナイド　125,
　219
遷移元素ニクタイド　133
全角運動量　74
旋光角　11, 24, 41
旋光性　**7,** 24, 25, 33, 94
旋光分散　8, 15
センターアパーチャー検出
　(CAD)　174
剪断力　202

増強効果　196
走査型近接場光学顕微鏡　202
挿入損失　184
相反旋光性素子　54
相反素子　185
相反領域　185
相変化光ディスク　157
組成変調多層構造膜　192

タ 行

第1原理計算　76
第1原理バンド計算　138
対角成分　**26,** 29, 69, 72, 76, 146
対角和　230
対称操作　205
耐食性　165
第2高調波発生 (SHG)　205
耐熱性　165
対物レンズ　168, 170
楕円偏光　6, 24, **25,** 53, 94
楕円面鏡　105
楕円率　**24,** 39, 53, 143
　──の測定法　94
多重項　117, 141
多重項間遷移　118, 141
多重反射　167
縦カー効果　**15, 50,** 109, 208
多電子系　116
単一磁区　179, 229
単位テンソル　61

短波長アイソレーター　178
短波長レーザー　197
超伝導電磁石　108
直接重ね書き (DOW)　157, 169
直線偏光　6
直線偏光子　6
直交偏光子法　90
追記型光ディスク　156
強い吸収帯　219
抵抗率のテンソル　66
低スピン状態　128
鉄 (Fe)　13, 14, 67, **146,** 223
鉄/金 (Fe/Au) 人工格子　152,
　212
鉄ガーネット　77, **119,** 219,
　227
鉄心電磁石　108
Fe/Cu 組成変調多層構造膜
　192
デルビウム鉄 (TbFe)　150, 163
デルビウム鉄コバルト
　(TbFeCo)　163, 197
テルル化ウラニウム (UTe)
　145
電界　26
電荷移動遷移　**118,** 120, 121,
　122
電界ベクトル (**E**)　5, 24
電荷対の相対変位　62
電気感受率　204
　──の非対角成分　**70,** 88
電気感受率テンソル　61
電気光学効果　8
電気四重極子　206, 208
電気双極子　**62,** 208
電気双極子感受率　211
電気双極子遷移　**70,** 119, 131,
　213
電気分極　62, 68, 87
　──の期待値　69
点群　117
電子構造　16, **116,** 219
電子スピン共鳴 (ESR)　19
電子の回転運動　73
電子の古典的運動　63
電子論　61, 219
電束密度　26

伝導電子　83, 145
　──による磁気光学効果の分
　　散式　85
　──のスピン偏極　85, 219,
　　224
伝導電流　27
伝導率　26, 27, 28, 46
伝導率テンソル　**27,** 55, 65, 86,
　112, 146
　──の非対角成分　66, **84,**
　145
伝搬定数差　184
電流磁界センサー　156, 187
電流センサー　1
電流電圧変換回路　108
電流密度　27, 84, **229,** 231
導波路型光アイソレーター
　51, 53, **184,** 186
透磁率　26
透明磁性体　119
トラッキングサーボ　171
ドルーデ項　129, 144
ドルーデの式　64, 86

ナ 行

内殻磁気光学効果　192
斜め入射　42, 49
軟磁性体　228
ニクタイド　133
ニクロム線　101
二色性偏光子　101
ニッケル (Ni)　13, 14, 146, 223
二硫化コバルト (CoS_2)　14,
　128
二硫化ニッケル (NiS_2)　227
ネオジミウムオーソフェライト
　($NdFeO_3$)　13
ネオジミウムガラス　9
熱磁気記録　157, **160,** 168
熱磁気効果　20, 21
熱伝導率　165
ネール温度 (T_N)　227

ハ 行

配位子　117
配位子場遷移　**118,** 183
ハイゼンベルグの表示　230

索　引

媒体ノイズ　157
ハイトラー—ロンドンモデル　116
パイライト(FeS$_2$)　125, 128
パイライト型化合物　128
パウリ常磁性　225
波数ベクトル　31, 41
八セレン化鉄(Fe$_7$Se$_8$)　112
八面体位置(サイト)　119, 122, 181
八面体配位　120
波長多重光磁気記録　176
白金/コバルト(Pt/Co)人工格子　162, **197**
白金/コバルト(Pt/Co)光磁気ディスク　204
白金コバルト(Pt/Co)　162
白金のスピン偏極　199
白金マンガンアンチモン(PtMnSb)　14, **136**
波動関数　68
ハートリー—フォックモデル　116
バビネソレイユ板　94, 106
ハーフメタル　138
バブルメモリー　175
ハミルトニアン　68
パラジウム/コバルト(Pb/Co)人工格子　162, **199**
パリティ　118
パリティ許容　118
ハロゲンランプ　100
反強磁性　125, 146, **227**
反強磁性共鳴　19
反強磁性体　19, 211, 223, 227
——の非線形磁気光学効果　211
反結合性軌道　118
反磁界　161
反磁性　126, 127, **224**
反磁性項(反磁性型)　**77**, 79, 127, 145
反磁性体　223
反射　6, 41
反射率　45
反転対称　206
反転分布　177
バンド　72, 75
半導体光検出器　107, 110
半導体光増幅器　187

半導体レーザー　2, 160, **168**, 170, 176
バンド間遷移　75, 82, 139, 219, 220
バンド計算　**75**, 76, 132, 134, 197
——(CdCr$_2$Se$_4$)　127
——(CoS$_2$)　129
——(EuS)　140
——(Fe)　147
——(MnBi)　134
——(PtMnSb)　138
バンド内遷移　64

ピエゾ光学効果　8
ピエゾ光学変調器　95
ヒ化ウラニウム(UAs)　145
ヒ化ニッケル(NiAs)構造　136
ヒ化マンガン(MnAs)　13, 133, 135, 136
光アイソレーター　119, 156, 176, 179, 184
光アシスト磁気記録技術　176
光アドドロップ多重(OADM)　178
光強度変調型直接重ね書き(LIMDOW)　158, 171, **173**
光強度変調(LIM)記録方式　169
光硬化樹脂　166
光サーキュレーター　176, 178, **181**
光磁気アイソレーター　227
光磁気記録　2, 156
——の歴史　157
光磁気記録(媒体)材料　18, 133, **161**, 162
光磁気効果　20
光磁気(MO)ディスク　1, 22, 156, 158
——の基板　165
——の媒体　165
光整流過程　205
光増幅器　177
光通信技術　177
光挺子法　202
光電子集積回路　186
光導波路構造　177
光の伝搬　30
光パラメトリック過程　205

光非相反回路素子　177
光ファイバー通信　2, 176
光ヘッド　170
光モーター　20
光誘起磁化　20
光誘起初透磁率変化　20
非球面鏡　105
微小物体　201
ヒステリシス曲線　11, 16
ビスマス(Bi)　120
ビスマス化マンガン(MnBi)　2, 13, 14, **133**, 134, 135, 136, 162
Bi置換磁性ガーネット　183
ビスマス添加イットリウム鉄ガーネット((Y, Bi)$_3$Fe$_5$O$_{12}$)　26, 39, 122
ビスマス添加ガドリニウム鉄(GbBiFe)　163
ビスマス添加ガドリニウム鉄ガーネット((Gd, Bi)$_3$Fe$_5$O$_{12}$)　12
ビスマス添加希土類鉄ガーネット((R, Bi)$_3$Fe$_5$O$_{12}$)　120
非接触測定　187
非線形カー回転の方位角依存性　212
非線形カー効果　210
非線形磁気光学効果　192, 204
非相反性　176, 178
非相反素子　54, 185
非相反領域　185
非対角成分　**26**, 29, 33, 38, 47, 70, 71, 72, 76
左まわり円偏光　→左円偏光
ピット　156
比透磁率　26
P偏光　43, 49
ビームアドレス　157
ビームスプリッター　160, 171
比誘電率　26, 27, 28
——の非対角成分　39, 41, **67**

ファラデー回転角　9, 38, 39
——のスペクトル　122, 124, 133, 140
——の符号のとり方　38
ファラデー回転係数　183
ファラデー回転スペクトル

140
ファラデー効果 1, **11**, 13, 30, 35, 36, 47, 51, 90, 92, 100, 160, 167
ファラデーセル法 92
ファラデー旋光子 179, 180, 184
ファラデーセンサー 188
ファラデー楕円率 39
ファラデー配置 9, 108
フィードバック 99, 110, 202
フィルターの分光透過性 105
フェライト 223
フェリ磁性 40, 227
フェリ磁性体 14, 119, 160, 223, **228**
フェルミ波数 83
フェルミ分布 84
フェルミ面 19, **83**, 84, **146**, 150
フォーカスサーボ 171
フォークト効果 18, 51
フォークト配置 9, 18, 51
フォトセル 107
フォトダイオード 107, 171
フォトマル 209
フォトンカウンティング 209
複屈折 18, **51**, 98, 166, 184, 203
複屈折結晶 179
複屈折偏光子 101
副格子磁化 19, **227**
複素カー回転角 **48**, 50, 207
複素屈折率 31, 66
複素振幅反射率 **43**, 44, 48
副ネットワーク磁化 163
腐食孔 165
フスの式 168
フッ化マグネシウム(MgF_2) 101
ブドウ糖 7, 11
部分偏光 6
プラズマエンハンスメント 152
プラズマ(角)周波数 **64**, 87, 142
プラズマ共鳴 144
プラズマ端 142, 196
フーリエ級数展開 72
ブリユアン域 76

ブリユアン関数 75, 225
ブリュースター角 44
ブリュースター偏光子 101, 103
ブレーズ波長 104
フレネル係数 **43**, 48, 57, 97
フレネル帯板 216
フロントアパーチャー検出(FAD) 174
分解能 103
分極電流 31
分岐導波路 186
分光エリプソメーター 111
分光器 99, 103
──の能率 104
分光特性 100
分散型 64, 73, 82
分子軌道 117
分子軌道法 119
分子線エピタキシー(MBE)法 135
フントの規則 128
分布関数 84
分離角 101

劈開面 177
ベッセル関数 98
ベル型 64, 79
ペルチェ素子 109
変位電流 27
偏光 5
偏光解析 44
偏光顕微鏡 12
偏光子 99, 101, 160
偏光度 203
偏光ビームスプリッター 170
偏光プリズム 101
偏光無依存型アイソレーター 179
偏光無依存型光サーキュレーター 181
偏光面 5
遍歴強磁性体 226

ホイスラー合金 134, 136, 137
ポインティングベクトル 59
方位角依存性 212
方解石 101, 103
飽和 11, 228
保護膜 165, 167

補償温度 149, 160, 163
補償温度記録 22, 160
補償組成 163
保磁力 12, 168
ポラロイド板 101
ポリオレフィン 166
ポリカーボネート(PC) 166
ポリビニルアルコール 106
ホール係数 66
ホール効果 65, 66

マ 行

マクスウェルの方程式 25, 29, 30, 41
マグネタイト(Fe_3O_4) 14
マグネトプラズマ共鳴 18, 65, 66, 83, 84, 87
マグノン 19
マクロスコピック 61
マッハツェンダー型 186
マルチアルカリ光電面 106
マンガン(Mn) 223
マンガンアルミニウムゲルマニウム(MnGaGe) 162
マンガンアンチモン(MnSb)
  →アンチモン化マンガン
マンガンビスマス(MnBi)
  →ビスマス化マンガン
マンガンヒ素(MnAs)
  →ヒ化マンガン

右まわり円偏光 →右円偏光
ミクロスコピック 61
ミニディスク(MD) 1, 158

無摂動系 68, 230

メスバウアー効果 227
メゾスコピック系 192

モード変換 186
モード変換効率 54
戻りビーム 176, 177
モードロック Ti-サファイアレーザー 209

ヤ 行

融解 157
有効質量 62
誘電体膜 165, 166

索　引

誘電率　**26**, 46, 48, 194, 220
誘電率テンソル　34, 35, 72, 77
　——(CdCr$_2$Se$_4$)　126
　——(CoS$_2$)　130
　——(TbFe)　151
　——(YIG)　120
　——の対角成分　69, 119
　——の非対角成分　**70**, 119, 126, 130, 196

横カー効果　15, 208
横電界モード　184
横磁界モード　184
4f 準位　141
4f 電子　116
四酸化三鉄(Fe$_3$O$_4$)
　→マグネタイト
四セレン化二クロムカドミウム(CdCr$_2$Se$_4$)　125
四テルル化三クロム(Cr$_3$Te$_4$)　132
四硫化二クロムカドミウム(CdCr$_2$S$_4$)　13, 225
四硫化二クロムコバルト(CoCr$_2$S$_4$)　14

四リン化三ウラニウム(U$_3$P$_4$)　145
四リン化三トリウム(Th$_3$P$_4$)構造　145

ラ 行

ラーモアの反磁性　224
ランジバン関数　9
ランジバン常磁性　224
ランダウ準位　19
ランタノイド系列　159

リアアパーチャー検出(RAD)　174
リサージュ図形　32
立方対称の結晶場　117
リブ型導波路　186
硫化ウラニウム(US)　145
硫化ツリウム(TmS)　141
硫化マンガン(MnS)　227
量子井戸準位　196
量子サイズ効果　196
量子閉じこめの効果　194
量子力学　61, 72, 73
量子論　61, 67

リン化マンガン(MnP)　227
リン化マンガン(MnP)構造　136

零位法　93, 99
励起子　117
励起状態　68, 69, 73, 120, 197, 220
レーザーストローブ磁界変調　204

漏洩磁束　109
ロションプリズム　101, 103
ロックインアンプ　93, 110
ローパスフィルター　104
ローレンツ項　144
ローレンツ振動子　127
ローレンツの式　63, 86
ローレンツ力　62, 83

ワ 行

ワイヤグリッド偏光子　103
和周波発生　205

英文索引

Δn　delta n　35
$\Delta \kappa$　delta kappa　35
η_K　eta k　49
θ_K　theta k　49
κ　kappa　31

a-GdCo　amorphous gadolinium cobalt　14
Al_2O_3　aluminium oxide　167
AlN　aluminium nitride　167
Au/Co　gold/cobalt　162
AS-MO　advanced system magneto-optical recording　158, 170

Bi　bismuth　120
blue shift　127

CAD　center aperture detection　174
CD　circular dichroism　24
CD　compact disk　156
$CdCr_2S_4$　cadmium di-chromium tetra-sulfide　13
$CdCr_2Se_4$　cadmium di-chromium tetra-selenide　125
$(Cd_{1-y}Hg_y)_{1-x}Mn_xTe$　cadmium mercury manganese telluride　184
CdHgTe　cadmium mercury telluride　107
CdMnTe　cadmium manganese telluride　181
$Cd_{1-x}Mn_xTe$　cadmium manganese telluride　184
CD-R　compact disk-recordable　156
CD-ROM　compact disk-read only memory　156
CD-RW　compact disk-rewritable　156
CeCo　cerium cobalt　150
CeSb　cerium antimonide　14, 144, 162
CGS　centimeter-gram-second　27
CN比　carrier to noise ratio　167
Co　cobalt　13, 14, 146, 150
Co^{2+}　131
$CoCr_2S_4$　cobalt di-chromium tetra-sulfide　14
CoP　cobalt phosphide　158
CoS_2　cobalt di-sulfide　14, 128
Cr　chromium　228
Cr_3Te_4　tri-chromium tetra-telluride　132
CrBi　chromium bismathide　136
$CrBr_3$　chromium tri-bromide　13
CrO_2　chromium di-oxide　158
Cr_2O_3　di-chromium tri-oxide　211
CrTe　chromium telluride　136
$CuFeS_2$　copper iron di-sulfide (chalcopyrite)　125, 227
CuS_2　copper di-sulfide　128

dγ　d-gamma　117
dε　d-epsilon　117
D*　d-star　107
DMS　diluted magnetic semiconductor　183
DRAW　direct read after write　156
DVD　digital versatile disk　157
DVD-R　digital versatile disk-recordable　156
DVD-RAM　digital versatile disk-random access memory　156
DVD-ROM　digital versatile disk-read only memory　156
DVD-RW　digital versatile disk-rewritable　156
DWDD　domain-wall displacement detection　158

EDFA　erbium-doped fiber amplifier　177
EO効果　electro-optical effect　8
ESR　electron spin resonance　19
EuO　europium mono-oxide　13, 14, 139
EuS　europium mono-sulfide　140

f-準位　f-level　149
FAD　front aperture detection　174
Fe　iron　13, 14, 146
Fe_3O_4　tri-iron tetra-oxide (magnetite)　14
Fe_7Se_8　sept-iron octa-selenide　112

索　引

FeS$_2$　iron di-sulfide (pyrite)　125, 128
first surface MO　176
FMR　ferromagnetic resonance　19

GaAlAs　gallium aluminium arsenide　107
GaAs　gallium arsenide　107
Gd　gadolinium　14, 85, 149, 163
Gd$_{1.8}$Bi$_{1.2}$Fe$_5$O$_{12}$　gadolinium 1.8 bismuth 1.2 iron garnet　183
Gd$_2$BiFe$_5$O$_{12}$ (GdBiIG)　gadolinium bismuth iron garnet　13
GdCo　gadolinium cobalt　17, 150, 162, 163
GdFe　gadolinium iron　162, 163
GdFeBi　gadolinium iron bismuth　163
GdFeCo　gadolinium iron cobalt　171, 197
Gd$_3$Fe$_5$O$_{12}$　gadolinium iron garnet　182
GdTbFe　gadolinium terbium iron　158, 162
(GdTb)Fe　gadolinium terbium iron　163
(GdTb)(FeCo)　gadolinium terbium iron cobalt　163
Ge　germanium　107
GeAu　germanium gold　107
GeSbTe　germanium antimonide telluride　157
GGG　gadolinium gallium garnet　185
GIGAMO　giga bytes magneto-optical disk　158, 175
GMR　giant magneto-resistance　196

HgCdMnTe　mercury cadmium manganese telluride　181
Hg$_{1-x}$Mn$_x$Te　mercury manganese telluride　184

InAs　indium arsenide　107
InSb　indium antimonide　107
ISO　International Organization for Standardization　170, 174

L1$_0$　152
LIM　light intensity modulation　169
LIMDOW　light intensity modulation direct over-write　158
LLG　Landau-Lifshitz Gilbert　175

LPE　liquid phase epitaxy　185
LS-MFM　light strobe-magnetic field modulation　204

MAMMOS　magnetic amplification magneto-optical system　158, 175
MBE　molecular beam epitaxy　135
MCD　magnetic circular dichroism　11, 39, 214
MD　mini disk　1, 158, 170
MFM　magnetic field modulation　169
MgF$_2$　magnesium di-fluoride　101
MnAlGe　manganese aluminium germanide　162
MnAs　manganese arsenide　13, 133, 135, 136
MnBi　manganese bismuthide　2, 13, 14, 133, 135, 162
MnBiCu　manganese copper bismathide　162
MnGaGe　manganese gallium germanide　162
MnO　manganese oxide　227
MnP　manganese phosphide　136, 227
MnPt　manganese platinum　152
MnPt$_3$　manganese tri-platinum　152
MnS　manganese sulfide　227
MnSb　manganese antimonide　13, 133, 135, 136
Mn$_2$Sb　di-manganese antimonide　133
MO効果　magneto-optical effect　8
MOディスク　magneto-optical disk　158, 170
MSHG　magnetic second harmonic generation　208, 209
MSR　magnetic super-resolution　158, 174

n　refractive index　13
NA　numerical aperture　168
Nd　neodymium　163
NdCo　neodymium cobalt　150
NdFeO$_3$　neodymium orthoferrite　13
NEP　noise equivalent power　107
Ni　nickel　13, 14

242　索　引

NiAs　nickel arsenide　136
NiS_2　nickel di-sulfide　227

OADM　optical add-drop multiplexing　178
optical contact　101
ORD　optical rotatory power　15

p電子　p-electron　73
P成分　P-polarization　42, 50
PbS　lead sulfide　107
PbSe　lead selenide　107
PC　poly-carbonate　166
Pd　paradium　152, 200
Pd/Co　paradium/cobalt superlattice　162, 199
PEM　photoelastic modulator　95, 113, 202
PMMA　poly-methyl meth-acrylate　166
Pr　praseodymium　163
Pt　platinum　152
Pt/Co　platinum/cobalt superlattice　162, 197, 204
Pt/Fe　platinum/iron superlattice　162
PtCo　platinum cobalt alloy　162, 198
PtMnSb　platinum manganese antimonide　136, 162
PVA　poly-vinyl alcohol　106

RAD　rear aperture detection　174
red shift　126, 140
$R_3Fe_5O_{12}$　rare earth iron garnet　183

s電子　s-electron　73
S偏光　S-polarization　42, 50
SHG　second harmonic generation　205
Si　silicon　107
SI　systeme international d'unites　27
SIL　solid immersion lens　176
SiN_x　silicon nitride　167
SiO_2　silicon di-oxide　167

skin depth　64

Tb　terbium　163
TbCo　terbium coblt　150
TbFe　terbium iron　150, 163
TbFeCo　terbium iron cobalt　163, 171, 197
T_C　Curie temperature　225
TE　tranverse electric　184
Th_3P_4　tri-thorium phosphide　145
TM　tranverse magnetic　184
TM-Au　transition metal-gold　152
TM-Pt　transition metal-platinum　152
TmS　thulium sulfide　141
TmSe　thulium selenide　141
T_N　Néel temperature　227

UAs　uranium arsenide　145
UCo_5　uranium cobalt　162
U_3P_4　uranium phosphide　145
US　uranium sulfide　145
USb　uranium antimonide　145
$USb_{0.8}Te_{0.2}$　uranium 0.8 animonide 0.2 telluride　146
USe　uranium selenide　145, 162
UTe　uranium telluride　145

V_2O_3　di-vanadium tri-oxide　227

$Y_{3-x}Bi_xFe_5O_{12}$　yttrium bismuth iron garnet　39
YCo　yttorium cobalt　150
$YFeO_3$　yttrium orthoferrite　13, 227
$Y_3Fe_5O_{12}$　yttrium iron garnet　13, 119
YIG　yttrium iron garnet　20, 26, 39, 119, 181, 183
Y_2O_3　yttrium oxide　167

ZnS　zinc sulfide　167

著者略歴

佐藤勝昭（さとうかつあき）
1942年　兵庫県に生まれる
1966年　京都大学大学院工学研究科修了
現　在　東京農工大学工学部物理システム工学科
　　　　工学博士

現代人の物理 1
光と磁気　改訂版　　　　定価はカバーに表示

1988年 4 月20日　初　版第 1 刷
1999年 3 月10日　　　　第 8 刷
2001年11月20日　改訂版第 1 刷
2019年 2 月25日　　　　第12刷

著　者　佐　藤　勝　昭
発行者　朝　倉　誠　造
発行所　株式会社　朝　倉　書　店
　　　　東京都新宿区新小川町 6-29
　　　　郵便番号　162-8707
　　　　電話 03 (3260) 0141
　　　　FAX 03 (3260) 0180
　　　　http://www.asakura.co.jp

〈検印省略〉

© 2001〈無断複写・転載を禁ず〉　　　平河工業社・渡辺製本

ISBN978-4-254-13628-9 C3342　　　Printed in Japan

JCOPY　〈出版者著作権管理機構　委託出版物〉

本書の無断複写は著作権法上での例外を除き禁じられています．複写される場合は，
そのつど事前に，出版者著作権管理機構（電話 03-5244-5088, FAX 03-5244-5089,
e-mail: info@jcopy.or.jp）の許諾を得てください．

好評の事典・辞典・ハンドブック

物理データ事典 　日本物理学会 編　B5判 600頁
現代物理学ハンドブック 　鈴木増雄ほか 訳　A5判 448頁
物理学大事典 　鈴木増雄ほか 編　B5判 896頁
統計物理学ハンドブック 　鈴木増雄ほか 訳　A5判 608頁
素粒子物理学ハンドブック 　山田作衛ほか 編　A5判 688頁
超伝導ハンドブック 　福山秀敏ほか 編　A5判 328頁
化学測定の事典 　梅澤喜夫 編　A5判 352頁
炭素の事典 　伊与田正彦ほか 編　A5判 660頁
元素大百科事典 　渡辺 正 監訳　B5判 712頁
ガラスの百科事典 　作花済夫ほか 編　A5判 696頁
セラミックスの事典 　山村 博ほか 監修　A5判 496頁
高分子分析ハンドブック 　高分子分析研究懇談会 編　B5判 1268頁
エネルギーの事典 　日本エネルギー学会 編　B5判 768頁
モータの事典 　曽根 悟ほか 編　B5判 520頁
電子物性・材料の事典 　森泉豊栄ほか 編　A5判 696頁
電子材料ハンドブック 　木村忠正ほか 編　B5判 1012頁
計算力学ハンドブック 　矢川元基ほか 編　B5判 680頁
コンクリート工学ハンドブック 　小柳 洽ほか 編　B5判 1536頁
測量工学ハンドブック 　村井俊治 編　B5判 544頁
建築設備ハンドブック 　紀谷文樹ほか 編　B5判 948頁
建築大百科事典 　長澤 泰ほか 編　B5判 720頁

価格・概要等は小社ホームページをご覧ください．